Uwe Slabke
**LED-Beleuchtungstechnik**

## Diesen Titel zusätzlich als **E-Book** erwerben und 60 % sparen!

Als Käufer dieses Buchs haben Sie Anspruch auf ein besonderes Angebot. Sie können zusätzlich zum gedruckten Werk das E-Book zu 40 % des Normalpreises erwerben.

**Zusatznutzen:**
- Vollständige Durchsuchbarkeit des Inhalts zur schnellen Recherche.
- Mit Lesezeichen und Links direkt zur gewünschten Information.
- Im PDF-Format überall einsetzbar.

**Laden Sie jetzt Ihr persönliches E-Book herunter:**
- **www.vde-verlag.de/ebook** aufrufen.
- **Persönlichen, nur einmal verwendbaren E-Book-Code** eingeben:

| 486007LE3GXRBIMX |
|---|

- E-Book zum Warenkorb hinzufügen und zum Vorzugspreis bestellen.

Hinweis: Der E-Book-Code wurde für Sie individuell erzeugt und darf nicht an Dritte weitergegeben werden. Mit Zurückziehung des Buchs wird auch der damit verbundene E-Book-Code ungültig.

Dr.-Ing. Uwe Slabke

# LED-Beleuchtungstechnik

## Grundwissen für Planung, Auswahl und Installation

2., überarbeitete und erweiterte Auflage

VDE VERLAG GMBH

ICS 29.140.40; 91.160.01; 31.260



**Bibliografische Information der Deutschen Nationalbibliothek**
Die Deutsche Nationalbibliothek verzeichnet diese Publikation in der Deutschen Nationalbibliografie; detaillierte bibliografische Daten sind im Internet über https://portal.dnb.de abrufbar.

ISBN 978-3-8007-6007-7 (Buch)
ISBN 978-3-8007-6008-4 (E-Book)



Titelabbildungen: LED Institut Dr. Slabke GmbH

Satz: Text- und Software-Service Manuela Treindl, Fürth
Druck: Elanders Waiblingen GmbH, Waiblingen
Printed in Germany 2024-08

# Vorwort

Von der Edison-Glühlampe zu hochintelligenter Technik: Leuchten sind mittlerweile weitaus mehr als nur die Quelle des Lichts. Leuchten nehmen mit der vernetzten LED-Technik immer mehr Raum in unserem täglichen Leben ein.

Wenn man die Entwicklung des Smart Lighting verfolgt, so fragt man sich folgerichtig: Gibt es überhaupt Grenzen in der Beleuchtungstechnik und wo könnten diese liegen? Wie geht es weiter mit dem Nutzerverhalten und den vernetzten Leuchten?

Insbesondere liegen in der Künstlichen Intelligenz neue Möglichkeiten, das komplexe Nutzerverhalten in der Steuerung der Leuchten abzubilden. Aber auch im Wissenstransfer ergeben sich neue Möglichkeiten. Doch momentan wird über die KI-Plattform teilweise noch gefährliches Halbwissen kommuniziert.

Das in diesem Buch zusammengestellte Wissen über LED-Technik schrieb ein Techniker, der die letzten 20 Jahre täglich mit der LED und seinen technischen und gestalterischen Eigenschaften arbeitet.

In diesem Sinne wünsche ich Ihnen, liebe Leser, eine anregende Lektüre.

Bensheim, März 2024 *Dr.-Ing. Uwe Slabke*

P.S. Aufgrund der Dynamik der Entwicklung der LED-Technologie finden Sie über diesen QR-Code Aktualisierungen zu den Buchinhalten.

# Inhaltsverzeichnis

# 1 Einleitung und Beleuchtungsmarkt

## 1.1 Das LED-System – Standard der Beleuchtung

Innerhalb nur weniger Jahre hat die LED-Technologie zu massiven Veränderungen im gesamten Bereich der künstlichen Beleuchtung geführt. Daraus entwickelte sich ein neuer Industriestandard in der Beleuchtung. Damit gehen aber auch neue Anforderungen an Planer, an die Elektroinstallation und das Elektrohandwerk generell einher. Grundlage dieser Entwicklung sind die sehr hohe Effizienz der LED-Leuchten, die hohe Lebensdauer, das Vertrauen der Nutzer in die Technologie und das komplette Verdrängen der konventionellen Technik. Aus Sichtweise der Effizienz ist die LED noch nicht „am oberen Ende der Fahnenstange" angelangt. Unter Laborbedingungen können bereits **über 300 Lumen pro Watt** erreicht werden, keine andere Lichtquelle weist solche Werte in der Innenbeleuchtung auf. Die theoretische Grenze für weißes Licht liegt bei ca. 250 Lumen pro Watt, der wir uns schon mit aktuellen LED-Systemen nähern. Die Lebensdauer der LED liegt bei weit oberhalb der angegebenen 50 000 Stunden. Dieser oft zitierte Wert wurde schon in einer Vielzahl an Projekten verifiziert. Der Ausfall der Lampe stellt nicht den typischen Fehlerfall dar, sondern der Lichtstromrückgang, der allerdings seitens der Endkunden unterschiedlich toleriert wird.

Um Sicherheit in der Entscheidungsfindung für das geeignete LED-Produkt zu erlangen, bleibt das **Know-how ein elementarer Baustein** für eine erfolgreiche Projektplanung und -umsetzung. Auch die Übergangstechnologie mit Retrofitlampen, indem lediglich die Lampe für ein konventionelles Fassungssystem gegen eine LED-Retrofitlampe getauscht wird, hat sich stark etabliert und wurde durch das Verbot 2023 neu befeuert. Die T8- und T5-Beleuchtungsanlagen mit VVG (verlustarmes Vorschaltgerät) und EVG (elektronisches Vorschaltgerät) werden seit 2023 umgerüstet.

Da das Produkt LED-Leuchte technologisch sehr komplex geworden ist und eine Bewertung für einen Nichtfachmann schwierig ist, soll dieses Buch helfen, die grundlegenden Fragestellungen im Bereich der Elektroinstallation mit LED-Lampen und Leuchten im Ansatz zu klären. Darüber hinaus kann eine **unabhängige Prüfung und Beratung** in Sachen Zuverlässigkeit und Lebensdauer bei großflächigen Projekten helfen. Das Buch versteht sich nicht als Anleitung für Bastler, die mit der Technik vertraut werden wollen.

### 1.1.1 Qualitätskriterien und Einsatz der LED

Die LED-Leuchte ist technologisch durch die **Lichttechnik**, das **Wärmemanagement**, die **Elektronik** und das Bauteil **LED** ein anspruchsvolles Produkt und die unterschiedlichen Fehlerbilder sind rasant gestiegen. Die **Zuverlässigkeit** spielt deshalb für die Industrie und den Anwender eine der zentralen Rollen. Aktuelle Themen zur Qualität von LED-Leuchten zielen vor allem auf ihre Lebensdauer ab. Es ist schlussendlich noch nicht bekannt, ob ein bestimmtes Produkt die 50 000 Stunden überleben wird oder in welchem Zustand es dies tut. Eine Langzeiterfahrung liegt nur bedingt vor. Im Markt gibt es deshalb viele Produkte, vor allem aus Fernost, aber auch von Herstellern und Importeuren aus fachfremden Branchen, die dem hohen Qualitätsanspruch nicht immer gerecht werden. So kann es sein, dass diese neuen „Player" nicht über das nötige Fachwissen verfügen, qualitativ hochwertige LED-Lampen oder Leuchten anzufertigen. Bei Reklamationen, die das LED Institut Dr. Slabke bearbeitet, fallen häufig **Konstruktions- und Herstellungsfehler** sowie mindere Qualität auf. Probleme können zum Beispiel dann auftauchen, wenn LEDs überbestromt werden, der thermische Pfad nicht einwandfrei funktioniert oder die Verarbeitung des Produktes mangelhaft ist. Dies verkürzt die Lebensdauer stark. Wer hier Sicherheit wünscht, muss LED-Leuchten prüfen (lassen) und den **Hersteller genau unter die Lupe nehmen**. Kompetenz, Erfahrung und Wissen spielen hier die entscheidende Rolle.

Die Auswahl von falschen oder minderwertigen Komponenten (LEDs, LED-Betriebsgeräte) kann die Qualität des Einsatzes und die Zuverlässigkeit bei der Nutzung erheblich reduzieren. Dazu gehören zum Beispiel Bauteilfehler im Vorschaltgerät oder Schäden durch elektrostatische Entladung (ESD). Waren diese Fehlerbilder bei der konventionellen Technik vernachlässigbar, so ist zum Beispiel der ESD-Schutz für LED-Komponenten bereits während der Produktion nötig. Der Leuchtenhersteller, der historisch eher aus der Blechverarbeitung kommt, wird nun zum Elektronikhersteller.

Beanstandungen münden nicht selten in gerichtlichen Auseinandersetzungen. Dies kostet Zeit, Kraft und Geld. Auf bestimmte Dinge, die im Kapitel 8 „Zuverlässigkeit und Lebensdauer" behandelt werden, kann man achten, um das Risiko schlechter Produkte gering zu halten.

### 1.1.2 Eine kurze Einführung in die Geschichte der LED

Eine LED (Abkürzung für Leuchtdiode, Light Emitting Diode) ist ein lichtemittierendes Halbleiterbauelement, dessen elektrische Eigenschaften einer **klassischen Diode** entsprechen. Wenn durch die Diode elektrischer Strom in Durchlassrichtung fließt, dann strahlt sie das Licht in einer bestimmten Wellenlänge ab.

Henry Joseph Round (1881–1966) konnte 1907 erstmals feststellen, dass anorganische Stoffe bei angelegter Spannung zu einer Lichtemission fähig sind. 1921 entdeckte dann der russische Physiker Oleg Lossew unabhängig von der Entdeckung Rounds, dass dieses Phänomen als Umkehrung des Einstein'schen photoelektrischen Effektes zu verstehen ist. Durch die Erforschung der Halbleiteremission im sichtbaren Bereich gewannen das Galliumarsenid (GaAs) und Galliumphosphid (GaP) immer mehr an Bedeutung. In den 1970er-Jahren produzierte man rote LEDs auf Basis von Galliumarsenidphosphid in der Massenproduktion. Siebensegmentanzeigen in Taschenrechnern, Digitaluhren und 3-mm-LEDs waren die ersten kommerziellen Produkte mit dieser Technologie.

In den ersten drei Jahrzehnten seit ihrer Erfindung 1962 diente die LED zunächst als Signalanzeige. Durch die technologischen Verbesserungen wurden die Effizienzen immer größer, und Ende der 1990er-Jahre etablierte sich mit der Entwicklung der Blauemission die LED als Leuchtmittel für die Allgemeinbeleuchtung.

Der prinzipielle Aufbau einer Leuchtdiode, wie sie in der Beleuchtung verwendet wird, entspricht dem einer **pn-Halbleiterdiode**. Das verwendete Ausgangsmaterial für Leuchtdioden ist ein Direkthalbleiter. Dieser ist meist eine Galliumverbindung (III-V-Verbindungshalbleiter). Bei der Erzeugung von weißem Licht ist die Basis ein **InGaN**-Halbleitermaterial. Wird an eine LED eine Spannung in Durchlassrichtung von ca. 3 V angelegt, wandern Elektronen von der n-dotierten Schicht zum **pn-Übergang** in die aktive Zone. Nach dem Übergang zur p-dotierten Schicht geht das Elektron dann in das energetisch günstigere Valenzband über. Ein Elektron geht eine Verbindung mit einem Loch (Defektelektron) ein. Dieser Prozess wird auch **Rekombination** genannt. Das Auftreten einer Rekombination unterliegt einer statistischen Wahrscheinlichkeit. Es kommt also nicht immer zu einer Rekombination. Weiterhin ist nicht jede Rekombination strahlend, setzt also die frei werdende Energie direkt in Licht (Photon) um.

1991 konnte Prof. Shuji **Nakamura** (in **Bild 1.1** gemeinsam mit Dr. Uwe Slabke) die Lichtleistung der Blauemission aus einem Chip deutlich erhöhen. „Also verbrachte ich zwei Jahre damit, meinen kommerziellen Reaktor zu modifizieren und es gelang mir, den – wie ich ihn nannte – Two-flow MOCVD-Reaktor (Gerät zur Herstellung von LED-Chips) weiterzuentwickeln. Mit diesem Doppelströmungs-Reaktor gelang mir im Jahr 1991 die Herstellung der weltweit höchsten Qualität von Galliumnitrid-Kristallen."

Nakamura erhielt damals für seine bahnbrechende Erfindung eine Prämie von knapp 150 Euro. Nakamura fand das doch etwas dürftig und verklagte den Konzern Nichia daraufhin auf die Herausgabe der Patentrechte und 17 Mio. Euro „Schmerzensgeld". 2004 spricht ihm ein Gericht in Tokio 151 Mio. Euro zu, die dem Wert der Erfindung wohl näherkommen. Nichia jedoch konnte dieser Ent-

Bild 1.1 Nobelpreisträger Prof. Shuji Nakamura und Dr. Uwe Slabke 2016 (Foto: LED Institut)

scheidung nicht folgen, und man hat sich dann zusammen auf eine Summe von 6,2 Mio. Euro geeinigt.

Shuji Nakamura und seine Kollegen Isamu Akasaki und Hiroshi Amano erhielten 2014 für die Erfindung effizienter blauer Leuchtdioden den **Nobelpreis** für Physik.

Die Entwicklungsschritte der letzten 50 Jahre im Bereich der LED sind sehr groß. Dies ist auf die Optimierung der Qualität der Halbleiterschichten (geringere Defektdichten, weniger Verunreinigungen) und des Aufbaus der LED (FlipChip-Technik, Stromeinkopplung, transparente Substrate, Optimierung der Lichtauskopplung) zurückzuführen.

2003 wurden bei der Firma Siteco Beleuchtungstechnik (**Bild 1.2**) erstmals in einer **Office-Leuchte Luxeon-I-LEDs** verbaut. Dies war die erste professionelle serientaugliche kommerzielle LED-Leuchte, um eine arbeitsbereichsbezogene Beleuchtung zu realisieren. Es konnte gezeigt werden, dass sie sich für Beleuchtungszwecke in der Allgemeinbeleuchtung einsetzen lässt.

In der Anwendung der Allgemeinbeleuchtung begann die Kommerzialisierung mit LED-Produkten erst 2008, da bis zu diesem Zeitpunkt die Effizienz noch nicht ausreichend, der Preis gegenüber der konventionellen Technik zu hoch und das Vertrauen in die Technologie noch zu gering waren. 2009 wurde unter Verwendung von Midpower-LEDs auf Metallkernleiterplatten von der Firma Nimbus Group in Stuttgart, wo ich zu dieser Zeit **Entwicklungsleiter** war, ein 35 000 qm großes Gebäude mit LED-Leuchten ausgestattet. Hier wurde die weltweit erste Serie einer LED-Stehleuchte entwickelt. Das Unternehmen hatte in kurzer Zeit ein komplettes LED-Leuchtenportfolio für die Allgemeinbeleuchtung ausgearbeitet. Damit zählt diese Firma zu den **Pionieren** in der LED-Allgemeinbeleuchtung.

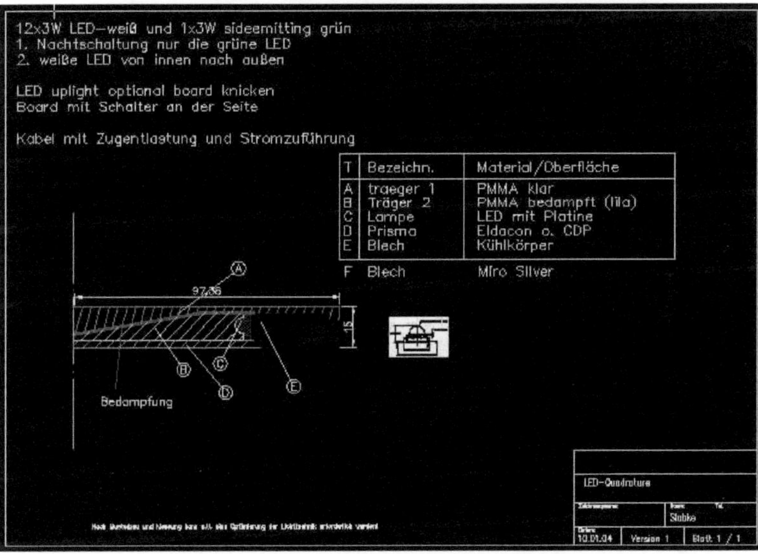


Bild 1.2 Quadrature LED-Leuchte von Dr. Uwe Slabke – 2003 (Quelle: LED Institut)

2013 etablierte sich für höhere Lichtpakete die COB-(Chip-On-Board-)Technik, sodass heute drei Package-Aufbauten zur Verfügung stehen: **Midpower-LEDs**, **High-Power-LEDs** und **COBs (Multichip-LEDs)**. 2016 kamen dann die ersten **Chip-Scale-Packages** auf den Markt, die den preislichen Durchbruch erbringen sollten.

## 1.2 Der Beleuchtungsmarkt

Die heutigen Hersteller der LED-Chips sind noch zählbar (siehe Bild 1.3). Die Hersteller der sogenannten Packages, also der auch im Distributionsgeschäft erwerbbaren fertigen LEDs, sind jedoch nicht mehr überschaubar (in **Bild 1.3** im grauen Kasten nur angedeutet).

**LED-Chiphersteller und Patente**

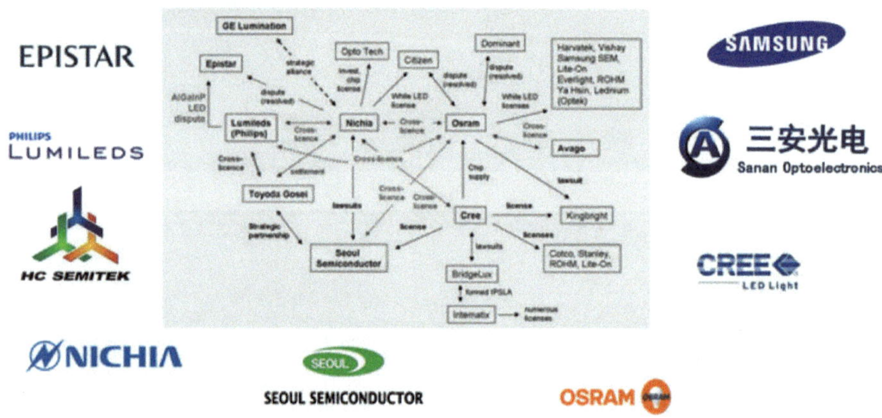


Bild 1.3 Hersteller der Chips in der LED (Grafik: LED Institut)

Die patentrechtlichen Verflechtungen zwischen den Herstellern der Packages und der LED-Chips sind sehr umfänglich und mit vielen Cross Licenses verbunden. Wenn man die großen Marktteilnehmer nennen möchte, so kommt man auf eine begrenzte Herstellerzahl, wie in **Bild 1.4** zu sehen ist.

Die Bau- und Immobilienwirtschaft steht durch die Energiewende (Energieversorgung der Kunden und -einsparung), durch die Veränderung in der Produktion von Strom und durch das Verbot von klassischen Lampen vor einem grundlegenden Wandel. Aufgrund der starken Vorteile der LED wie deren Effizienz und Lebensdauer basieren heutzutage 100 % der Leuchtenentwicklungen auf der LED-Technik (in **Bild 1.5** gut zu erkennen).

Der Hersteller CREE Inc. hat schon 2014 erste Labormuster einer High-Power-LED mit über 300 lm/W in einer Lichtfarbe von 5 150 Kelvin vorgestellt. Heute erreichen LEDs schon über 230 lm/W in der Massenproduktion, sodass komplette LED-Leuchten mit **190 lm/W** (Jahr 2023) in Lichtbandsystemen zum Standard gehören.

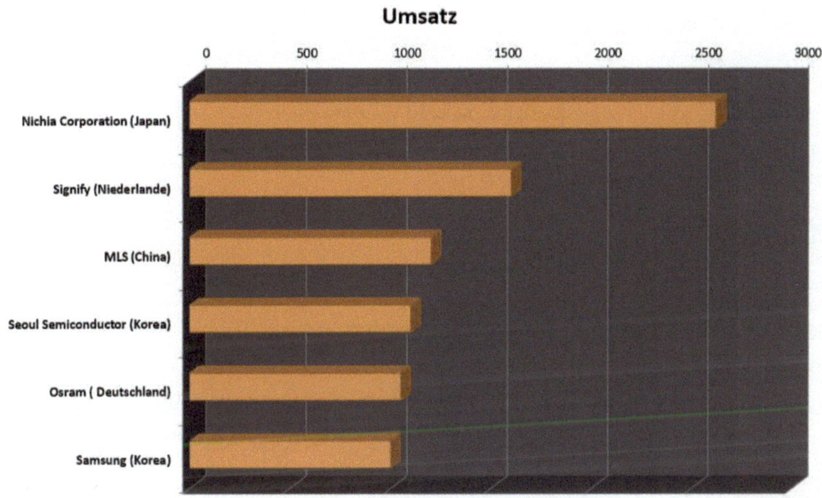


Bild 1.4 Die größten LED-Hersteller (Grafik: LED Institut)

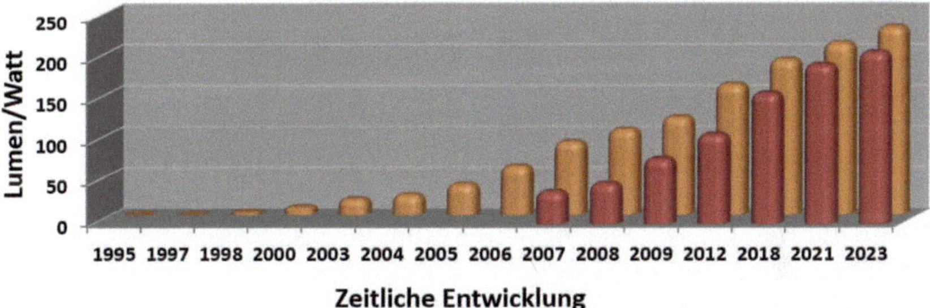


Bild 1.5 Effizienzentwicklung (rot: Serienstand) (Grafik: LED Institut)

Die Bewertungskriterien für die Auswahl der richtigen Beleuchtung im Projektgeschäft auf Grundlage der LED-Effizienz und der technologischen Entwicklung zeigt folgendes **Bild 1.6**.

Hierbei spielen das **Beleuchtungsniveau** auf der Nutzebene und die **passende Lichtverteilung** die zentrale Rolle bei der Entscheidungsfindung (Anwendung). Die **Lichtfarbe** (Farbtemperatur) und die **Farbwiedergabe** müssen aber auch zur Anwendung passen. Zugleich sollte eine gute Wirtschaftlichkeit der Anschaffung angestrebt werden. Das bedeutet, der **Preis** und die **Effizienz** der Leuchte sind wichtige Kriterien bei der Auswahl. Nicht zuletzt spielen auch die **Lebensdauer** und die **Zuverlässigkeit** des Produktes eine wichtige Rolle. Eine genaue Betrachtung zur passenden Auswahl findet sich in Kapitel 14.

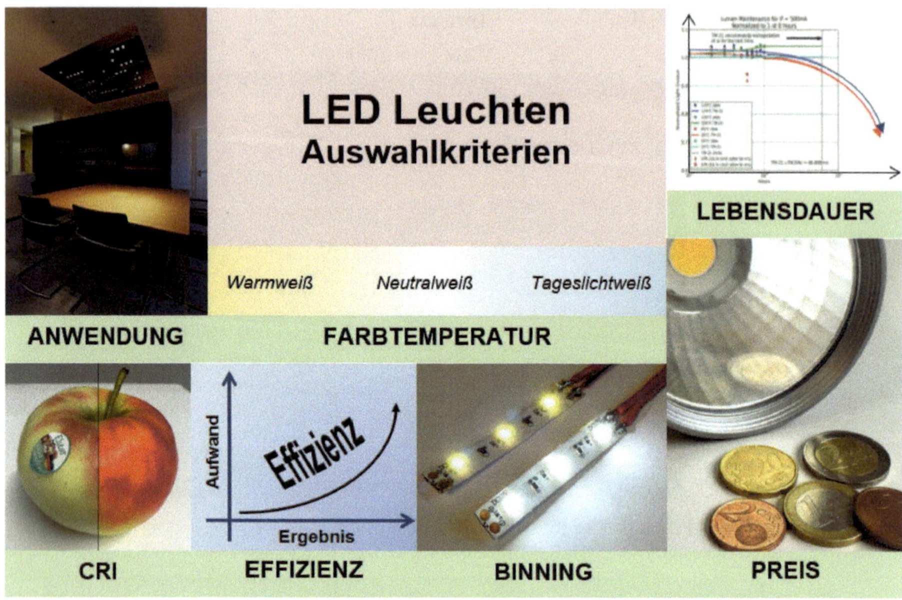


**Bild 1.6** Allgemeine Auswahl von LED-Leuchten (Grafik: LED Institut)

## 1.3 Die Revolution in der Beleuchtung durch LEDs

Innerhalb nur weniger Jahre hat die LED-Technologie zu massiven Veränderungen im gesamten Beleuchtungsmarkt geführt. Die LED-Leuchten sind nach anfänglichen Fehlerfällen, insbesondere bei Retrofitlampen, zu verlässlichen Produkten geworden. Die damals überzogene Lebensdauerangabe von 100 000 Stunden hat sich durch Entwicklung, Erfahrung und Produktqualität konkretisiert. Die Produkte sind heute bedeutend komplexer und beinhalten Elemente aus **Thermodynamik, Elektronik, Lichttechnik** und **Leuchtentechnik**. Die Themen **Informatik** und **Elektronikverarbeitung** spielen in den Firmen eine wichtige Rolle.

Das Thema LED-Leuchten ist noch sehr dynamisch in Bezug auf die Produktausgestaltung und die intelligente Funktionalität. Aufgrund mangelnder Standards für die Komponenten ist es beim Ausfall von Komponenten der Leuchte sehr oft nicht mehr möglich, diese kostengünstig und schnell **auszutauschen.** Die Produkte ähneln hier einem Handy oder Tablet: Wegwerfen wird hier zur einzigen Option. Die Wartung von Leuchten wird durch **Einwegprodukte** verdrängt. Aber durch die Themen Nachhaltigkeit, Ressourcenschonung und ökologische Anforderungen zeichnet sich ein neuer Weg in der Produktgestaltung.

Die **Wirtschaftlichkeit** und das Energieeinsparpotential sind bei der LED-Technik sehr hoch, je nachdem, welche Lampentechnik – von der Glühlampe bis zur Hochdrucklampe – man durch LED ersetzen möchte.

Die Produkte haben mittlerweile durchgängig eine sehr gute Farbwiedergabe und hohe Effizienzen. Bei kleiner Leistung der LED-Leuchte und hoher Lichtausbeute kann man Licht in die kleinste Anwendung bringen und auch in Einbaubereiche, wo dies bisher nicht so einfach zu integrieren war. Aber insbesondere jene 1,2 Milliarden Menschen, die keinen Zugang zu Stromnetzen haben, könnten von der LED profitieren. Weil LEDs bedeutend weniger Energie als konventionelle Glühlampen benötigen, lassen sie sich gut mit lokalen **Photovoltaikanlagen**, **Akkus** oder alten **Autobatterien** betreiben. Aktuell werden Drittweltländer mit **solarbetriebenen** LED-Modulen von verschiedenen Hilfsorganisationen und NGOs versorgt.

Das große Potential der LED-Technik ist aber die direkte Verbindung zur Elektronik. Der Betrieb des Bauteils ist sehr einfach zu realisieren. Die Vorwärtsspannung einer LED liegt bei knapp 3 V. Eine Verbindung zwischen **Photovoltaik** und LED-Leuchte mit **Sensorik** und **Netzwerkfähigkeit** ohne die Transformation zu 230 V ist eine logische Konsequenz. Dies führt zur zweiten Revolution in der LED-Beleuchtung.

## 1.4 Die aktuell zweite Revolution der LED-Beleuchtung

Mit dem Internet als Markt- und Informationszentrum, der Verfügbarkeit der Leuchten über Verkaufsportale und durch große Verkaufsplayer ändern sich die Wertschöpfung, die Haftung und die Kunden-/Herstellerbeziehung in der Beleuchtungsbranche radikal. Gerade die Geschäftsmodelle der Hersteller verändern sich dramatisch aufgrund der Komplexität des Produktes bei gleichzeitigem Preisverfall, des Marktzugangs anderer Player über Onlineportale, der Konkurrenz durch asiatische Hersteller und der Entwicklung smarter Produkte.

Wie sich im Laufe der Zeit beispielsweise Fernsehgeräte, Uhren (Smartwatches, Fitnesstracker) und natürlich die Telefonie immer mehr digitalisieren, so wird dies auch beim Thema LED-Beleuchtung der Fall sein.

Hier spielen Faktoren wie Energieeffizienz, Sicherheit, Komfort und Performance eine herausragende Rolle.

Nach und nach werden alle Leuchten um Funk-Schnittstellen ergänzt werden, um als Teil eines Netzwerkes obigen Faktoren gerecht werden zu können. Um dies zu realisieren, muss die Sicherheit der Daten gewährleistet sein, genau wie im World Wide Web.

Was früher noch undenkbar war, wird in naher Zukunft Teil unseres Alltags werden. Hierzu zählen der dezentrale Zugriff auf das Leuchtennetzwerk via Internet, dessen Steuerung mittels Smartphone, Sprachassistenten oder Computer, beispielweise zur Anwesenheitssimulierung, die Programmierung persönlicher, zeitlich gesteuerter und jahreszeitlich abhängiger Modi oder der regelmäßige Zugriff zur Überwachung der Energieeffizienz und der Qualität der einzelnen Systemkomponenten.

Demnach wird es generell neue Standards geben und dies nicht nur im privaten, sondern auch im gewerblichen Bereich – die LED-Lichttechnik wird erneut revolutioniert.

# 2 Grundlagen der Lichttechnik

## 2.1 Das Lichtspektrum von Lichtquellen (LED)

Das menschliche Auge kann in einem **Wellenlängenbereich** von **380 nm** bis **780 nm** Licht wahrnehmen, der Mensch sieht also weder im Ultraviolettbereich (UV) noch im Infrarotbereich (IR) etwas. Trotzdem sind auch diese Spektralbereiche physiologisch für den menschlichen Körper wichtig. So ist das Sonnenlicht mit seinem UV-B-Bereich (Teil des ultravioletten Lichts neben dem sichtbaren Licht) die wichtigste Vitamin-D-Quelle für den Körper. Der sichtbare Bereich des Lichtspektrums wird für das eigentliche Erkennen des Lichtes, der Farben und somit zur Wahrnehmung der Welt genutzt.

Licht besteht aus Strahlen, die es uns überhaupt ermöglichen, Objekte zu sehen. Dabei treffen die Lichtstrahlen einer Lichtquelle das Objekt, und nur ein Teil des Lichtes wird schließlich zu unserem Auge reflektiert. Beispielsweise trifft weißes Licht (durch die Sonne als Lichtquelle) den roten Ferrari auf der Straße. Nur der rote Lichtanteil (Lichtstrahl) wird zum Auge zurückgeworfen. Die Netzhaut wertet das Licht aus und leitet die Information an unser Gehirn weiter, welches die daraus wahrscheinlichste Information zur Wahrnehmung bringt. Dann erst sehen wir die Farbe Rot und nehmen eine emotionale Bewertung vor, z. B. als „tolle Karre" oder als „Bonzenschleuder". Wahrnehmung ist in Summe eine kognitiv-emotionale Fähigkeit. Das **Denken und Fühlen spielt also eine entscheidende Rolle in der Wahrnehmung.** In den Darstellungen in **Bild 2.1** wird dies deutlich, denn der Reiz im Auge ist immer gleich, ob nun der Ring oder die Farben erkannt und benannt werden müssen.

Ohne Licht können wir nichts sehen, und je mehr Licht, desto besser können wir die Umwelt erkennen. Mit zunehmendem Alter nimmt das **Lichtbedürfnis** zum Sehen zu, und wir reagieren empfindlicher auf Blendungen. Dies sind wichtige Leitsätze der Beleuchtungstechnik. Wie sieht nun das Licht der uns täglich umgebenden LED-Lichtquellen aus?

LED-Licht setzt sich aus zwei Anteilen zusammen. Das **blaue Licht des Chip** in der LED und der **gelbe Leuchtstoff** (engl. Phosphor) auf dem Chip bilden zusammen das weiße Licht. Deshalb sind im Lichtspektrum der LED ein Peak im Blaubereich und ein bauchiger Bereich durch den verwendeten Leuchtstoff zu erkennen (**Bild 2.2** links oben). Dies resultiert aus der additiven Farbmischung, wie man es bereits vom Farbfernsehgerät kennt, wenn man sich die einzelnen Pixel nah genug anschaut.

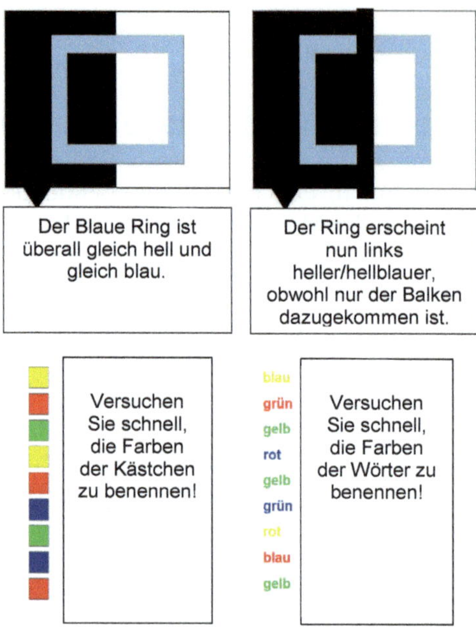


**Bild 2.1** Das Denken spielt bei der Wahrnehmung der Farbe eine entscheidende Rolle (Grafik: LED Institut)

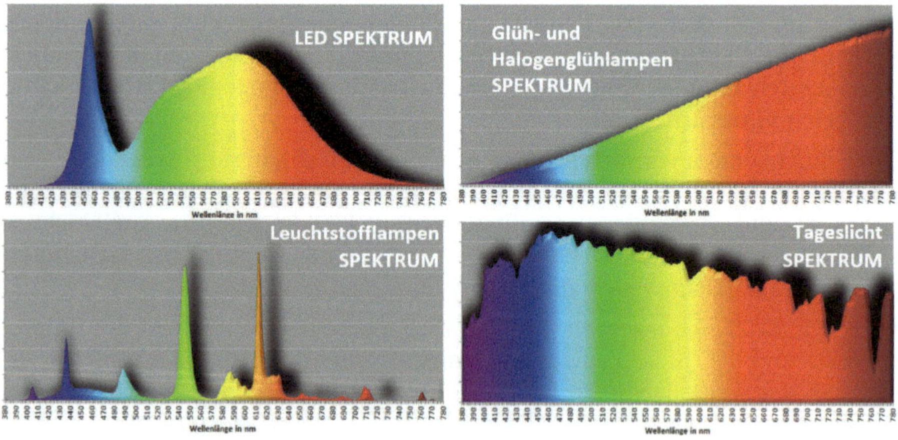


**Bild 2.2** Spektren der unterschiedlichen Lichtquellen (Grafik: LED Institut)

Nachdem Wissenschaftler einen **vierten „Empfänger"** im Auge nachgewiesen haben, gewinnen nun auch die **biologischen Effekte** für den Menschen immer mehr an Bedeutung. Vor allem der kurze Wellenlängenbereich (Blauanteil) von Lampen und Leuchten wird von Lichtplanern nun ebenfalls beachtet. Dieser Rezeptor, der über den SCN (suprachiasmatischer nucleus) die innere Uhr triggert, leistet wichtige indirekte Beiträge für eine Vielzahl an physiologischen Prozessen im menschlichen Körper. Um den sogenannten „zirkadianen Rhythmus" (Tagesverlauf) positiv zu beeinflussen, werden beim Beleuchtungskonzept des **„Human Centric Lighting"** das dynamische Licht, die Lichtfarbe und das Beleuchtungsniveau gezielt berücksichtigt. Der zirkadiane Wirkungsfaktor, der erstmals von Prof. Gall an der TU Ilmenau formuliert wurde, gibt an, wie wirksam das Licht bei gegebener Beleuchtungsstärke für das visuelle und damit auch für das physiologische System des Menschen ist. Modifiziert findet sich dies in der DIN 5031 [11] wieder. Hiermit können dann unterschiedliche Lampentypen und Spektren hinsichtlich ihrer biologischen Wirksamkeit bewertet werden.

## 2.2 Grundgrößen der Lichttechnik

In der Beleuchtung finden die folgenden lichttechnischen Grundgrößen [82] Verwendung. Der **Lichtstrom**, die **Beleuchtungsstärke**, die **Lichtstärke** und die **Leuchtdichte** sind im richtigen Kontext zu verstehen, um sie nicht durcheinanderzuwerfen [93]. **Bild 2.3** zeigt die Grundgrößen in ihrer Anwendung.

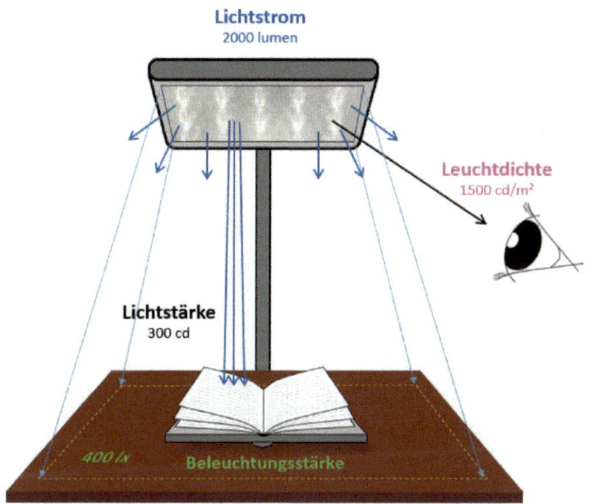


Bild 2.3 Lichttechnische Grundgrößen in der Anwendung (Grafik: LED Institut)

### 2.2.1 Lichtstrahlung

Eine Lichtquelle sendet Energie in Form von **elektromagnetischer Strahlung** aus. Diese physikalischen Strahlungswerte [11] werden mithilfe der spektralen Hellempfindlichkeitskurve in die lichttechnischen Größen, zum Beispiel den Lichtstrom $\Phi$, überführt. Die spektrale Hellempfindlichkeitskurve $V(\lambda)$ wird benötigt, da das menschliche Auge mit seinen Rezeptoren nur in einem Wellenlängenbereich von 380 bis 780 nm Licht als solches wahrnimmt. Zudem ist das Auge spektral unterschiedlich stark empfindlich. Diese Aspekte werden mit der Hellempfindlichkeitskurve, wie in **Bild 2.4** gezeigt, berücksichtigt.

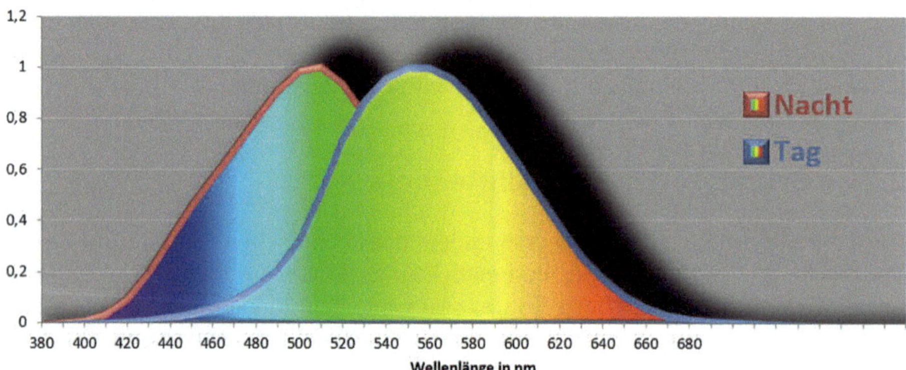


**Bild 2.4** Bewertung des Lichts durch das menschliche Auge bei Tage (rechte Kurve) und bei Nacht (Grafik: LED Institut)

### 2.2.2 Lichtstrom und Beleuchtungsstärke

Der **Lichtstrom $\Phi$** ist die von einer Lichtquelle, zum Beispiel der LED, der Retrofitlampe oder der LED-Leuchte, insgesamt **abgestrahlte Lichtleistung**. Diese ist in der Bewertung die entscheidende Größe. Früher sagte man, dass eine 60-W-Glühlampe gebraucht wird. Das Licht aus dieser Lampe war über Jahrzehnte konstant. Dies ist bei der LED nicht mehr gegeben. Die Leistung der LED-Lampe ist eine dynamische Größe, da sich die Effizienz von Jahr zu Jahr verbessert. In der Planung wird deshalb vor allem der Lichtstrom verwendet. Dieser schafft mit der richtigen Lichtverteilung die nötige Beleuchtung auf der Nutzebene. Die Anschlussleistung des LED-Produktes reduziert sich dann schrittweise von Jahr zu Jahr bei trotzdem gleichen Beleuchtungsstärken. Deshalb wird die Leistung der Lampe in diesem Zusammenhang nicht mehr verwendet (**Bild 2.5**).

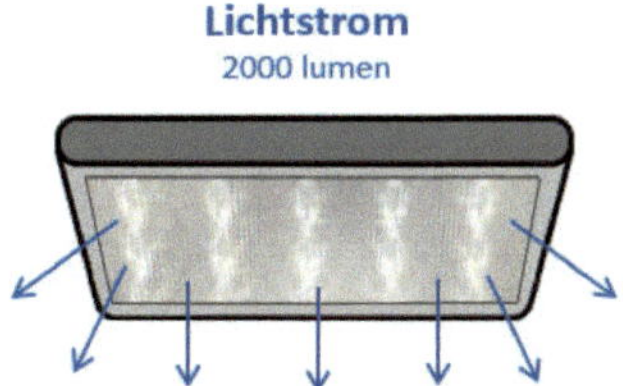


Bild 2.5 Lichtstrom der LED-Leuchte (z. B. 2000 Lumen) (Grafik: LED Institut)

Die **Beleuchtungsstärke** *E* beschreibt, wie viel Lichtstrom auf eine bestimmte Fläche auftrifft. Sie wird in Lux (lx) angegeben. Beispielsweise sollte die Beleuchtungsstärke in einem Büro auf der Arbeitsfläche 500 Lux betragen, in einem Flur hingegen sind 100 Lux ausreichend (**Bild 2.6**).

$$E = \frac{\Phi}{A} \qquad \Phi \text{ Lichtstrom,} \quad A \text{ Fläche}$$

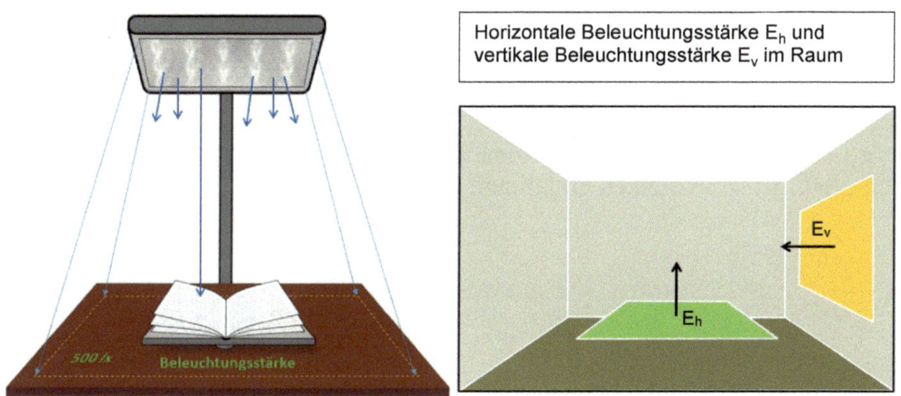


Bild 2.6 Die Beleuchtungsstärke (rechts: horizontal und vertikal) (Grafik: LED Institut)

In der Beleuchtungsplanung verwendet man heute Softwaretools, um die ausreichende Beleuchtungsstärke, die z. B. in der **Arbeitsstättenrichtlinie ASR A3.4** zu finden ist, nachzuweisen. Gängige Programme sind **DIALux und RELUX**, die im ersten Schritt einfach zu erlernen und sehr hilfreich sind. Die Beleuchtungsstärkeverteilungen auf einer Fläche können dann als sogenannte „IsoLuxlinien" dargestellt werden, bei denen man in der zu betrachtenden Ebene die Punkte gleicher Beleuchtungsstärke verbindet. **Bild 2.7** zeigt eine Beispielberechnung für einen Wohnraum.

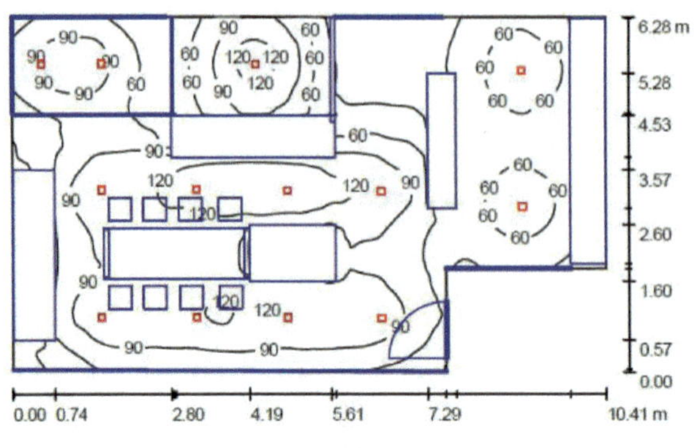


Raumhöhe: 2.490 m, Montagehöhe: 2.490 m, Wartungsfaktor: 0.81 Werte in Lux, Maßstab 1:100

| Fläche | ρ [%] | $E_m$ [lx] | $E_{min}$ [lx] | $E_{max}$ [lx] | $g_1$ |
|---|---|---|---|---|---|
| Nutzebene | / | 78 | 11 | 137 | 0.144 |
| Boden | 30 | 50 | 3.75 | 98 | 0.076 |
| Decke | 86 | 24 | 5.16 | 6674 | 0.218 |
| Wände (6) | 70 | 24 | 9.19 | 88 | / |

**Bild 2.7** Berechnungen der Beleuchtungsstärkeverteilung (DIALux) (Quelle: LED Institut)

## 2.2.3 Lichtstärke und Leuchtdichte

Wird statt des gesamten Lichtstroms des LED-Produkts nur ein Teil über den **Raumwinkel** $\Omega$ betrachtet, erhält man die **Lichtstärke** $I$.

$$I = \frac{\Phi}{\Omega}$$ $\Phi$ Lichtstrom, $\Omega$ Raumwinkel

Der Raumwinkel ist das dreidimensionale Gegenstück zum Winkel, der Kegelmantel einer Kugel spannt den Raumwinkel auf. Die Lichtstärke hat die Einheit Candela (cd). Dieser Parameter wird bei der LED bezüglich der Lichtverteilung gerne angegeben, und man erhält vom Leuchtenhersteller eine **Lichtstärkeverteilungskurve** (siehe Beispiele anhand von **Bild 2.8** und **Bild 2.9**).

Betrachtet man den Lichtstrom bezogen auf die Fläche und den Raumwinkel, so erhält man die **Leuchtdichte** $L$, die in cd/m$^2$ gemessen wird. Sie steht mit der vom Menschen empfundenen „Helligkeit" eines Objektes in direkter Beziehung. Ist die Leuchtdichte zu hoch, entsteht eine wahrnehmbare Blendung, deshalb sollten Leuchten auch einen Mindestabschirmwinkel haben und Blendungswerte einhalten (DIN EN 12464). Da die Helligkeit der einzelnen LED bedeutend größer ist als die Leuchtdichte einer Leuchtstofflampe, ist der Einsatz einer LED-Leuchte, insbesondere einer Retrofitlampe, genau zu bewerten. Dabei ist zu beachten, ob die Helligkeit als störend empfunden wird oder nicht.

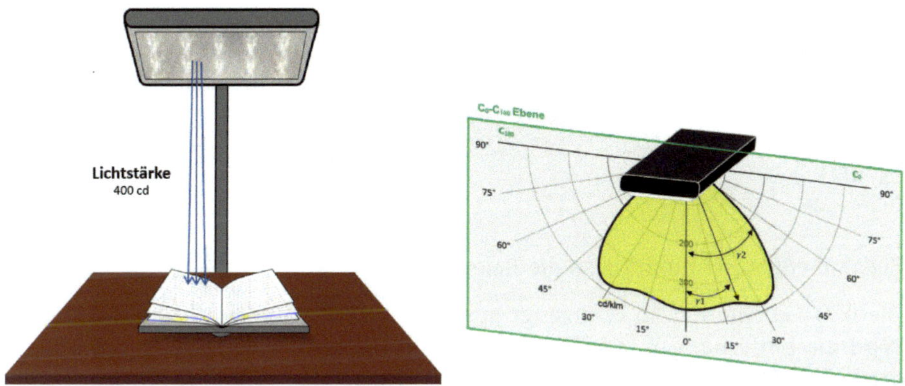


Bild 2.8 Einzelne Lichtstärke, z. B. 400 cd (links), und Lichtstärkeverteilung einer Leuchte (rechts) (Grafik: LED Institut)

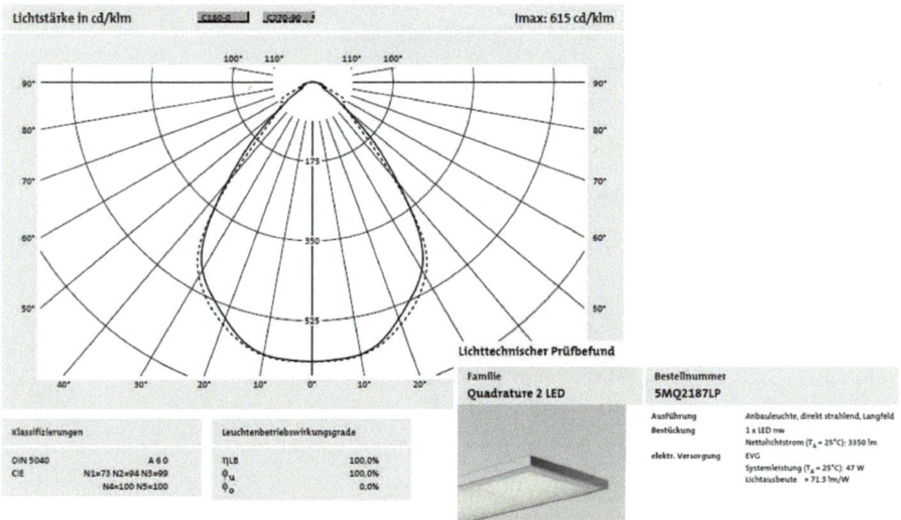


Bild 2.9 Lichtverteilungskurve einer Beispielleuchte als Datenblatt (Quelle: LED Institut)

### 2.2.4 Photometrisches Entfernungsgesetz

Um die Beleuchtungsstärke in Beziehung zum Abstand zur Lichtquelle zu bewerten, ist das photometrische Entfernungsgesetz [83] hilfreich. Es besagt, dass die **Beleuchtungsstärke umgekehrt proportional zur quadratischen Entfernung** ist (gilt für nahezu Punktlichtquellen). Dies bedeutet, dass die Beleuchtungsstärke $E$ durch Verdoppeln der Entfernung $r$ vom Lichtpunkt zur Arbeitsaufgabe geviertelt wird. Den exakten Zusammenhang zeigt folgende Gleichung:

$$E = \frac{I(\gamma_1)}{r^2} \cdot \cos\gamma_2 \cdot \Omega$$

Zusammengefasst nimmt also die Beleuchtungsstärke $E$ mit $\frac{1}{r^2}$ ab.

Die LED-Leuchte mit 10 W erzeugt in 0,5 m Abstand 400 Lux (siehe **Bild 2.10**). Wird die Entfernung nun verdoppelt, erhält man nur noch ¼ (0,5 · 0,5 = 0,25) der Beleuchtungsstärke, also 100 Lux.

In der Anwendung bedeutet dies: Je näher die Leuchte zur Sehaufgabe betrieben wird, desto größer wird die Beleuchtungsstärke.

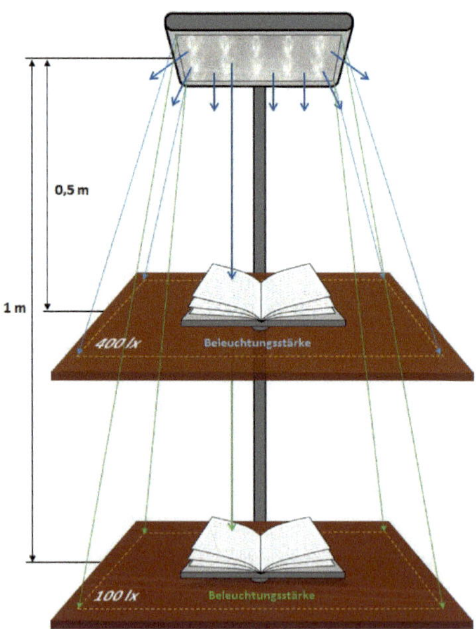


**Bild 2.10** Photometrisches Entfernungsgesetz (Prinzipdarstellung) (Grafik: LED Institut)

## 2.2.5 Die Effizienz

Ein wichtiger Zusammenhang für die Leistungsfähigkeit von LEDs, Leuchten und die Beleuchtungsaufgabe ist die Effizienz. Sie beschreibt, wie viel Licht aus einem System kommt und wie viel Leistung hierfür aufgewendet werden muss.

$$\eta = \frac{\Phi}{P} \qquad \Phi \text{ Lichtstrom, } \quad P \text{ Aufgenommene Leistung}$$

Wie viel von der elektrischen Leistung der Leuchte im Detail dann in Licht umgesetzt wird, zeigt das Beispiel anhand **Bild 2.11**. Neben der Optik, die nur einen Teil des Lichtes aus der Leuchte bringt, sind die elektrische Verlustleistung im Vorschaltgerät und der thermische Verlust in einer Leuchte erheblich. Trotzdem erreichen LED-Leuchten heute Lichtausbeuten von weit über 180 lm/W.

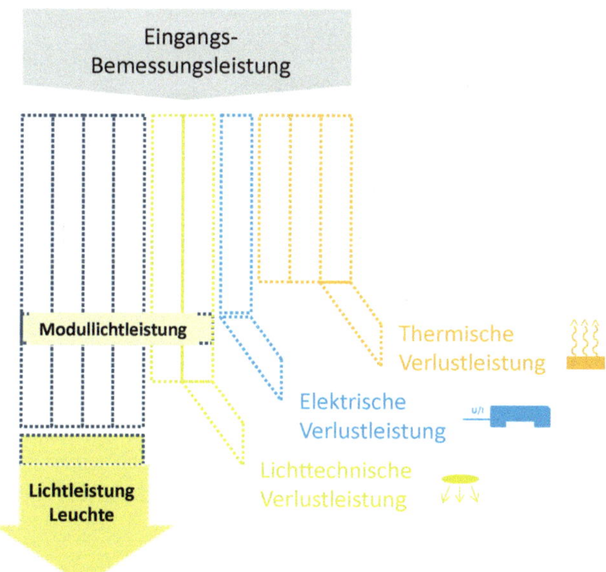


Bild 2.11 Leistungsverteilung einer LED-Leuchte (Grafik: LED Institut)

### 2.2.6 Lichttechnische Einheiten in der Zusammenfassung

| | | | Sagt aus, |
|---|---|---|---|
| Lux | Beleuchtungsstärke | $E$ | wie viel Licht pro beleuchteter Fläche ankommt. |
| Lumen | Lichtstrom | $\Phi$ | wie viel Licht aus der Lichtquelle kommt/Strahlungsleistung. |
| Candela | Lichtstärke | $I$ | wie viel Licht in eine Raumrichtung strahlt. |
| cd/m$^2$ | Leuchtdichte | $L$ | wie hell oder grell etwas wirkt. |

### 2.2.7 Einfaches Rechnen mit Licht (nur zur Orientierung)

| Lampe<br>Lichtausbeute | Leistung der Lampe | Lichtstrom aus der Lampe |
|---|---|---|
| Glühlampe<br>10 lm/W | 60 W | 600 lm |
| Halogenlampe<br>20 lm/W | 35 W | 700 lm |
| Kompaktleuchtstofflampe<br>50 lm/W | 18 W | 900 lm |
| T5 Röhrenlampe<br>100 lm/W | 35 W | 3500 lm |
| **Bei 80 % Wirkungsgrad der Leuchte ergibt dies:** | | |
| 60 W Glühlampe | mit 600 lm aus der Lampe | 480 lm aus der Leuchte |
| 35 W Halogenlampe | mit 700 lm aus der Lampe | 560 lm aus der Leuchte |
| 18 W Kompaktlampe | mit 900 lm aus der Lampe | 720 lm aus der Leuchte |
| 35 W T5 Röhrenlampe | mit 3500 lm aus der Lampe | 2800 lm aus der Leuchte |

Bild 2.12 Einfaches Berechnungsverfahren zur Abschätzung (Grafik: LED Institut)

Diese Lichtströme (im **Bild 2.12** rot gekennzeichnet) muss die LED-Leuchte demnach erreichen, damit sie ein gleichwertiger Ersatz für eine Leuchte mit konventioneller Lichtquelle ist.

### 2.2.8 Lichtfarbe und Farbwiedergabe

Das Licht einer LED-Lampe oder Leuchte wird auch durch die Farbtemperatur und die Farbwiedergabe charakterisiert. Die **Farbtemperatur** beschreibt, wie gelblich oder bläulich weißes Licht ist. Sie wird in Kelvin (K) angegeben. 2700 K ist eine warme Lichtfarbe, die wir von der Glühlampe gut kennen. Die Lichtfarbe 4000 K wird als neutralweißes Licht, beispielsweise im Büro, eingesetzt. Je wärmer das

Licht erscheint, desto kleiner sind die Werte der Farbtemperatur. Je kälter oder bläulicher das Licht erscheint, desto größer sind die Werte der Farbtemperatur.

Die **Farbwiedergabe** beschreibt, wie vollständig das Licht einer Lichtquelle alle Farbanteile enthält. Praktisch bedeutet es, dass eine optimale Lichtquelle einen Gegenstand möglichst natürlich erscheinen lassen soll. Dies wird durch den allgemeinen Farbwiedergabeindex ($R_a$), im englischen CRI (engl. Colour Rendering Index) genannt, beschrieben.

Das Tageslicht sowie Glühlampen weisen einen $R_a$ = 100 auf. LEDs haben üblicherweise eine Farbwiedergabe in einem Bereich von 75 bis 95. Der Farbwiedergabeindex ist allgemein ein quantifizierbares Qualitätsmerkmal für Licht. Die Unterschiede lassen sich in **Bild 2.13** leicht erkennen.

**Bild 2.13** Gute (links) und schlechte (rechts) Farbwiedergabe am Beispiel desselben Apfels, mit unterschiedlichen Lichtquellen beleuchtet (Fotos: LED Institut)

Die Farbwiedergabe lässt sich in folgende Qualitätsstufen einteilen:

| | |
|---|---|
| $R_a$ = 90 bis 100 | Ausgezeichnete Farbwiedergabe |
| $R_a$ = 80 bis 90 | Gute Farbwiedergabe (Standard) |
| $R_a$ = 60 bis 80 | Mittlere Farbwiedergabe (tritt bei LED kaum auf) |
| $R_a$ < 60 | Mangelhafte Farbwiedergabe (tritt bei LED kaum auf) |

**Zur Berechnung des Farbwiedergabeindex** wurden nach DIN 6169 **14 genormte Farben** definiert. In **Bild 2.14** sind links die 14 Testfarben zu sehen. Der Index $R_a$ wird aktuell jedoch nur aus den ersten 8 Farben gebildet. Somit wird oft der $R_9$-Wert, welcher explizit der Farbwiedergabe von Rot entspricht, vernachlässigt. Der rote Farbwiedergabeanteil ist beispielsweise zur Bewertung von natürlichem Aussehen der menschlichen Haut unerlässlich. Bei geringen $R_9$-Werten wirkt die Haut unnatürlich, grau oder fahl. Auch die gesättigten Farben, wie Gelb ($R_{10}$), Grün ($R_{11}$), Blau ($R_{12}$), werden mit dem $R_a$-Wert ebenso wenig berücksichtigt wie die Hautfarbe Rosa ($R_{13}$) sowie Blattgrün ($R_{14}$). Bei der Berechnung aus dem Spektrum wird immer der **Mittelwert der ersten 8 Testfarben der Lichtquelle gebildet**. Die Farbwiedergabe des Beispiels in **Bild 2.14** ist mit $R_a$ = 75 auf mittlerem Niveau.

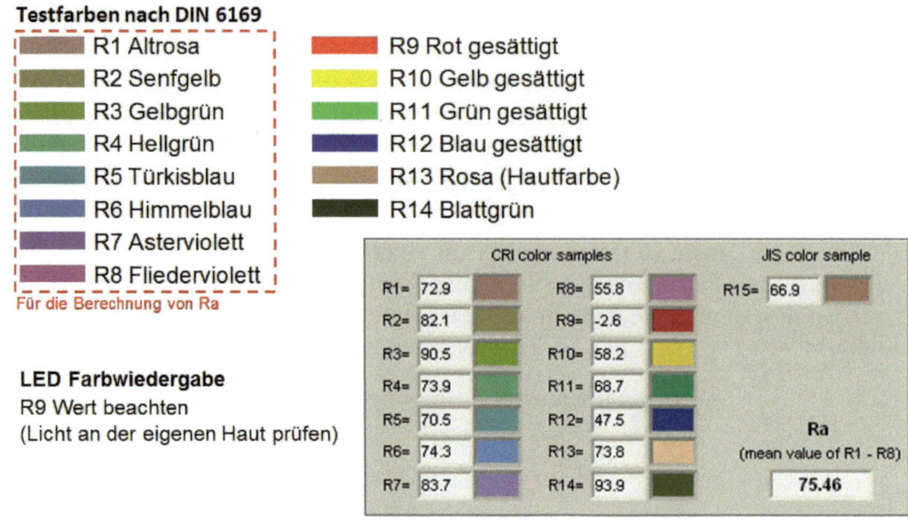


**Bild 2.14** Farbwiedergabe laut Testfarben und gemessene Werte einer LED (Grafik: LED Institut)

Ein **Schnelltest** ohne Messgerät ist die Betrachtung der eigenen Hand unter der zu testenden Lichtquelle. Erscheint die Farbe der Hand unnatürlich oder in Bezug auf den Rotanteil blass, lässt dies auf eine schlechte Farbwiedergabe schließen.

## 2.2.9 TM-30-Farbwiedergabe

Der TM-30-15 [64] ist eine **Methode zur Bewertung der Farbwiedergabe** von Lichtquellen. Die nordamerikanische IES (Illuminating Engineering Society) hat dieses Verfahren vorgestellt. Es soll eine Alternative zu dem viel kritisierten Farbwiedergabeindex $R_a$ bilden. Der große Unterschied ist die Erweiterung der Testfarben von bisher 8 (14) auf 99 Testfarben.

Zusätzlich wird mit dem **Fidelity-Index** ($R_f$) die Ähnlichkeit der Testlichtquelle zur Referenz bewertet. Der Wertebereich des $R_f$ ist im Gegensatz zum $R_a$, welcher auch negative Werte annehmen kann, auf 0 bis 100 festgelegt. Dabei ist ein $R_f$ = 100 der beste Wert. Das TM-30-Verfahren berücksichtigt auch den „Farbumfang" (siehe **Bild 2.15**). Dieser Wert wird **Gamut-Index genannt** ($R_g$). Hier können die Werte 100 überschreiten. Dies geschieht, wenn die Sättigung der Testlichtquelle höher ist als die der Referenz, was bei bestimmten Lichtspektren der Fall sein kann.

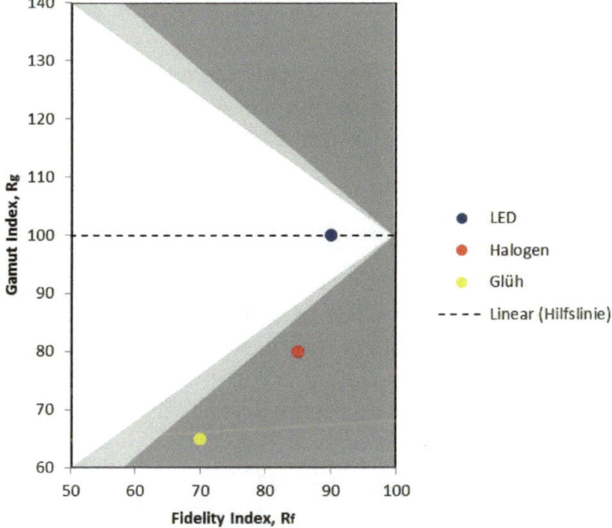


Bild 2.15 Gamut- und Fidelity-Index verschiedener Lichtquellen (Grafik: LED Institut)

Vor allem für Lichtplaner dürfte die vektorgrafische Darstellung der Farbverschiebung von Vorteil sein. Hier lässt sich genau erkennen, welche Farben des Spektrums der Leuchte besser oder schlechter dargestellt werden [89] [90]. An den Stellen, wo die Farbtöne fehlen, entstehen Lücken zum (Referenz-)Kreis. Dies zeigt **Bild 2.16** rechts, wo der türkise und der rote Bereich im Licht der Leuchte Schwächen aufweisen. Die Farbwiedergabebewertung nach TM-30 hat sich bis jetzt nicht im Planungsalltag durchgesetzt.

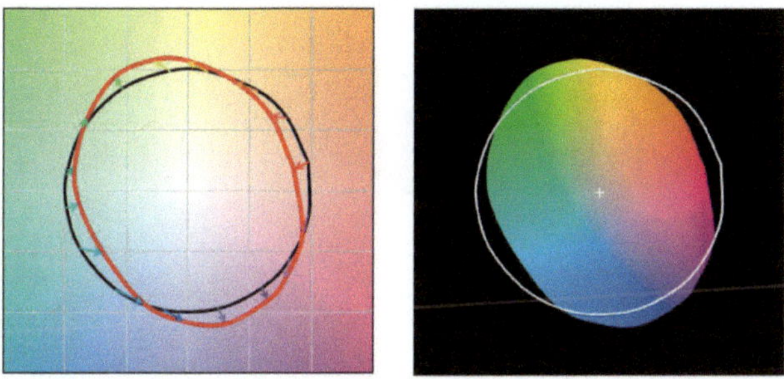

Bild 2.16 Vektorgrafische Darstellung der Farbverschiebung der Leuchte (schwarze Kurve: Referenzlicht, rote Kurve: Leuchte) (Grafik: LED Institut)

## 2.3 Lichtfarbe und Farbwiedergabe in der Anwendung

Die „Farbqualität" in der Anwendung von LED-Licht lässt sich durch vier Kernelemente beschreiben. Diese sind der **Farbort** in der Anwendung, die **Farbwiedergabe**, die **Farbkonsistenz** und die **Homogenität** über den Ausstrahlwinkel.

### 2.3.1 Farbort in Bezug auf die Anwendung

Der **Farbort** des LED-Lichts findet sich im Farbdreieck wieder. **Bild 2.17** zeigt einen Ausschnitt aus dem Dreieck mit dem Planck'schen Kurvenzug. In diesem Bereich befindet sich das weiße Licht. Auf dieser Kurve sollte sich der Farbort der LED befinden. Bei speziellen Anwendungen wie in der Shopbeleuchtung kann der Farbort aber auch leicht unterhalb der Kurve liegen, wie die Ellipse im Bild anzeigt.

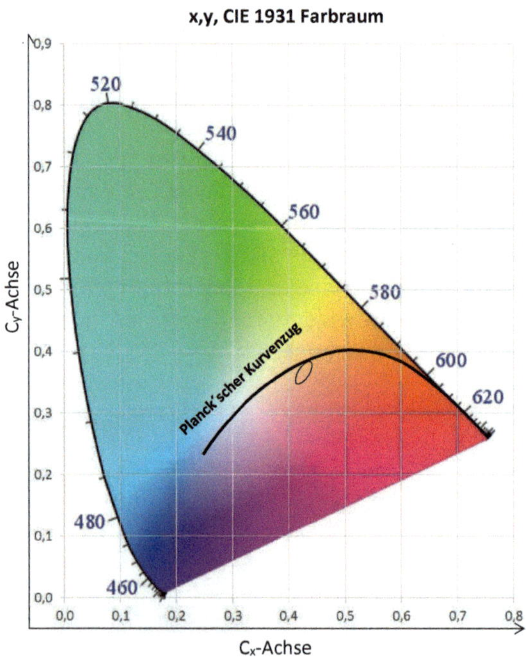


**Bild 2.17** Farbort des Produkts (Grafik: LED Institut)

### 2.3.2 Farbwiedergabe

Ein Farbwiedergabeindex $R_a > 80$ gilt bei LEDs als gute Farbwiedergabe, bei Werten $R_a > 90$ spricht man von sehr guter Farbwiedergabe (s. auch Abschnitt 2.2.8). Folgendes **Bild 2.18** zeigt die Ergebnisse einer Farbwiedergabemessung.

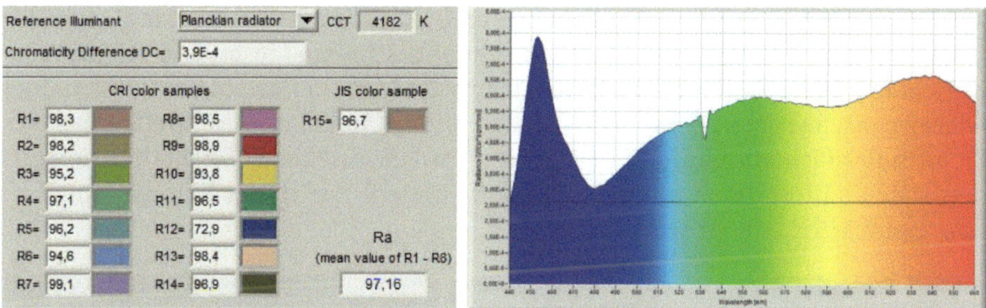


Bild 2.18 Farbwiedergabewerte und Spektrum (Grafik: LED Institut)

### 2.3.3 Farbkonsistenz

Ein beispielhafter LED-Streifen (**Bild 2.19**) mit schlecht sortierten LEDs hinter einer Streuscheibe zeigt, wie schlechtes Binning (siehe Abschnitt 3.1.6) Einfluss auf die Lichtqualität des Produkts hat. Durch einen Blick auf die unterschiedlichen Lichtverteilungen von zwei benachbarten Leuchten lässt sich dann dieser Fehlerfall leicht detektieren.

Bild 2.19 Schlechte Farbkonsistenz eines LED-Streifens (Quelle: LED Institut)

Gute Farbkonsistenz ergibt sich, wenn der Beobachter keinen farblichen Unterschied zwischen benachbarten LED-Lichtquellen sieht.

### 2.3.4 Homogenität über den Ausstrahlwinkel

In der Lichtverteilung einer LED-Leuchte treten häufig Fehler auf, die dem Nutzer negativ auffallen (siehe **Bild 2.20**). In Bezug auf die **Homogenität** des Lichts sollte die Lichtfarbe über den gesamten Abstrahlwinkel gleich sein. Hier kommt es bei LEDs mitunter zum Rand hin zu einem Gelb/Braunstich des Lichts im Vergleich zu dem weißen Zentrumslicht. Dieser Effekt ist auch als „Nikotinrand" der LED bekannt. So sind Farbsäume durch schlecht abgestimmte Linsen und Effekte, verursacht durch das Auffächern des Spektrums des Lichts aufgrund der Optik, immer wieder typische Fehlerfälle bei LED-Leuchten. Auch inhomogenes, streifenförmiges Licht in der Lichtverteilung (Fehlschatten) ist ein unschöner Effekt, der sich aus den Datenblättern nicht entnehmen lässt, sondern nur in der Bemusterung mit dem Produkt erkennbar wird.

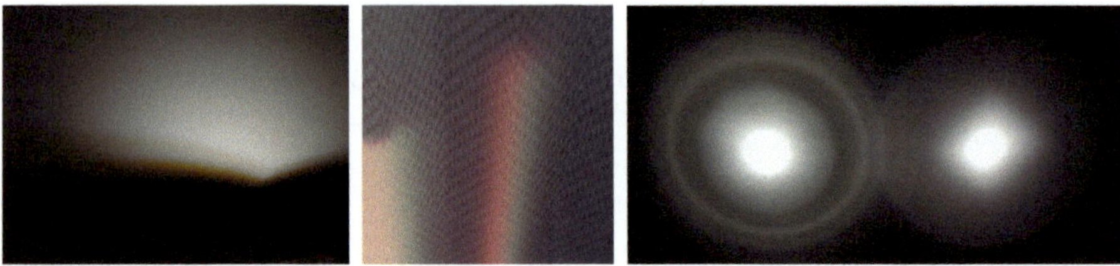

**Bild 2.20** Homogenitätsfehler in der Lichtverteilung (brauner Rand, Farbsäume, Fehlschatten) (Quelle: LED Institut)

### 2.3.5 Die einzelnen Anwendungen

Die LEDs in der speziellen Beleuchtungsanwendung haben heute eine Farbwiedergabe von mehr als 80. Für die Shop-Beleuchtung wird eine Farbwiedergabe von mindestens 90 empfohlen, um die gute Wiedergabe aller Farben in der Verkaufsfläche zu gewährleisten. Gute Verkaufsbeleuchtung braucht aber keine Farbwiedergabe von 100. Eine Farbwiedergabe über 90 und eine Bemusterung an den beleuchteten Objekten führen hier fast immer zu einem positiven Ergebnis.

#### Licht für eine Präsentation (Shop, Messe, Museum)

Das Licht in der Shop-Beleuchtung hat einen großen verkaufsfördernden Nutzen und stellt für den Betreiber einen Wettbewerbsvorteil dar, wenn dieses speziell auf die Ansprüche der Kunden abgestimmt wurde. Mit Lichtspektren je nach Produktgruppe wird der Ware ein positives Erscheinungsbild gegeben. Lichtquellen mit guter Eignung für den Verkaufsbereich können teils unterhalb des Planck'schen Kurvenzugs liegen.

### IR- und UV-Licht

Durch das Fehlen des Infrarotlichtes (**Wärmestrahlung**) und des **Ultraviolettlichtes** (führt zum Ausbleichen von Material) im LED-Spektrum können Exponate in der Shop- und Museumsbeleuchtung besonders schonend ins Licht gesetzt werden, ohne dass die Objekte schneller altern oder durch Strahlung beschädigt werden. In der Museumsbeleuchtung ist der Blauanteil im Nah-UV-Bereich gegebenenfalls zu berücksichtigen, ebenso die Dosis an Licht, wie dies schon bei der konventionellen Beleuchtung der Fall war.

LED-Beleuchtung hat auch die Aufgabe, den Schutz der Produkte vor Keimung, Alterung oder Vergrauung zu gewährleisten. Bei Food-Beleuchtung wird die Qualität des Produkts durch die Beleuchtung unterstrichen. Frische, Reife und Qualität des Produkts sollen durch das LED-Licht gut wiedergegeben werden, ohne die Originalproduktfarbe zu verändern.

Fleisch, Brot und Käse haben deutlich unterschiedliche Dominanzen in der Farbgebung. Deshalb gibt es in der LED-Technik spezielle LED-Module, meist als COB-LEDs, die diese Lebensmittel besonders schmackhaft aussehen lassen: Mhhhhhhh – lecker (siehe **Bild 2.21**).

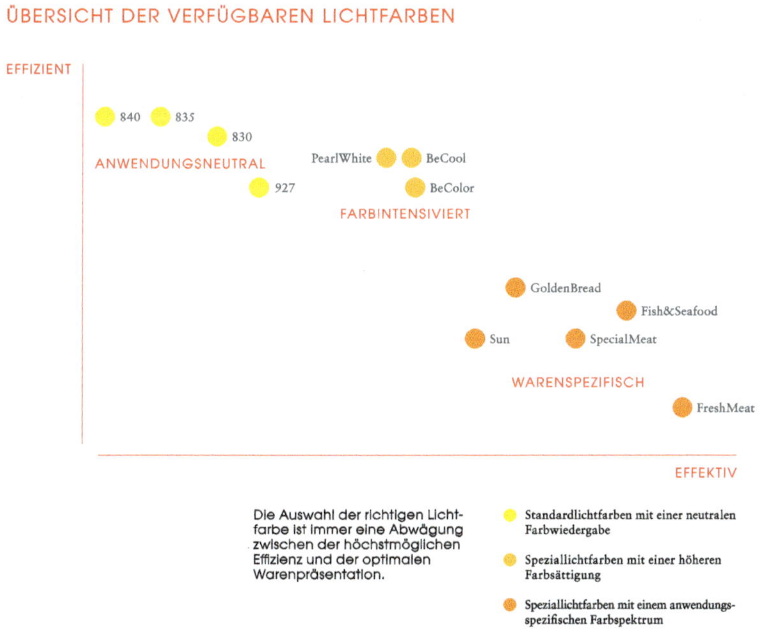

**Bild 2.21** Einzelne Spezial-LED-Spektren für die Anwendung (Quelle: Bäro)

Produktfarben haben eine sehr breite Variation an Eigenfarben. Fleischprodukte zum Beispiel reflektieren nicht nur eine Wellenlänge, sondern einen breiten Wellenlängenbereich im roten Spektralanteil. Eine hierauf optimierte Beleuchtung mittels spektraler Anpassung der Lichtquelle kann deshalb nicht eine einzelne Wellenlänge haben, sondern muss ein ausgewogenes, kontinuierliches Spektrum aufweisen.

Bei der Shop-Beleuchtung von Textilien, z. B. bei Sakkos, muss das Licht die feine Unterscheidung zwischen einem sehr dunklen Blau und Schwarz ermöglichen. Hierzu müssen in dem Farbspektrum der LED die nötigen Wellenlängen vorhanden sein. Zu unterscheiden ist auch zwischen Farbwiedergabe und einem hohen Weißegrad. Zur Erhöhung der Intensität des weißen Eindrucks werden in Textilien optische Aufheller, fluoreszierende Zusatzstoffe, beigemischt. Diese Stoffe emittieren einen Blauanteil, welcher Textilien durch die Erhöhung der Farbsättigung weißer erscheinen lässt. Durch spezielle LED-Module werden diese Anteile im Textil gezielt angeleuchtet.

Da sich die Anforderungen an die Lichtwirkung über das präsentierte Produkt definieren, ist es logisch, dass es kein einzelnes Lichtspektrum schafft, alle Produkte gleichzeitig in Szene zu setzen.

### Tier- und Pflanzenwelt

In der Tier- und Pflanzenwelt wird ein spezielles Lichtspektrum eingesetzt, um den Wachstumsprozess, die Gesundheit oder das Wohlbefinden zu fördern. Durch die Kombination von ausgewählten Wellenlängen und speziellen Leuchtstoffrezepturen ist der gezielten Beleuchtung für Tiere und Pflanzen kaum noch Grenzen gesetzt.

# 3 LED-Systeme – Grundlagen

## 3.1 LED – Strahlungserzeugung, Eigenschaften und Binning

### 3.1.1 Funktionsweise einer LED

Bei einer LED handelt es sich um ein **Halbleiterbauelement** [24] mit einem **pn-Übergang** (**Bild 3.1**). Wenn ein konstanter Strom eingekoppelt wird und die Diode in Durchlassrichtung betrieben wird, findet eine Lichtemission in der aktiven Schicht statt.

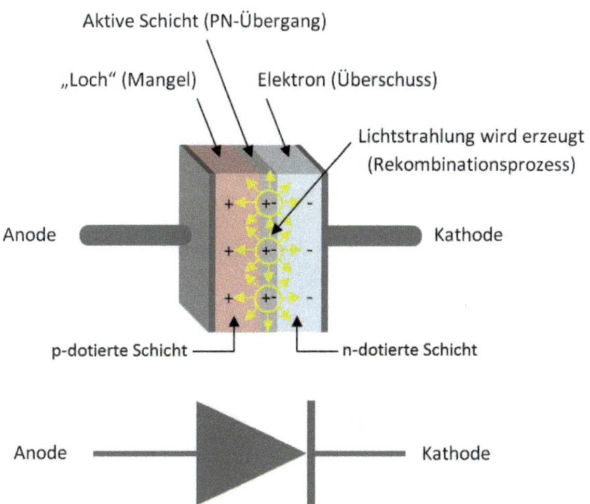


Bild 3.1 pn-Übergang der LED mit Strahlungserzeugung (Grafik: LED Institut)

### 3.1.2 Strahlungserzeugung in einer LED

Das Prinzip der Lichterzeugung in einer LED beruht auf einem Halbleiterkristall, der so dotiert ist (Einbringen von Fremdatomen), dass in einem Bereich ein Elektronenüberschuss existiert und in einem anderen Bereich ein Mangel beziehungsweise Löcher vorhanden sind [110]. Hierbei werden die Elektronen der positiv dotierten Seite in die Übergangsschicht (Sperrschicht oder auch Junction genannt) injiziert, verbinden sich dort mit den Löchern (Rekombination) und geben dabei Energie in Form von Licht ab. Dieser **Rekombinationsprozess** ist stark temperaturabhängig. Je höher die Temperatur im Halbleiter, desto weniger Strahlung wird erzeugt. Je nach Bandabstand im Kristall wird eine bestimmte Wellenlänge ausgesendet. Diese kann also durch geeignete Wahl mit der angelegten Spannung zu großen Teilen als sichtbares Licht emittiert werden. Hierbei legt die Wahl des Kristalls die Wellenlänge des Lichtes fest. In der Allgemeinbeleuchtung ist dies der blaue Chip (InGaN-Chip) mit einer blauen Lichtemission. Deshalb befindet sich im Spektrum einer weißen LED immer ein blauer Peak. Der gelbe Leuchtstoff (oft auch Phosphor genannt) wird in den Strahlengang des Chip gelegt und wandelt dann blaues in weißes Licht um. Im Spektrum ist dieser Anteil als großer Hügel sichtbar (siehe **Bild 3.2**) [129]. In der Physik wird der Lichterzeugungsvorgang auch als **Elektrolumineszenz** bezeichnet.

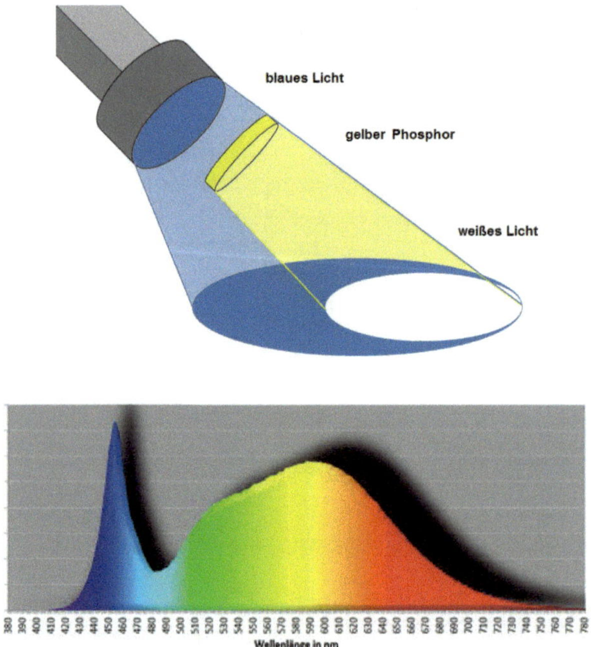


**Bild 3.2** Strahlungserzeugung durch additive Farbmischung (oben) und Spektrum der LED (unten) (Grafik: LED Institut)

### 3.1.3 LED-Bauformen – LED-Packages

Eine LED besteht aus mehreren Komponenten. Je nachdem, wie leistungsstark die Leuchte ist, werden verschiedene **Packages** (LED-Bauformen) unterschiedlicher Leistung genutzt. Je höher die elektrische Leistung der LED ist, desto mehr Wärme wird produziert und desto effektiver muss diese abgeführt werden. Es gibt derzeit sehr viele verschiedene Typen von LEDs, die in puncto Form und Eigenschaften nicht standardisiert sind. Es haben sich aber prinzipiell drei Bauformen **(Package-Typen)** sowie **Leistungsklassen** von LEDs herauskristallisiert. Die sogenannten **Low-** und **Mid-Power-LEDs** werden mit elektrischen Leistungen von 0,2 bis 0,5 W eingesetzt. **High-Power-LEDs** (1 W bis 5 W) benötigen lokal effektivere Wärmeabfuhr, geben allerdings auch mehr Licht ab. Für LEDs mit mehr als 5 W Leistung werden Multichip-LEDs oder die sogenannten **COB-LEDs** verwendet, die lokal eine sehr hohe Wärmeentwicklung und Lichtleistung aufweisen (siehe **Bild 3.3**).

Im folgenden Bild 3.3 (rechts) ist die nächste Generation von LEDs, die unter dem Namen Chip Scale Package (CSP) vertrieben wird, dargestellt.

Bild 3.3 Die drei typischen Bauformen von LEDs; CSPs rechts (Quelle: LED Institut)

Die unterschiedlichen Bauformen finden sich oft in bestimmten Anwendungen wieder. So werden zum Beispiel die Mid-Power-LEDs in Retrofitlampen, in Lichtbandleuchten und verstärkt in Wohnraumleuchten eingesetzt. High-Power-LEDs werden meistens in Kombination mit Linsen zur genauen Lichtverteilung verwendet. Hierzu zählen die gerichtete Beleuchtung im Straßenraum sowie Strahler im Shop. Wenn größere Lichtpakete benötigt werden, finden Multichip-LEDs zum Beispiel in Hallenspiegelleuchten Anwendung. Diese Bauform wird auch in Downlights und Tischleuchten verwendet.

Für eine bestimmte Lichtleistung einer Leuchte kann man sich gut vorstellen, dass bei Verwendung leistungsschwacher LEDs diese in hoher Anzahl in der Leuchte vorhanden sein müssen. Kommen jedoch Multichip-LEDs zur Anwendung, ist die Anzahl der benötigten LEDs im Produkt bei gleicher Lichtleistung kleiner.

### 3.1.4 Aufbau einer LED

In vielen Leuchten werden **Mid-Power-LEDs** eingesetzt, da diese eine gute Abstrahlcharakteristik haben, preiswert sind und eine gute Performance aufweisen. In **Bild 3.4** ist der Aufbau einer weißen Mid-Power-LED exemplarisch dargestellt. Hierbei befindet sich unter dem gelben Leuchtstoff (engl. Phosphor) ein blauer LED-Chip (Chip-Die), welcher mit einem Gold-Bonddraht zur Stromeinkopplung elektrisch angeschlossen ist. Die Anschlüsse sind in das Kunststoffgehäuse integriert und nach außen geführt. Dieser Träger wird auch „Leadframe" genannt und mit versilbertem Kupfer ausgeführt. Die Anschlüsse werden dann auf die Platine gelötet (bestückt), wie man das bereits von anderen Bauteilen auf Leiterplatten kennt. Eine **High-Power LED**, die ähnlich aufgebaut ist, verfügt meistens über eine zusätzliche Silikonlinse zur effektiven Lichtverteilung. Der Aufbau ist auf eine größere thermische Belastung und Langlebigkeit ausgelegt, was man zum Beispiel am Keramiksubstrat erkennt. Die Größe des LED-Chip und die abgegebene Lichtleistung sind die wichtigsten Unterschiede zwischen den Bauformen. Weist eine LED eine ESD-Schutzdiode auf (Qualitätskriterium für LEDs), wird der empfindliche Chip gegen Störspannungen geschützt und sichert die Lebensdauer der LED ab.

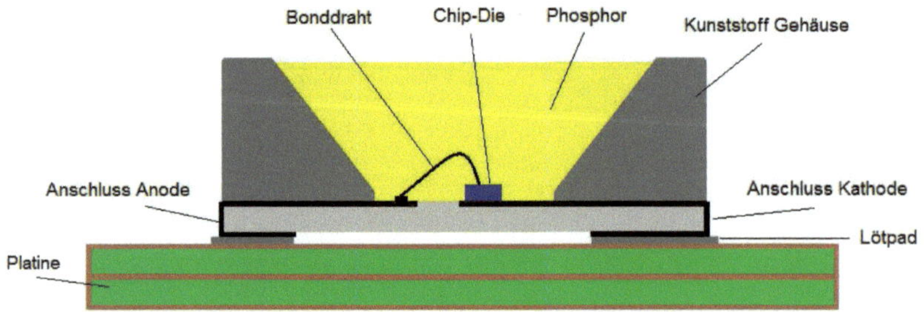


**Bild 3.4** Typische LED-Bauform, Mid-Power-LED (Grafik: led instiut)

Die LED kann zu Testzwecken auf einer sogenannten „Star"-Platine verlötet werden, wie **Bild 3.5** zeigt.

Typische Betriebsdaten der LED:

- One-Chip-LED $U_f$ = 2,8 V
- $I_f$ = 350 mA
- Lichtstrom = 170 lm
- Farbtemperatur = 5000 K
- $T_{op}$ = –40 bis 100 °C
- $T_{j\,max}$ = 140 °C

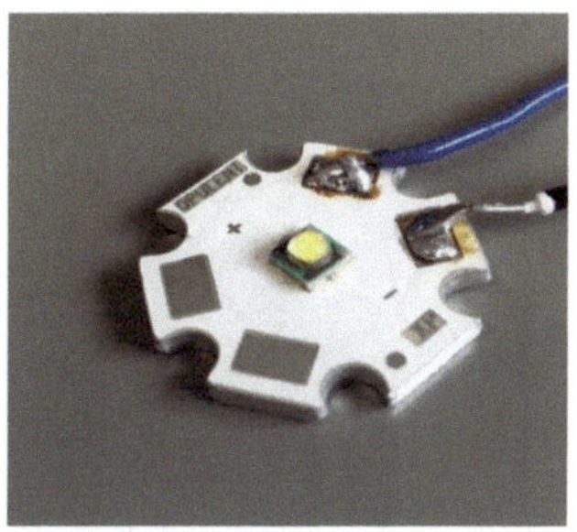

Bild 3.5 LED auf Star-Leiterplatte (Quelle: LED Institut)

In **Bild 3.6** sind Mid-Power-LEDs unter dem Mikroskop vergrößert dargestellt. Die Bilder zeigen die LED auf der Platine sowie zwei sichtbare LED-Chips im Leuchtstoff eingebettet. Im rechten Bild werden die Reihenschaltung der zwei Chips und die Bonddrähte in Gold deutlich sichtbar.

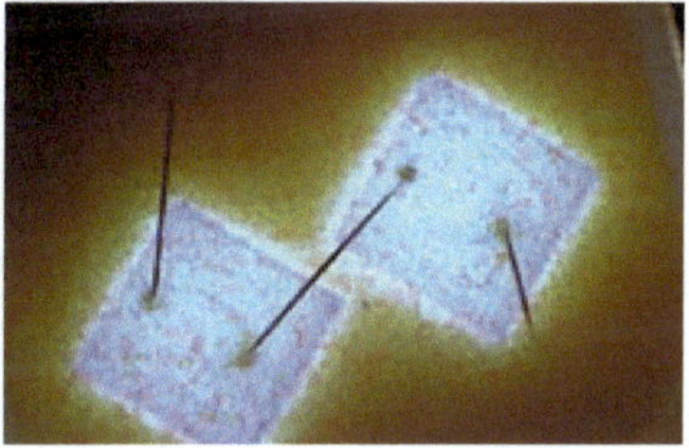

Bild 3.6 LED-Gehäuse (links) und Chip eingebettet in Leuchtstoff (rechts) (Fotos: LED Institut)

## 3.1.5 Abstrahlcharakteristik

Mit der Abstrahlcharakteristik (siehe Bild 3.7) ist die Lichtstärkeverteilungskurve (LVK) der LED gemeint. Sie stellt die Lichtverteilung in einem Polarkoordinatensystem dar, mit dessen Hilfe man die Abstrahlwinkel der Lichtquelle räumlich beurteilen kann. In **Bild 3.7** ist die Abstrahlcharakteristik einer Mid-Power-LED in einer Ebene mit einer sogenannten Lambertschen Charakteristik abgebildet. Dies zeigt die typische Art der Lichtverteilung einer LED.

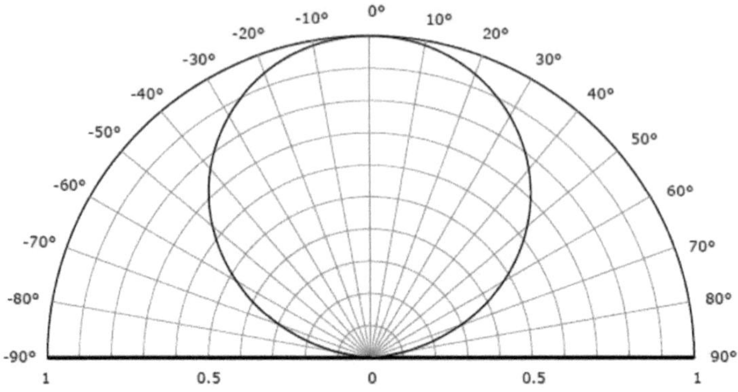


**Bild 3.7** Abstrahlcharakteristik einer LED (Lichtstärkeverteilung) (Grafik: LED Institut)

### 3.1.6 Binning

Bei der Herstellung einer weißen LED wird heutzutage fast immer eine blaue LED verwendet und mit einem gelben Leuchtstoff überzogen, um dann über additive Farbmischung weißes Licht zu erzeugen. Die additive Farbmischung kennt man bereits aus dem Alltag beim Fernseher, deren Farben in jedem Pixel aus den drei Grundfarben zusammen gemischt werden. Da die blaue Emission in der Wellenlänge des Chip einerseits und die Leuchtstoffmischung andererseits nicht exakt produziert werden können, hat dies zur Folge, dass die resultierende Farbe leicht von LED zu LED variiert [92]. Um dennoch eine homogene Leuchte in Bezug auf die Lichtfarbe zu erhalten, werden die zu verbauenden LEDs in der Produktion im sogenannten Binningprozess nach ihrem **Farbort**, dem **Lichtstrom** und der **Flussspannung** sortiert und gruppiert (BIN). Der Hersteller setzt mittlerweile so kleine und feine BIN-Gruppen ein, dass der Kunde dies nicht mehr erkennt.

Je nach Lichtverteilung und Einsatz der Leuchte führt schlechtes Binning in der Installation zu einem sehr unschönen Farbmix an der Decke, wie man in **Bild 3.8** gut erkennt. Dieses Phänomen kennt man auch von Eisenbahnzügen, in denen über Jahre eine Vielzahl unterschiedlicher Leuchtstofflampen in die Deckenleuchten eingesetzt wurde und sich dieser Effekt in Farbtemperaturunterschieden bemerkbar gemacht hat.

Wenn heute in einer Produktionscharge 25 Millionen LEDs hergestellt werden, so haben aufgrund der Streuung nur ca. 24 Millionen die genaue Spezifikation (kleiner Würfel in der Darstellung in **Bild 3.9**). Alle anderen LEDs befinden sich dann im großen blauen Kästchen und sind in der klassischen Beleuchtungsanwendung nicht gut einzusetzen.

Bild 3.8 Schlechtes Binning mit Farbunterschieden (Quelle: LED Institut)

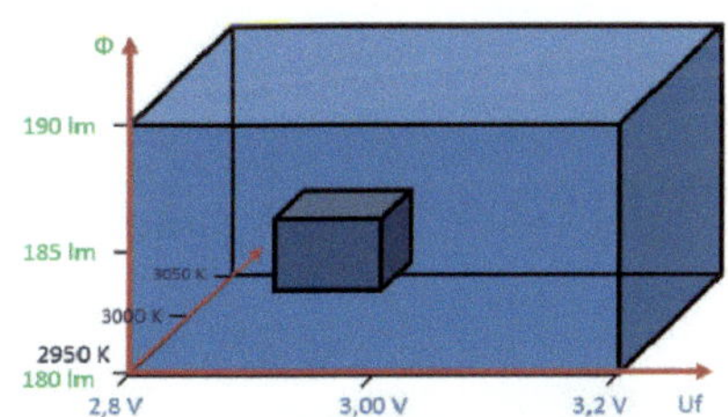


| BIN Gruppe | Wert | BIN Bereich |
|---|---|---|
| 1. Vorwärtsspannung | 3,0 V | (2,8 - 2,9 V) |
| 2. Lichtstrom | 185 Lumen (1W) | (195 - 210 lm) |
| 3. Lichtfarbe/Farbkoordinate | 3000 Kelvin | (+/- 50 K) |

Bild 3.9 Binning von LEDs; exakte LED-Spezifikation nur im kleinen Würfel (Grafik: LED Institut)

**Bild 3.10** zeigt Produkte eines Leuchtenherstellers, der ein exaktes BIN-Management durchführt, weshalb die Leuchten in der Farbe exakt gleich aussehen.

Zur Beurteilung der Farb-BINs bei weißen LEDs gibt es eine **Untergruppierung**, die mit der Wahrnehmung des Menschen verbunden ist. So hat MacAdam [91] in Untersuchungen festgestellt, dass der Mensch zwei ähnliche Farben nicht mehr unterscheiden kann, wenn diese im Farbraum innerhalb einer Ellipse liegen (siehe **Bild 3.11** rechts). Diese wird als eine 1-Step-MacAdam-Ellipse oder eine 1-SCDM (Standard Deviation of Colour Matching) bezeichnet. Leuchten mit den Farborten A und B im Bild 3.11 bilden dann die Grenze des kleinsten für den Menschen noch wahrnehmbaren Farbunterschieds.

Bild 3.10 Gutes Binning (Quelle: Nimbus Group)

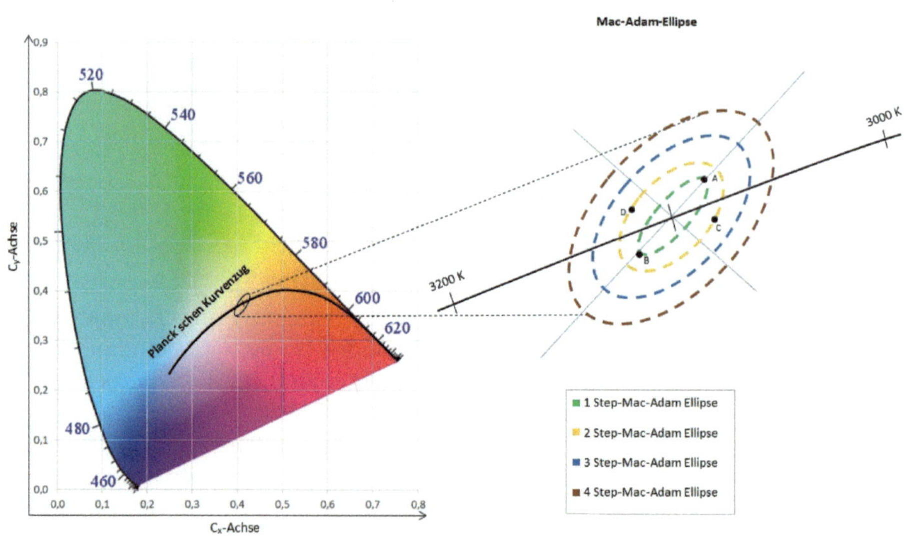


Bild 3.11 Binning und MacAdam-Ellipsen (Grafik: LED Institut)

Hersteller von Leuchten, die ausgewählte LED-Bins für ihre Produkte verwenden, unterscheiden sich qualitativ von anderen Herstellern. Eine Produktion mit LEDs innerhalb einer 3-Step-MacAdam-Ellipse kann eher Farbunterschiede aufweisen. Der heutige Industriestandard (2023) in der Lieferung von Leuchten guter Hersteller liegt bereits bei **2-Step-MacAdam.** Dies ist ein sehr guter Wert, da es in der Lieferung von Leuchten statistisch sehr unwahrscheinlich ist, dass die Rand-LEDs (LED-Leuchten produziert in den Farborten C und D) der Ellipse genau nebeneinanderliegen und dies dann zu einem sichtbaren Farbunterschied beim Betrachter führt.

Beim Kauf von LED-Leuchten ist deshalb zu beachten, dass Leuchten und Lampen aus **einer Herstellungscharge** verwendet werden. Dazu ist es ratsam, beim Händler nur einmal zu bestellen und liefern zu lassen. Sobald man dies mehrere Male macht und diese Produkte auf der Baustelle mischt, kann ein ungewollter Farbsalat im Projekt entstehen, und bei benachbarten Leuchten sind Farbunterschiede sichtbar.

Um beim Kauf von Leuchten ein gutes Binning zu erhalten, muss auch die gewählte **Farbtemperatur** berücksichtigt werden: 3 000 K, 4 000 K und 6 500 K sind gängige Farbtemperaturen bei den Herstellern und werden in großen Stückzahlen hergestellt. Hier kann man gute Binnings voraussetzen. Die größten Binning-Probleme treten meistens bei warmen Lichtfarben auf (3 000 K bis 2 700 K), denn hier können schon 30 K Farbunterschied zwischen den Leuchten von einigen Menschen wahrgenommen werden.

Es ist zu beachten, dass auch leicht unterschiedliche Streuscheiben und -linsen der Leuchte den wahrgenommenen Farbort der LED verändern können. Dies muss der Hersteller bei seinen Leuchten berücksichtigen.

Es ist außerdem möglich, dass Farbunterschiede zwischen Leuchten wahrnehmbar sind, obwohl ein ausgezeichnetes BIN verbaut wurde. So kann festgestellt werden, dass auch Beobachtungswinkel zur LED oder auch Helligkeitsunterschiede zu Unterschieden in der Bewertung von LED-Leuchten führen können. Also locker bleiben, auch Leuchtstofflampen haben sehr hohe Farbtoleranzen gehabt, und niemand hat sich wirklich daran gestört.

Ferner hat sich die **Binningqualität** der LEDs über die Jahre erheblich gesteigert, sodass man kaum noch Unterschiede wahrnehmen kann.

## 3.2 LED-Module

Die LEDs werden auf sogenannten LED-Modulen platziert. Diese bestehen im Prinzip aus einer Leiterplatte, die mit einer oder mehreren Einzel-LEDs bestückt sind. Diese sorgt neben der Funktion als Trägerplatte dafür, dass die LEDs **elektrisch verbunden** werden, die **Wärme** bestmöglich abgeleitet wird und die LEDs **angesteuert** werden können. Diese flachen Module ermöglichen den flexiblen und effizienten Einsatz der LED-Technologie, jedoch gibt es keine Standardisierung für diese Bauteile. Ursache ist die starke Veränderung der Bauform der LED und der individuelle Einsatz beim Leuchtenhersteller. Die LEDs werden kleiner, preiswerter und leistungsfähiger, der Strom und die Spannung der Module variieren ebenfalls stark. Aus diesem Grund ist eine Austauschbarkeit der LED-Module durch den Hersteller selten vorgesehen.

Effiziente LED-Lösungen setzen voraus, dass die LED-Module und die Leuchtenkomponenten wie Optik und Vorschaltgerätetechnik optimal aufeinander abgestimmt sind. Es erfordert hohes technisches Know-how in Entwicklung und Produktion sowie den Einsatz hochwertiger Materialien in der Leuchte, um am Ende Qualitätsleuchten zu produzieren.

Es gibt verschiedene Möglichkeiten, diese LED-Module aufzubauen und zu verschalten, wie **Bild 3.12** zeigt.

**Bild** 3.12 LED-Module (Foto: LED Institut)

### 3.2.1 Leiterplatte

Das Material sowie die technische Umsetzung der Leiterplatte (Trägerplatte) für die LEDs spielen eine entscheidende Rolle für das **Thermomanagement**. Auch hier gibt es mittlerweile einige Möglichkeiten, die Wärme optimal abzuführen.

Jede Leiterplatte hat unterschiedliche Eigenschaften, zum Beispiel Material, Stärke, Lötstopplack, die Dicke des Kupferlayers, die Wärmeleitfähigkeit oder den zulässigen Betriebstemperaturbereich [120].

Leiterplatten bestehen entweder aus epoxidharzgetränkten Glasfasermatten, Materialkennung FR4 (**Bild 3.13**), oder es werden bei starker thermischer Beanspruchung sogenannte „**MCPCBs**" (Metal Core Printed Circuit Board) verwendet, die auf einem Aluminiumträger basieren (**Bild 3.14**).

Die LED-Module werden mit dem thermischen System (Kühlkörper/Gehäuse) in der Leuchte und mit dem Vorschaltgerät zur elektrischen Versorgung der LED verbunden.

**Bild 3.13** FR4-PCB (Quelle: LED Institut)

**Bild 3.14** MCPCB (Quelle: LED Institut)

## 3.2.2 Leiterplattendesign

Das Design der **Leiterbahnen (Kupferschicht)** hat einen Einfluss auf die thermischen Eigenschaften der Leiterplatte. Speziell direkt an der LED vorgesehene breite, thermisch wirksame Kupferflächen als Leiterbahnen sorgen dafür, dass die Wärme auf eine möglichst große Fläche verteilt und abgeführt wird. In **Bild 3.15** ist ein „Thermal Pad" an einer FR4-Platine kenntlich gemacht.

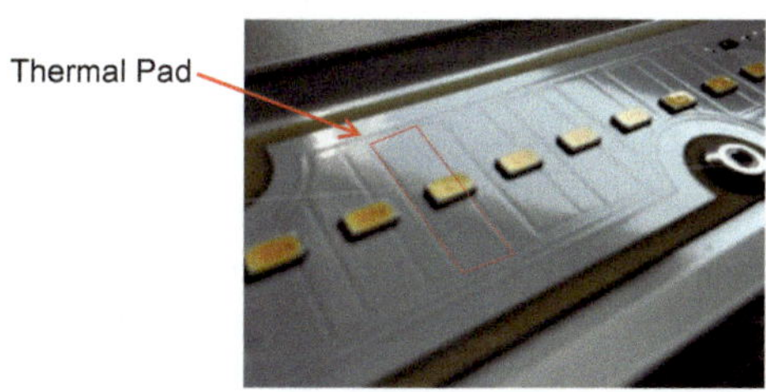


**Bild 3.15** Platine mit dargestellter thermisch wirksamer Kupferfläche (Quelle: LED Institut)

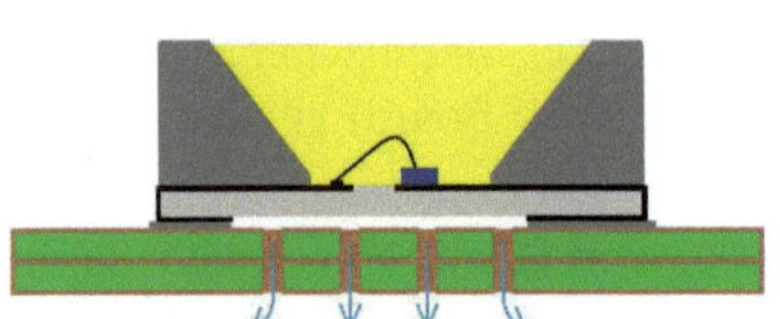

Bild 3.16 Platine mit thermischen Durchkontaktierungen (Thermal Vias) (Grafik: LED Institut)

Bild 3.17 Platine mit Thermal Vias an einer LED (Foto: LED Institut)

Mittels **Durchkontaktierungen** wird bei FR4-Leiterplatten zusätzlich eine thermische Verbindung zwischen Ober- und Unterseite der Platine hergestellt. Diese werden als „Thermal Vias“ (**Bild 3.16** und **Bild 3.17**) bezeichnet und verbessern die Performance der Wärmeableitung deutlich.

## 3.2.3 LED-Streifen

LED-Streifen sind spezielle LED-Module, die eine Vielzahl von Anwendungen bedienen. In der Möbelindustrie werden diese häufig eingesetzt, und auch zur Voutenbeleuchtung und Hinterleuchtung in der Innenarchitektur finden sie vielfach Verwendung. Von weißem Licht bis zur RGB-Anwendung lassen sich diese Streifen in Einbau- und Anbauform verwenden. Die LED-Streifen werden häufig in Aluminiumprofile eingeklebt und mit einer streuenden Abdeckung versehen. **Bild 3.18** zeigt einen guten Aufbau eines LED-Streifens.

In der Anwendung dieser LED-Streifen sollten immer die Sicherheits- und **Montagehinweise** des Herstellers beachtet werden, da nur eine richtige Installation zu einem zuverlässigen Beleuchtungssystem führt. Wer schon einmal eine Leuchte repariert hat, die fest im Möbel irgendwo im Oman verbaut ist, der weiß, dass ein Fehler eine betriebswirtschaftliche Katastrophe sein kann.

### Montagehinweise für LED-Streifen

Bei der Installation ist auf eine saubere Verklebung zu achten. Das Andrücken des Streifens muss vollflächig geschehen, ohne auf die LED zu drücken (!). LED-Streifen sollten am besten auf Metall geklebt werden, insbesondere bei hoher Leistung pro laufendem Meter. Für eine ausreichende Luftzirkulation und Wärmeabfuhr ist unbedingt zu sorgen. Die LEDs sollten richtig gepolt und nicht unter Spannung

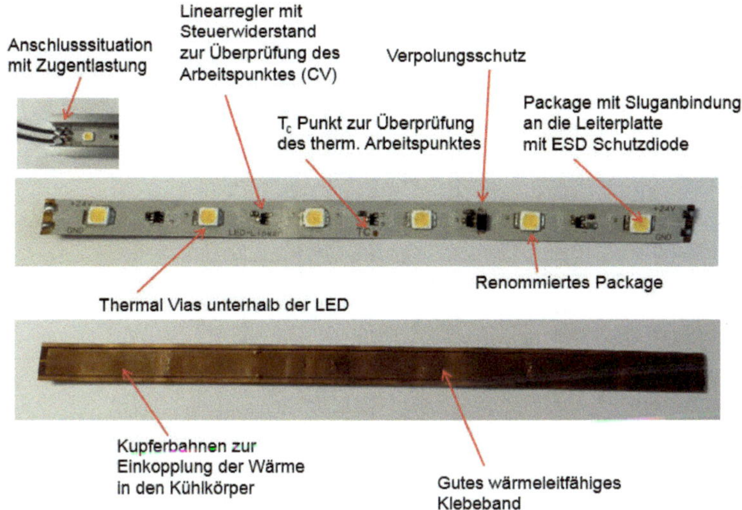


**Bild 3.18** Ausführung eines guten LED-Streifens (Quelle: LED Institut)

angeschlossen werden (hotplugging). Die Vorschaltgeräte sollten die wichtigsten Schutzmechanismen haben (siehe Kapitel 5) und als SELV-Geräte ausgeführt sein. Es ist auf elektrostatische Entladungen an den LED-Modulen zu achten, da die LEDs und die Elektronik auf der Platine empfindliche Bauteile sind. Die Anforderungen an die Kabellängen und die benötigten Kabelquerschnitte sind einzuhalten.

## 3.3 Ansteuerung einer LED

Die LED weist ein klassisches Diodenkennlinien-Verhalten [111] auf (siehe Bild 3.19). Deshalb ist es wichtig, dass der **Strom** der LED **konstant** bleibt und sich die Spannung bis hin zum thermisch stabilen Zustand einstellt, da sonst die LED Schaden nehmen kann. Durch die Variation der Flussspannung der LED und durch die Temperaturabhängigkeit der Vorwärtsspannung beim Anlegen einer konstanten Spannung findet sich kein exakter **Arbeitspunkt** der LED. Kleine Änderungen in der Spannung haben dann großen Einfluss auf den Strom, der durch die LED fließt. Deshalb keine konstante Spannung an die LED anlegen, sondern mit einem konstanten Strom die LED betreiben.

Es ist zu beachten, dass eine Temperaturerhöhung (T) der LED zu einer Verschiebung der Diodenkennlinie nach links führt (**Bild 3.19**).

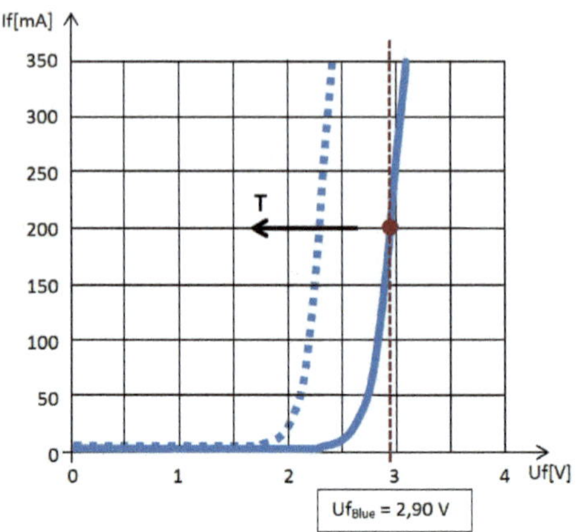


Bild 3.19 Kennlinie der LED und Temperaturabhängigkeit (Grafik: LED Institut)

Die Betriebsspannung einer LED oder des Chips liegt bei weißen LEDs bei ca. 3 V. Je effizienter die LED ist, desto kleiner wird dieser Wert in der Anwendung. Deshalb kann man schon in bestimmten Leuchten von LED-Spannungen unter 2,8 V ausgehen. Je nach Packagetyp benötigt die LED einen typischen Strom. Dieser ist abhängig von der Chipgröße und der Qualität des Halbleitermaterials. In **Bild 3.20** werden typische Bestromungen der Low-/Mid-Power-LED, der High-Power-LED und der Multichip-LEDs angegeben.

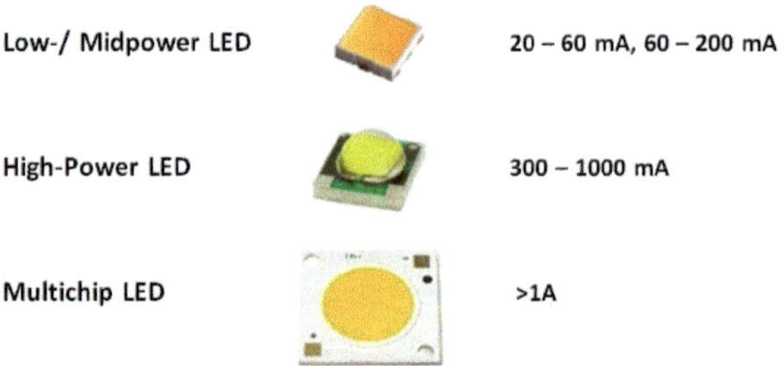


Bild 3.20 Typische Bestromungen von LEDs (Grafik: LED Institut)

## 3.4 Vor-, Nachteile und Performance

Die Bewertung eines LED-Produktes gliedert sich in die folgenden Bereiche (siehe Bild 3.21):

- Design
- Elektrotechnik
- Lichttechnik
- Thermodynamik

Bild 3.21 Die Inhalte der Bewertung von LED-Produkten (Foto: LED Institut)

Die tiefgründige Bewertung eines LED-Produktes ist viel schwieriger, als es bei konventionellen Leuchten der Fall ist, da das LED-Produkt ein kompliziertes **elektronisches** und **thermisches System** geworden ist. Die Qualität spielt für die Industrie und den Anwender heute eine zentrale Rolle, da eine Ersatzteilverfügbarkeit nicht mehr so gegeben ist wie früher. Viele Leuchtenhersteller bringen jedes halbe Jahr neue Produkte auf den Markt, und alte werden in kürzester Zeit vom Markt genommen. Aufgrund der **hohen Produktvariation** lohnt sich in vielen Fällen kein Ersatzteilmanagement mehr.

Gegenüber den konventionellen Lampen und Leuchten haben die LED-basierten Systeme aber viele **Vorteile**:

LED-Systeme haben einen bedeutend **geringeren Stromverbrauch**, sind also **bedeutend effizienter** und haben eine **sehr gute Lebensdauer**. Das Energieeinsparpotential ist somit hoch. Das Licht ist nach dem Einschalten **sofort in voller Helligkeit verfügbar**. Die Lebensdauer der LED ist in der Anwendung nicht von der **Schalthäufigkeit** abhängig. Die Schalthäufigkeit kann sich aber auf die Lebensdauer des Vorschaltgerätes auswirken. Viele Leuchten sind konstruktiv so aufgebaut, dass sie **reinigungsfreundlich** und **nahezu wartungsfrei** sind, wenn man im Vergleich zum Beispiel die offenen Reflektoren und Raster in der Bürobeleuchtung sieht.

Die Produkte enthalten **kein Quecksilber** und stören gegenüber vielen konventionellen Lampen nicht die **Insektenorientierung.** Das LED-Licht kann **einfach in Möbel und die Innenarchitektur integriert** werden. Eine LED ist **technisch sehr einfach dimmbar. Gesättigte Farben** können durch LEDs mit farbigen Chips erzeugt werden. Die LEDs sind **stoß- und vibrationsfest**, aber dennoch eine empfindliche Elektronikkomponente. Es sind bei den hohen Lebensdauern **keine Lampenfassungen** notwendig (somit keine Kontakt- und Korrosionsschwierigkeiten am Fassungssockel-Übergang). Das emittierte Licht hat **keinen UV- und IR-Anteil.** Die LED hat **sehr gute Farbwiedergabeeigenschaften.** Es entstehen durch die elektronische Komponente der LED neue Funktionalitäten und **smarte Leuchten.**

LED-Produkte haben aber auch **Nachteile:**

Es existiert bis dato keine direkte Prüfpflicht mit Prüfsiegel für LED-Produkte. **Hohe Temperaturen** in der LED führen zur **Lebensdauerverkürzung** und Verringerung der Effizienz. Durch die **schnelle Entwicklung** der LEDs ist jedes Datenblatt schon alt, wenn es gedruckt wird. Dadurch gibt es auch **keine wirklichen Standards** bei LEDs und LED-Modulen.

**Bild 3.22** zeigt die Entwicklung der Leistung und des Lichtstromes am Beispiel eines Downlights über die Jahre.

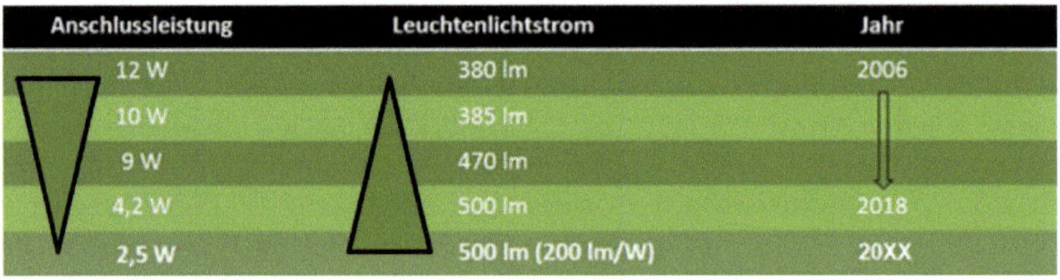

| Anschlussleistung | Leuchtenlichtstrom | Jahr |
|---|---|---|
| 12 W | 380 lm | 2006 |
| 10 W | 385 lm | |
| 9 W | 470 lm | |
| 4,2 W | 500 lm | 2018 |
| 2,5 W | 500 lm (200 lm/W) | 20XX |

**Bild 3.22** Entwicklung eines Downlights (Grafik: LED Institut)

### 3.4.1 Mythen und Märchen zur LED

Oft werden im Markt eine Menge Dinge über LED verbreitet, an denen leider wenig dran ist. Es sollen an dieser Stelle daher einige Aussagen geradegerückt werden:

1. **LEDs produzieren keine nennenswerte Wärme**
   LEDs produzieren sehr wohl Wärme, und zwar 50 bis 70 % der elektrisch zugeführten Energie. Diese muss dann effektiv von der LED abtransportiert werden, um eine gute Lebensdauer zu erhalten.
2. **LEDs haben eine Lebensdauer von über 100 000 Stunden**
   Die gängigsten LED-Leuchten werden für einen Betrieb von 50 000 Stunden ausgelegt. In vielen Anwendungen, zum Beispiel im Wohnraum, sind auch Lebensdauern von 35 000 Stunden üblich und völlig ausreichend. In der Industriebeleuchtung werden bis zu 100 000 Stunden erreicht.
3. **LEDs fallen auch aus**
   Ja, jedes LED-Produkt kann ausfallen, aber die Ausfallraten der LEDs sind sehr gering und abhängig vom Arbeitspunkt der LED. Erst gegen Ende der Lebensdauer nimmt die Ausfallrate zu. Wenn eine komplette Leuchte ausfällt, so liegt dies oft am Defekt des Vorschaltgerätes oder sprichwörtlich an einem „Scheiß-Produkt".
4. **LEDs haben eine Lichtausbeute von 240 lm/W**
   Ja, aber die muss man auch käuflich erwerben können, und das gesamte LED-Produkt erreicht diese Effizienz in der Serienproduktion heute noch nicht. Nicht die LED- oder LED-Moduleffizienz ist anzugeben, sondern die Effizienz der Leuchte.
5. **LEDs verbrauchen im Vergleich zu konventioneller Lampentechnologie bis zu 80 % weniger Strom**
   So pauschal kann man das nicht sagen. Gegenüber einer Glühlampe kann man bei der LED über 80 % Strom sparen. Gegenüber sehr effektiven Lampen wie der Hochdrucklampe ist die Ersparnis bedeutend geringer.

# 4 LED-Leuchten

## 4.1 Basisdesign der LED-Leuchten

### 4.1.1 Basisdesign

LED-Leuchten dienen der Lichtverteilung des durch die LED erzeugten Lichtstroms. Konventionelle Leuchten wurden so konzipiert, dass die Lampen bei Ausfall wieder ersetzt werden können. LED-Leuchten enthalten aber in der Regel keine LED-Lampen, sondern fest eingebaute **LED-Module**, die aufgrund der langen Lebensdauer eher nicht zu tauschen sind.

Die Begriffe **Lampe, Leuchte und Birne** werden häufig durcheinandergebracht. So wird immer wieder von Birnen geredet, und Lampen werden als Leuchten bezeichnet. Vielleicht kann **Bild 4.1** hier Klarheit schaffen.

**Bild 4.1** Was ist was? (Quelle: LED Institut)

In der Praxis sind die Leuchten, wie **Bild 4.2** zeigt, **modular aufgebaut**. Sie bestehen aus einem **Gehäuse**, welches das **Vorschaltgerät** (EVG) aufnimmt, dem **LED-Modul**, welches das Licht erzeugt, und dem **optischen System**, welches das Licht optimal verteilt.

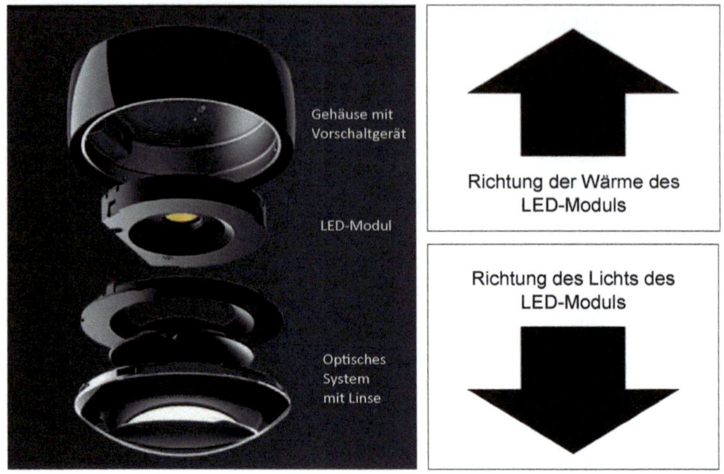


Bild 4.2 Allgemeiner Aufbau einer LED-Leuchte (Foto: Occhio, Grafik: LED Institut)

## 4.1.2 Zusammenhänge

### Effizienz

Die Effizienz aus erzeugtem Lichtstrom pro eingespeister elektrischer Leistung ist keine feste Größe, sondern abhängig von der Lichtfarbe der LEDs und der Farbwiedergabe (CRI). LEDs mit kalten Lichtfarben haben gegenüber warmen Lichtfarben überwiegend die höheren Effizienzen. Das heißt, die Effizienzrekorde bei LEDs und LED-Leuchten werden bei kalten Lichtfarben von 6 500 K erreicht.

### Farbwiedergabe

Hohe Farbwiedergabewerte von über $R_a$ = 90 gehen zu Lasten der Effizienz. Kalte Lichtfarben können trotz einer Farbwiedergabe von 80 sehr schlechte Farbwiedergaben im Rotbereich aufweisen. Dies zeigt sich im sogenannten $R_9$-Wert. Für einfache Industrieanwendungen liegt dieser Wert typischerweise bei ca. 10. In der Bürobeleuchtung findet man Werte um 40. Bei sehr hohen Anforderungen an die Beleuchtungsqualität, zum Beispiel in der Shop-Beleuchtung, liegt der Rotwiedergabewert $R_9$ über 80.

### Farbtemperatur

Die Herstellung der LEDs zeigt auf, dass die höchsten Effizienzen der Produktion eher bei kalten Lichtfarben zu finden sind. Umgekehrt werden bei wärmeren Lichtfarben auch die besten Farbwiedergaben erzeugt. Deshalb sollte der Anwender von LED-Leuchten eher zu kälteren Lichtfarben tendieren, wenn eine hohe Effizienz der Beleuchtungsanlage gewünscht wird. Wenn kalte Lichtfarben eingesetzt werden, sollte man auf die Farbwiedergabe achten, ob diese denn für die Anwendung ausreichend ist. Auch hier ist die Beurteilung des $R_9$-Wertes einzuschließen.

In **Bild 4.3** ist der Vergleich zwischen den Parametern in einem LED-Datenblatt dargestellt.

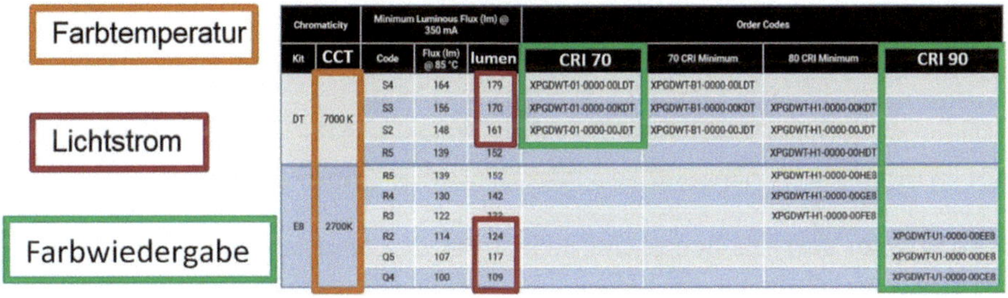

Farbtemperatur

Lichtstrom

Farbwiedergabe

| Chromaticity | | Minimum Luminous Flux (lm) @ 350 mA | | | Order Codes | | | |
|---|---|---|---|---|---|---|---|---|
| Kit | CCT | Code | Flux (lm) @ 85 °C | lumen | CRI 70 | 70 CRI Minimum | 80 CRI Minimum | CRI 90 |
| DT | 7000 K | S4 | 164 | 179 | XPGDWT-01-0000-00LDT | XPGDWT-B1-0000-00LDT | | |
| | | S3 | 156 | 170 | XPGDWT-01-0000-00KDT | XPGDWT-B1-0000-00KDT | XPGDWT-H1-0000-00KDT | |
| | | S2 | 148 | 161 | XPGDWT-01-0000-00JDT | XPGDWT-B1-0000-00JDT | XPGDWT-H1-0000-00JDT | |
| | | R5 | 139 | 152 | | | XPGDWT-H1-0000-00HDT | |
| E8 | 2700K | R5 | 139 | 152 | | | XPGDWT-H1-0000-00HE8 | |
| | | R4 | 130 | 142 | | | XPGDWT-H1-0000-00GE8 | |
| | | R3 | 122 | [illegible] | | | XPGDWT-H1-0000-00FE8 | |
| | | R2 | 114 | 124 | | | | XPGDWT-U1-0000-00EE8 |
| | | Q5 | 107 | 117 | | | | XPGDWT-U1-0000-00DE8 |
| | | Q4 | 100 | 109 | | | | XPGDWT-U1-0000-00CE8 |

**Bild 4.3** Zusammenhänge zwischen Farbtemperatur, Lichtstrom und Farbwiedergabe (Grafik: LED Institut)

### 4.1.3 Betriebsverhalten

#### Temperaturverhalten der Leuchte

Gerade bei LED-Leuchten spielt die Umgebungstemperatur für den angegebenen Wirkungsgrad aufgrund der starken Temperaturabhängigkeit der LED in Bezug auf den Lichtstrom und die Ausfallwahrscheinlichkeit eine wichtige Rolle. Die **Umgebungstemperatur** $T_a$ im Datenblatt der Leuchte gibt an, bei welcher maximalen Umgebungstemperatur diese noch betrieben werden kann, um die Performance zu erreichen. Wird diese Umgebungstemperatur im Betrieb dauerhaft überschritten, kann die Lebensdauer verkürzt und die Effizienz der Leuchte herabgesetzt sein. Die Eingangsleistung einer LED-Leuchte darf bei Betrieb mit der **Bemessungsspannung** und der **Bemessungsumgebungstemperatur** [101] den angegebenen Wert der **Bemessungseingangsleistung** um nicht mehr als 10 % überschreiten (siehe **Bild 4.4**). Hier spricht man von Bemessungswerten, weil man die Werte nicht messen kann, sondern der Hersteller diese bemessen/ermitteln muss. Der Wert $T_q$ gibt die Temperatur der Umgebung an, bei welcher die Leuchte ihre beste Qualität liefert. Sofern keine anderen Angaben gemacht werden, liegt der Wert bei 25 °C. Der Index q steht für quality.

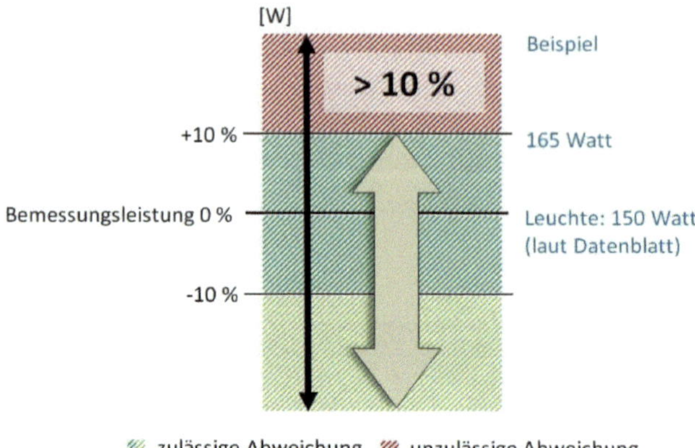


**Bild 4.4** Beispiel der Bemessungsleistung einer LED-Leuchte (Grafik: LED Institut)

Analog dazu darf der Bemessungslichtstrom den angegebenen Wert der Lichtleistung um nicht mehr als 10 % unterschreiten (**Bild 4.5**).

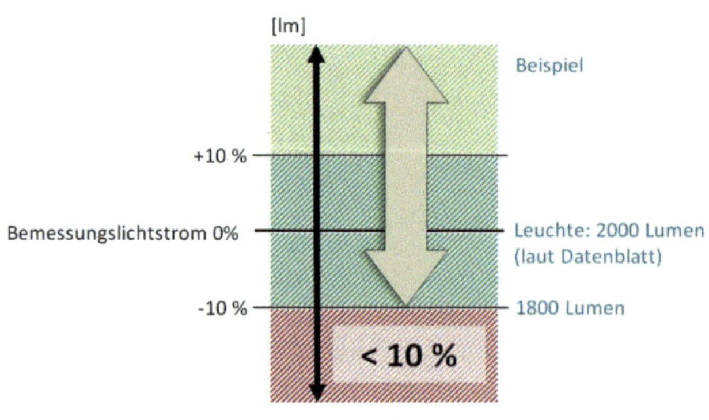


**Bild 4.5** Beispiel des Bemessungslichtstroms einer LED-Leuchte (Grafik: LED Institut)

# 4.2 LED-Leuchte

## 4.2.1 Aufbau einer typischen LED-Leuchte

LED-Leuchten können heute alle konventionellen Leuchten ersetzen. Sie bestehen im Detail sehr häufig aus den folgenden vier Komponenten, wie anhand eines Lichtbandsystems in **Bild 4.6** erläutert wird.

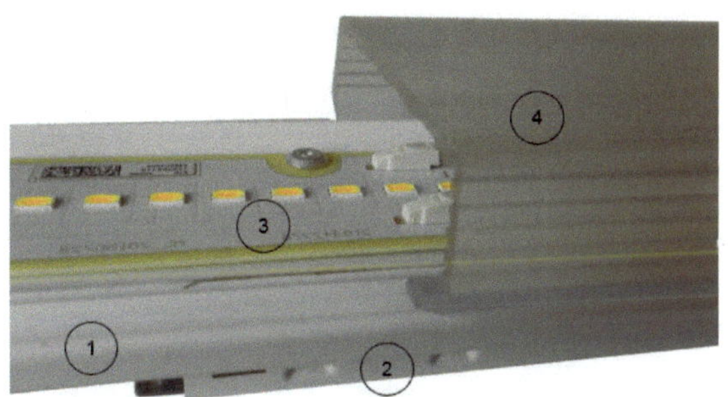


**Bild 4.6** Detaillierter Leuchtenaufbau (Quelle: LED Institut)

### (1) Das Gehäuse oder der Leuchtenkörper

Das Gehäuse einer Leuchte besteht in der Regel aus lackiertem Blech oder Aluminium und dient dem Wärmetransport an die Umgebung. Im Gehäuse ist die gesamte Elektronik untergebracht, und es bildet mit der Optik ein geschlossenes System.

Das **Leuchtengehäuse** schützt die Bauteile vor äußeren Einwirkungen. Es beinhaltet die Anschlusssituation, zu der die Zuleitungen hingeführt werden. Bei der Festlegung der Leitungslänge ist auf die bauliche Situation von der Kabeleinführungsmuffe bis zur Anschlusssituation in der Leuchte zu achten. Das Gehäuse beinhaltet auch die An- und Einbausituation, die dann viel über die Montagefreundlichkeit aussagt.

### (2) LED-Vorschaltgerät

Um die Versorgungsspannung aus dem Niederspannungsnetz an einen für das LED-Modul erforderlichen Gleichstrom anzupassen sowie den Betriebsstrom der LED zu begrenzen, ist ein elektronisches Vorschaltgerät (EVG) erforderlich. Dieses wird im Markt auch häufig als Konverter oder Treiber bezeichnet.

Die eingesetzten Vorschaltgeräte für LED-Leuchten sind entweder **Konstantstromquellen (CC = Constant Current)** oder **Konstantspannungsquellen (CV = Constant Voltage)**. Einige sind beispielhaft in **Bild 4.7** dargestellt. In einzelnen Leuchten werden meistens CC-Vorschaltgeräte verwendet, die Betriebsströme von 100 mA bis zu einigen Ampere abgeben. Sollen mehrere Leuchten an einem EVG verwendet werden oder LED-Streifen (siehe Abschnitt 3.2.3) betrieben werden, findet das Konstantspannungsvorschaltgerät als externes Vorschaltgerät Anwendung.

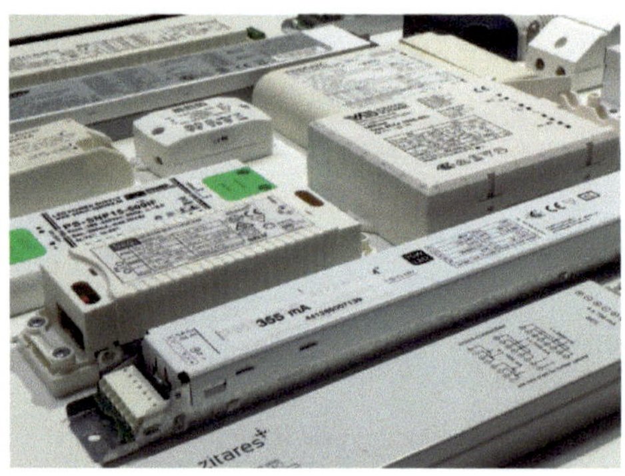


**Bild 4.7** Verschiedene Vorschaltgeräte in LED-Leuchten (Foto: LED Institut)

Da LEDs allgemein sehr empfindlich auf Stromschwankungen reagieren und dadurch eventuell zerstört werden können, sind am besten Stromquellen einzusetzen, die einen konstanten Ausgangsstrom auch über einen großen primärseitigen Spannungsbereich gewährleisten.

### (3) LED-Modul

Das LED-Modul (**Bild 4.8**) besteht aus einer Anordnung von LEDs sowie einem Trägermaterial, welches als **Leiterplatte** dient. Die elektrische Verschaltung wird hierüber hergestellt. Das LED-Modul kann auch weitere elektronische Komponenten wie ESD-Schutz, Regler, Funkmodule, Eingangs- oder Verpolungsschutz enthalten. Eine weitere wichtige Aufgabe besteht darin, die Wärme, welche durch die LEDs produziert wird, bestmöglich abzuführen.

### (4) Optik

Die Optik einer Leuchte sorgt primär dafür, die Lichtstrahlen anwendungsspezifisch zu der Beleuchtungsaufgabe zu lenken. Sie bildet häufig auch die Abschlussscheibe zum Schutz der LED-Module (**Bild 4.9**).

**Bild 4.8** Verschiedene LED-Module (Quelle: LED Institut)

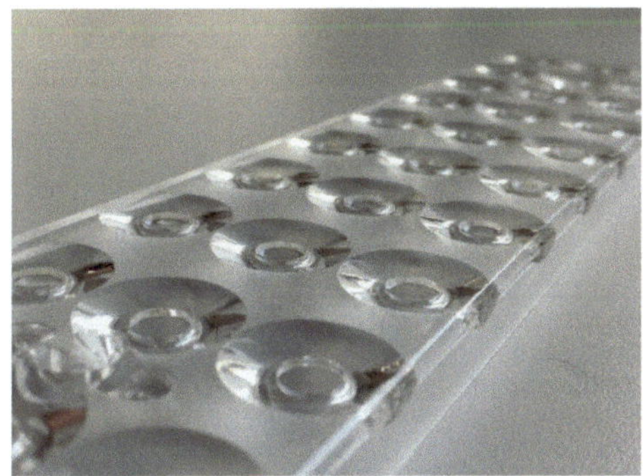

**Bild 4.9** Optik zur Lichtlenkung (Quelle: LED Institut)

### 4.2.2 Schutzart und Schutzklasse

LED-Leuchten werden in Schutzart und Schutzklasse eingeteilt. **Die Schutzarten (IPXX)** beziehen sich auf die Eignung der Leuchte für verschiedene Umgebungen nach DIN EN 60529. Je höher die Kennzeichnung, desto besser ist die Leuchte gegen Staub und Wasser geschützt.

Der IP-Code [43] setzt sich aus zwei Ziffern zusammen. Die erste Ziffer gibt Auskunft über den Schutz gegen das Eindringen von Fremdkörpern, die zweite über den Schutz gegen Wasser.

Die Darstellungen in **Bild 4.10** zeigen die Erläuterungen zu der ersten und zweiten Ziffer nach den Buchstaben IP.

|  |  |
|---|---|
| IP0x | 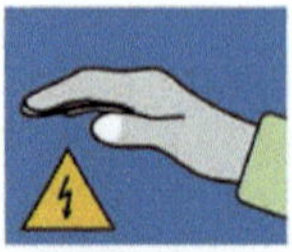 kein Berührungsschutz, kein Schutz gegen feste Fremdkörper |
| IP1x | 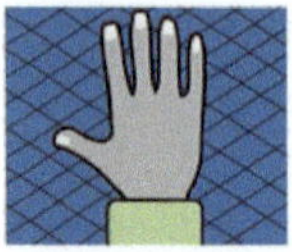 Schutz gegen großflächige Berührung mit der Hand, Schutz gegen Fremdkörper mit ∅ > 50 mm |
| IP2x | 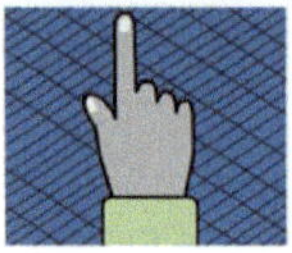 Schutz gegen Berührung mit den Fingern, Schutz gegen Fremdkörper mit ∅ > 12 mm |
| IP3x | 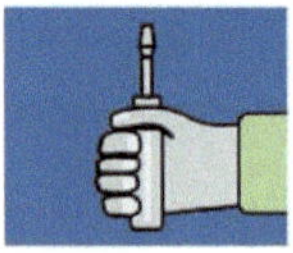 Schutz gegen Berührung mit Werkzeug, Drähten o. Ä. mit ∅ > 2,5 mm, Schutz gegen Fremdkörper mit ∅ > 2,5 mm |
| IP4x | 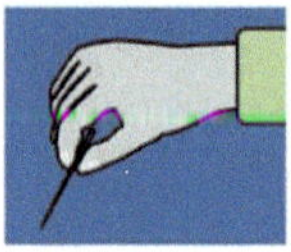 Schutz gegen Berührung mit Werkzeug, Drähten o. Ä. mit ∅ > 1 mm, Schutz gegen Fremdkörper mit ∅ > 1 mm |
| IP5x | 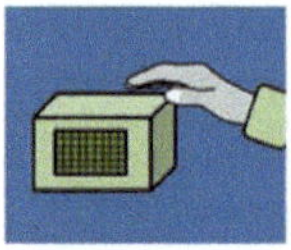 Schutz gegen Berührung, Schutz gegen Staubablagerung im Inneren |
| IP6x | 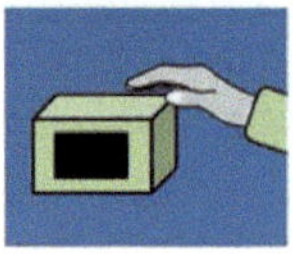 Vollständiger Schutz gegen Berührung, Schutz gegen Eindringen von Staub |

|  |  |
|---|---|
| IPx0 |  Kein Wasser- oder Feuchtigkeitsschutz |
| IPx1 |  Schutz gegen senkrecht fallende Wassertropfen |
| IPx2 |  Schutz gegen schräg fallende Wassertropfen aus beliebigem Winkel bis zu 15° aus der Senkrechten |
| IPx3 |  Schutz gegen schräg fallende Wassertropfen aus beliebigem Winkel bis zu 60° aus der Senkrechten |
| IPx4 |  Schutz gegen Spritzwasser aus allen Richtungen |
| IPx5 | 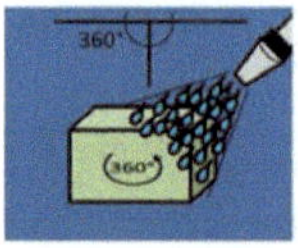 Schutz gegen Wasserstrahl (Düse) aus beliebigem Winkel |
| IPx6 |  Schutz gegen Wassereindringung bei vorübergehender Überflutung |
| IPx7 | 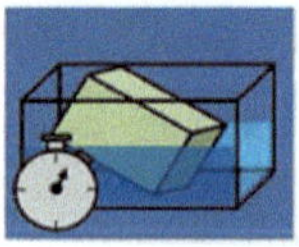 Schutz gegen Wassereindringung bei zeitweisem Eintauchen |
| IPx8 | 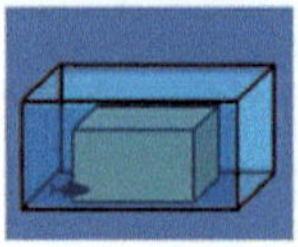 Schutz gegen Wassereindringung bei dauerhaftem Untertauchen |

**Bild 4.10** IP-Schutzarten (Quelle: LED Institut)

Das folgende **Bild 4.11** zeigt **typische IP-Schutzarten** für LED-Leuchten, wie sie in der Anwendung vorkommen.

Gebräuchliche IP-Klassen bei Leuchten

| IP-Schutzklasse | Anwendung |
|---|---|
| IP20 | Innenraumleuchten |
| IP44 | Außenleuchten mit Grundschutz gegen Wasser |
| IP54 | Leuchten mit Spritzwasser- und Staubschutz |
| IP65 | Staubdichte und strahlwassergeschützte Leuchten |
| IP68 | Unterwasserleuchten |

**Bild 4.11** Typischer IP-Schutz von LED-Leuchten (Grafik: LED Institut)

## Schutzklasse

Die Schutzklasse dient allgemein der Einteilung und Kennzeichnung von Leuchten in Bezug auf die vorhandenen Sicherheitsmaßnahmen zur Verhinderung eines elektrischen Schlages für den Menschen.

Auf dem **Etikett** des Gerätes muss die Schutzklasse abgebildet sein. Befindet sich dort kein Hinweis zur Schutzklasse, kann es sich um ein Gerät der Schutzklasse 1 handeln, da diese Geräteklasse laut der Norm DIN EN 61140 nicht zwingend gekennzeichnet werden muss. Das Erdungssymbol bei dieser Klasse ist hierbei keine Pflicht. Möglich ist aber auch, dass der Hersteller die Angabe schlicht und einfach „vergessen" hat. Im Zweifel im Datenblatt nachschauen oder beim Hersteller nachfragen. Die Unterteilung erfolgt hierbei in drei Klassen.

### *Schutzklasse I (SK I)*

Bei **Schutzklasse-I**-Leuchten sind alle elektrisch leitfähigen und berührbaren Teile des Leuchtengehäuses mit dem Schutzleiter der Versorgungsleitung verbunden. Im Fehlerfall löst dann der RCD (Fehlerstromschutzschalter – FI) oder der Leitungsschutzschalter aus, und der fehlerhafte Stromkreis wird abgeschaltet. Dies verhindert die Gefährdung von Personen durch spannungsführende Teile, wie es bei einem Metallgehäuse der Leuchte der Fall sein könnte.

### *Schutzklasse II (SK II)*

Die **Schutzklasse-II**-Leuchten müssen doppelt oder verstärkt isoliert ausgeführt werden. Dadurch ist immer eine zweite Sicherheitsbarriere vorhanden, falls eine ausfällt. In diesen Leuchten ist kein Schutzleiter vorhanden. Wenn eine Zuleitung zur Leuchte einen Schutzleiter enthält, darf dieser nicht an das Gehäuse angeschlossen werden und muss wie ein aktiver Leiter behandelt werden.

 *Schutzklasse III (SK III)*

Leuchten der **Schutzklasse III** arbeiten mit einer sogenannten Sicherheitskleinspannung oder Schutzkleinspannung (SELV/PELV). Das ist für den Anwender der Leuchte eine ungefährliche Spannung (Strom), da die Versorgungsspannung dieser Leuchte, 50 V Wechselspannung oder 120 V Gleichspannung, nicht überschritten werden darf. Leuchten der Schutzklasse III dürfen nur an SELV- oder PELV-Quellen angeschlossen werden. Die Sicherheit wird im EVG durch eine galvanische Trennung umgesetzt. Der Leuchtenkörper wird weder mit der Erde noch mit dem Schutzleiter verbunden.

### Andere Schutzgrade von Leuchten

*IK XX-Schlagschutz*

Die Europäische Norm EN 50102 definiert die **Schutzgrade** gegen äußere mechanische Erschütterung (**IK-Code**) und das Prüfverfahren. Mit einem Pendelhammer wird die Schlagfestigkeit des Produktes geprüft. Bei ortsfesten Leuchten und Leuchten in der Wandmontage für die allgemeine Beleuchtungsaufgabe ist ein Mindestwert der Schlagfestigkeit von IK03 (0,35 Nm) einzuhalten. Bei der Bodenmontage ist mindestens ein IK04 (0,5 Nm) vorzusehen. Für rauere Umgebungsbedingungen werden höhere Schlagfestigkeiten gefordert.

 *Ballwurfsicherheit*

Auf Sportplätzen, Sporthallen oder anderen Sportanlagen können Leuchten durch Bälle beschädigt werden. Durch herabfallende Teile können dann Menschen verletzt werden. Für dieses Anwendungsgebiet gibt es spezielle **ballwurfsichere Leuchten**. Geregelt wird dies in der DIN 18032-1. Die Produktkennzeichnung für solche ballwurfsicheren Leuchten erfolgt mit einem Fußball, wie oben dargestellt. Zum Schutz der Leuchten können hierbei ein Schutzgitter/Korb oder Schutzscheiben dienen. Zu beachten ist, dass die Distanz der Gitterstäbe kleiner als der kleinste mögliche Balldurchmesser sein muss.

### Brandschutz

Einen Sicherheitsaspekt bei Leuchten stellt der allgemeine Brandschutz dar. Bei der Planung und Installation ist in dieser Hinsicht auf die Wahl der richtigen Leuchte zu achten. Leuchten und deren Betriebsmittel müssen von ihren Materialeigenschaften so ausgelegt sein, dass sie **beständig gegen ein Feuer** oder eine **Entzündung** sind. Im normalen Betrieb und im Fehlerfall dürfen sich der zur Verfügung stehende **Bauraum** und die **Montageflächen** durch den Temperaturanstieg der

Leuchte nicht entzünden. Auch die Mindestabstände zwischen Leuchtengehäuse und Bauraumflächen müssen eingehalten werden. Zu bedenken ist, dass die Gefahr bei LED-Leuchten nicht unbedingt vom Strahlengang herrührt (Licht hat keinen Infrarotanteil), sondern von der Erwärmung der Leuchte.

Brandschutzkennzeichnung

Laut der Regelung zur Brandschutzkennzeichnung dürfen Leuchten grundsätzlich auf allen Baustoffen montiert werden, es sei denn, die Leuchte ist mit einem der folgenden Symbole versehen.

Die Einbauleuchte darf nicht mit Abdeckung von Wärmedämmmaterial betrieben werden.

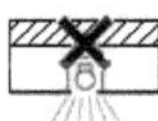

Der Abstand zur Decke darf nicht zu nah sein. Sicherheitsabstände laut Montageanleitung einhalten.

Die oberflächenmontierbare Leuchte ist nicht zur direkten Befestigung auf normal entflammbaren Oberflächen geeignet, sondern nur auf nicht brennbaren Oberflächen.

Die Einbauleuchte ist nicht zur direkten Befestigung auf normal entflammbaren Oberflächen geeignet, also geeignet nur auf nicht brennbaren Oberflächen.

### 4.2.3 Leistungsfaktor

Der **Leistungsfaktor** entspricht dem Verhältnis vom Betrag der Wirkleistung, welche der tatsächlich zum Betrieb benötigten Leistungsaufnahme entspricht, zur Scheinleistung. Der Leistungsfaktor kann zwischen 0 und 1 liegen.

Eine Glühlampe hat beispielsweise den Faktor 1, da sie sich elektrisch wie ein Widerstand verhält. Es wird hier nur Wirkleistung übertragen (siehe dazu auch **Bild 4.12**). Die Stromaufnahme von LED-Vorschaltgeräten mit angeschlossenem LED-Modul weicht vom Spannungsverlauf am Eingang ab, und so kann es zu niedrigen Leistungsfaktoren wie zum Beispiel 0,5 kommen. Allerdings treten dann unerwünschte Blindströme im Versorgungsnetz auf.

Der **Wirkfaktor** wird ausschließlich für sinusförmige Ströme und Spannungen definiert. Nichtsinusförmige Größen enthalten neben der Grundschwingung zusätzlich Oberschwingungen. Hierzu lässt sich kein einheitlicher Phasenverschiebungswinkel ermitteln, und der Leistungsfaktor $\lambda$ kann nicht als Wirkfaktor $\cos\varphi$ angegeben werden. Der Wirkfaktor entspricht dem Cosinus des Phasenverschiebungswinkels $\varphi$.

$$\text{Wirkfaktor} = \frac{P}{S} = \cos\varphi$$

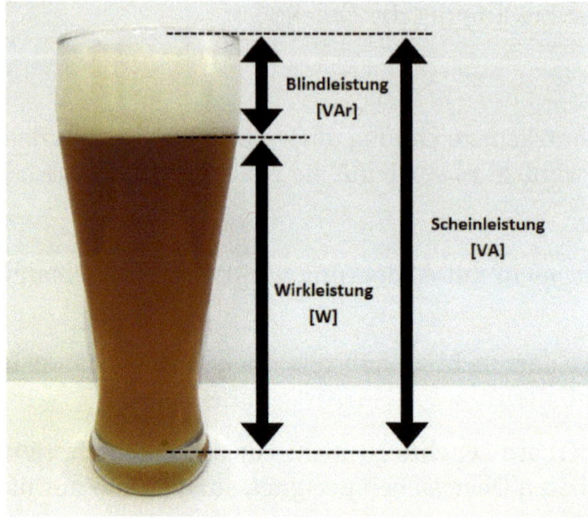


$$\text{Leistungsfaktor} = \lambda = \frac{|P|}{S}$$

**Bild 4.12** Anschauliche Darstellung der Wirk- und Blindleistung (Quelle: LED Institut)

Durch die **EMV-Richtlinien** soll eine Verschmutzung des Netzes durch unerwünschte Oberwellen verhindert werden. Die Norm DIN EN 61000-3-2 schreibt die **Leistungsfaktorkorrektur** (engl. Power Factor Correction, kurz PFC) für LED-Vorschaltgeräte über 25 W zwingend vor. Eine Korrektur wird erreicht, indem die auftretenden Oberwellen ausgehend von der Störquelle auf ein Minimum reduziert werden. In guten Vorschaltgeräten können sowohl passive als auch aktive Oberschwingungsfilter (aktive/passive PFC) vorhanden sein. **Aktive PFC** (Power Factor Correction) sind von der Schaltung her aufwendiger, erzielen dabei aber eine sehr gute Korrektur bis zu einem Leistungsfaktor von 0,98.

Für kleine Haushalte spielt die Blindleistung meist keine Rolle. Werden jedoch beispielsweise in einem Hochhaus massenhaft LED-Vorschaltgeräte mit kleinen Leistungen unter 25 W verbaut, so ist nach der Ökodesignverordnung (2019/2020/EU) zur Produktgestaltung bei Leistungen zwischen 10 W und 25 W ein Leistungsfaktor von über 0,7 gefordert. Zwischen Leistungen von 5 W und 10 W ist immer noch ein Leistungsfaktor von 0,5 reglementiert. Insgesamt können in einem größeren Projekt mit schlechten Leistungsfaktoren der LED-Produkte die Vorgaben der Energieversorger nicht erfüllt werden. Die Blindarbeit kann dann gesondert durch den Energieversorger in Rechnung gestellt werden.

## 4.3 Aufschriften und Datenblätter

### 4.3.1 Typenschild einer LED-Leuchte

Auf den Leuchten müssen Aufschriften (insbesondere auf dem Typenschild) angebracht sein, um die Leuchte für ihren Einsatzzweck einzuordnen und sie eindeutig zu identifizieren. Das **Bild 4.13** zeigt dies beispielhaft.

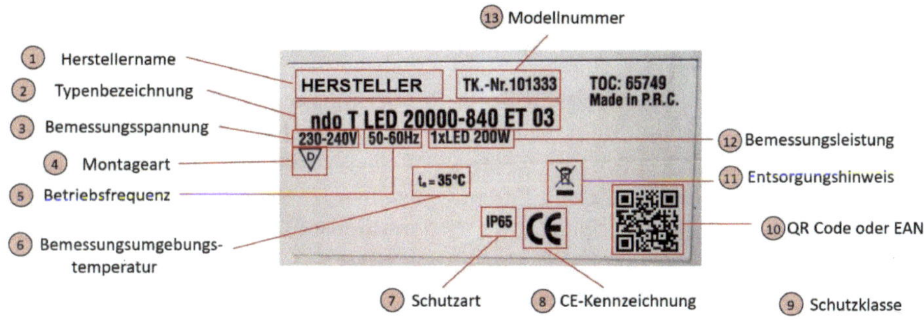


**Bild 4.13** Typenschild einer LED-Leuchte (Foto: LED Institut)

Wenn diese Daten nicht auf dem Typenschild sind, sollte man sich Gedanken machen, ob die Leuchte die CE-Kennzeichnung zu Recht trägt.

Einige Hersteller versehen ihre Leuchten mittlerweile mit einem **QR-Code**. Durch das Scannen des intelligenten Typenschilds erhält man alle erforderlichen Informationen für eine einfache und professionelle Installation und Inbetriebnahme. Darüber hinaus können mit dem QR-Code auch die Produktregistrierung, die Garantieaktivierung und das Ersatzteilhandling erfolgen. **Bild 4.14** zeigt beispielhaft einen QR-Code.

**Bild 4.14** QR-Code auf dem Etikett (Foto: LED Institut)

### 4.3.2 Photometrischer Code

Der **photometrische Code** befindet sich auf der Leuchte und definiert einen Teil der Qualität des Produktes. Sie ist durch die Norm DIN EN 62717 gestützt. Da eine LED-Leuchte im Laufe ihres Lebens an Leuchtkraft verliert und sich auch im Farbort verändern kann, wird dies für den Anwender in diesem Code dokumentiert.

Dieser photometrische Code besteht aus **6 Ziffern**, welche oft nach 3 Stellen mit einem Schrägstrich getrennt sind:

#### 1. Ziffer: $R_a$-Code (Farbwiedergabeindex)

Der Farbwiedergabeindex $R_a$ (auch Color Rendering Index) gibt die Qualität der Farben an, wenn diese mit dem Produkt beleuchtet werden. Die Glüh- und Halogenlampe hat einen CRI von 100, weiße LEDs liegen zwischen 75 und 95. In der Innenraumbeleuchtung innerhalb der europäischen Union sind nur Lichtquellen im LED-Bereich vorhanden, die einen CRI von über 80 haben. Die Ziffer hat nur die Werte 7, 8 oder 9. „8" bedeutet eine Farbwiedergabe der Leuchte zwischen 80 und 89. In speziellen Anwendungen und im Außenbereich sind auch CRI < 80 möglich.

#### 2. und 3. Ziffer: Farbtemperatur-Code

Diese Ziffern geben die Farbtemperatur in Kelvin an, dabei werden die letzten beiden Ziffern der Farbtemperatur gestrichen. Beispiel: „40" = 4000 Kelvin.

#### 4. Ziffer: Anfänglicher Farbraum der Leuchten in SDCM

Die sogenannte MacAdam-Ellipse (in SDCM, Standard Deviation of Color Matching) zeigt an, wie groß der Farbraum der LED-Leuchten bei Lieferung ist und wie stark sich die Leuchten in ihrer Farbe unterscheiden können. Bei der Angabe von 3 SDCM sind Farbunterschiede statistisch kaum zu erkennen. Der nächste Schritt in der LED-Produktionstechnik liegt bei 2,5 SDCM.

#### 5. Ziffer: Farbstabilität in MacAdam-Ellipse nach 25 % der Betriebsdauer (max. 6000 Stunden)

Aufgrund der unterschiedlichen Stabilität der LEDs über ihre Lebenszeit werden mit dieser Ziffer die Farbabweichungen während der Lebensdauer angegeben. Der Wert in X SDCM zeigt an, wie groß der Farbraum der eingesetzten Leuchten nach 25 % der Betriebsdauer (und max. 6000 Stunden) zu erwarten ist.

### 6. Ziffer: Lichtstromstabilität

Die 6. Ziffer gibt den Lichtstromerhalt nach 25 % der Betriebsdauer (und max. 6000 Stunden) an. Diese Ziffer hat nur die Werte 7, 8 oder 9. „8“ bedeutet einen restlichen Lichtstrom von ≥ 80 % nach 25 % der Betriebsdauer.

**Bild 4.15** zeigt ein Beispiel eines **photometrischen Codes.** Die Angabe ist hier **W 840/239.** Die blau hinterlegten Zeilen zeigen an, was die einzelnen Ziffern bei diesem Beispiel bedeuten.

| W | 8 | | 40 | | 2 | | 3 | | 9 | |
|---|---|---|---|---|---|---|---|---|---|---|
| Buchstabe | 1. Ziffer | | 2. + 3. Ziffer | | 4. Ziffer | | 5. Ziffer | | 6. Ziffer | |
| Weiß | Code | Farbwiedergabe zu Beginn | Code | Farbtemperatur in Kelvin zu Beginn | Code | MacAdams-Ellipse geliefert zu Beginn | Code | MacAdams-Ellipse nach 25 % der Betriebsdauer (max. 6000 h) | Code | Restliche Lichtleistung nach 25 % der Betriebsdauer (max. 6000 h) |
| W | 7 | 70 - 79 | 27 | 2700 K | 2 | 2 SDCM | 2 | 2 SDCM | 7 | ≥ 70% |
| | 8 | 80 - 89 | 30 | 3000 K | 3 | 3 SDCM | 3 | 3 SDCM | 8 | ≥ 80% |
| | 9 | 90 - 99 | 35 | 3500 K | 4 | 4 SDCM | 4 | 4 SDCM | 9 | ≥ 90% |
| | | | 40 | 4000 K | 5 | 5 SDCM | 5 | 5 SDCM | | |
| | | | 45 | 4500 K | | | | | | |
| | | | 50 | 5000 K | | | | | | |
| | | | 65 | 6500 K | | | | | | |

**Bild 4.15** Photometrischer Code bei LED-Leuchten (Grafik: LED Institut)

## 4.3.3 Datenblatt LED-Leuchte

Wichtige Bestandteile eines Datenblatts sind die **Bemessungswerte** der Leuchte, die **lichttechnischen** Werte, die **Lebensdauerangaben** und sonstige **elektrische und mechanische Daten.**

Die Lichtstärkeverteilungskurve (LVK) oder **Abstrahlcharakteristik** einer Leuchte stellt in einem Koordinatensystem anhand der Austrittswinkel des Lichts dessen räumliche Verteilung dar, wie **Bild 4.16** rechts oben zeigt.

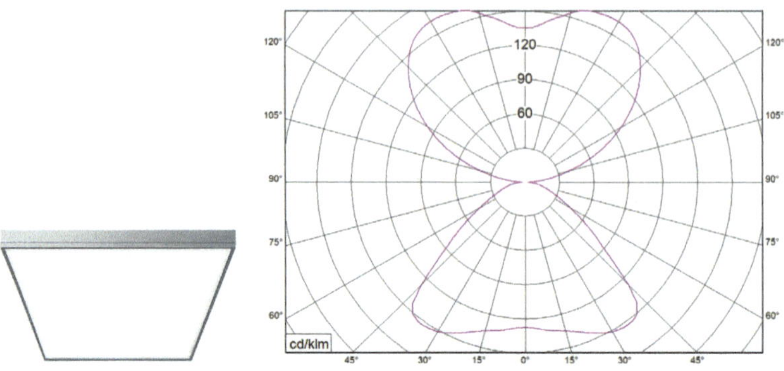


| Produktdaten | Umgebungstemperatur der Leuchte ($t_q$) | |
|---|---|---|
| | 25 °C | 40 °C |
| Bemessungseingangsleistung Leuchte | 37,5 W | 37,5 W |
| Bemessungslichtstrom | 6000 lm | 4350 lm |
| Effizienz | 160 lm/W | 148 lm/W |
| Farbtemperatur (CCT) | 4000 K | 4000 K |
| Farbwiedergabe (CRI) | > 80 | > 80 |
| Lichtstromrückgang $L_x$ in Stunden | $L_{85}$: 35.000 Stunden<br>$L_{80}$: 50.000 Stunden | $L_{80}$: 35.000 Stunden<br>$L_{75}$: 50.000 Stunden |
| Ausfallrate der Leuchte (%) | 5 % bei 35.000 Stunden<br>10 % bei 50.000 Stunden | 10 % bei 35.000 Stunden<br>15 % bei 50.000 Stunden |

Bild 4.16 Typische Inhalte eines Produktdatenblatts (Grafik: LED Institut)

## 4.4 Optisches und thermisches System einer LED-Leuchte

### 4.4.1 Optisches System

Das optische System der Leuchte sorgt dafür, dass die Lichtstrahlen optimal zu der Beleuchtungsaufgabe gelenkt werden. Dies wird häufig mit **Linsenoptiken** realisiert, die das Licht zur Beleuchtungsaufgabe hin brechen oder mit **Reflektoren**, die das Licht reflektieren.

Bei LED-Lichtbandsystemen besteht das optische System meistens aus Kunststoff und ist sehr lichtdurchlässig, um die Lichtstromverluste gering zu halten.

## 4.4.2 Linsen

Linsen zur Lichtlenkung basieren auf der Lichtbrechung. Die Linsen werden auch **TIR-Linsen** (Total Internal Reflectance) genannt. Dabei wird das Licht über die Grenze zwischen Kunststoff und Luft gezielt reflektiert/gebrochen. Es lassen sich hiermit effiziente optische Systeme aufbauen, da das gesamte Licht der LED durch die Optik eingesammelt und verteilt wird. Das Material der Linse ist vorwiegend Polymethylmethacrylat (PMMA) oder Polycarbonat (PC). Beispiele dieser Linsen sehen Sie in **Bild 4.17**.

**Bild 4.17** Linsen von LED-Leuchten (Fotos: LED Institut)

## 4.4.3 Reflektoren

Mit dem Reflektor (siehe **Bild 4.18**) wird abhängig von der **Reflektorform** und der **Qualität der Oberfläche** das Licht in eine gewünschte Richtung reflektiert. Die Reflektoren dienen der exakten **Lichtlenkung**, der **Beleuchtungseffizienz**, der **Entblendung** und der **Abschirmung**. Das Material besteht vorwiegend aus Aluminium mit einer hochreflektierenden Schicht aus Reinstaluminium oder Silber mit Reflexionsgraden von 80 % bis 98 %. Aluminium ist ein zur Lichtlenkung sehr bewährtes langzeitstabiles Material.

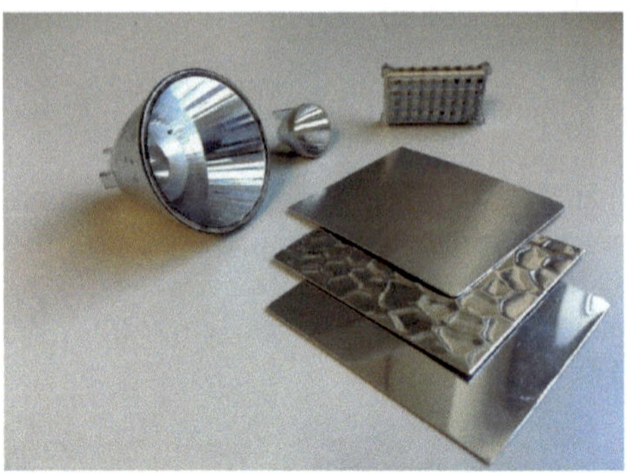

**Bild 4.18** Reflektoren im Einsatz in der LED-Leuchte (Foto: LED Institut)

### 4.4.4 Thermisches System

Der thermische Aufbau ist für die Lebensdauer der LED und damit der Leuchte extrem wichtig. So muss die Wärme der LED immer schnell und effektiv abgeführt werden. Der thermische Pfad geht von der LED zur Platine über das Gehäuse hin zur Umgebung. Die Wärme des Gehäuses der Retrofitlampe oder der LED-Leuchte muss durch die Umgebungsluft abgeführt werden. Gutes thermisches Design führt zu niedriger Kerntemperatur der LED und damit zum Ansteigen der **Effizienz** der Leuchte, zur Minimierung der **Ausfallwahrscheinlichkeit** der LED und zur Verlangsamung der **Lichtstromdegradation.**

In **Bild 4.19** werden am Beispiel einer LED-Leuchte exemplarisch die Wärmeentwicklung, die Luftzirkulation und der damit verbundene **Wärmetransport** dargestellt. Im unteren Bereich des Bildes sehen Sie die Wärmeableitung von der LED ans Gehäuse und die damit verbundene optimale Wärmeabgabe an die Umgebung.

Leider kann man als Außenstehender nicht in die Leuchte hineinschauen. Nur eine technische Prüfung kann klären, ob es der LED „gut geht" und die Lebensdauerangaben belastbar sind. Ist ein Produkt aber im LED-Bereich der Leuchte (oder Retrofitlampe) fühlbar kalt, so muss man sich fragen, wo denn die Wärme hingeht. Kann man eine Retrofitlampe nicht anfassen, weil sie zu heiß ist, so sind die Kerntemperaturen in der LED sicherlich sehr hoch, was ebenfalls sehr ungünstig für die Lebensdauer ist. Von beiden Produkten sollte man vielleicht die Finger lassen, weil es sicherlich bessere Produkte gibt.

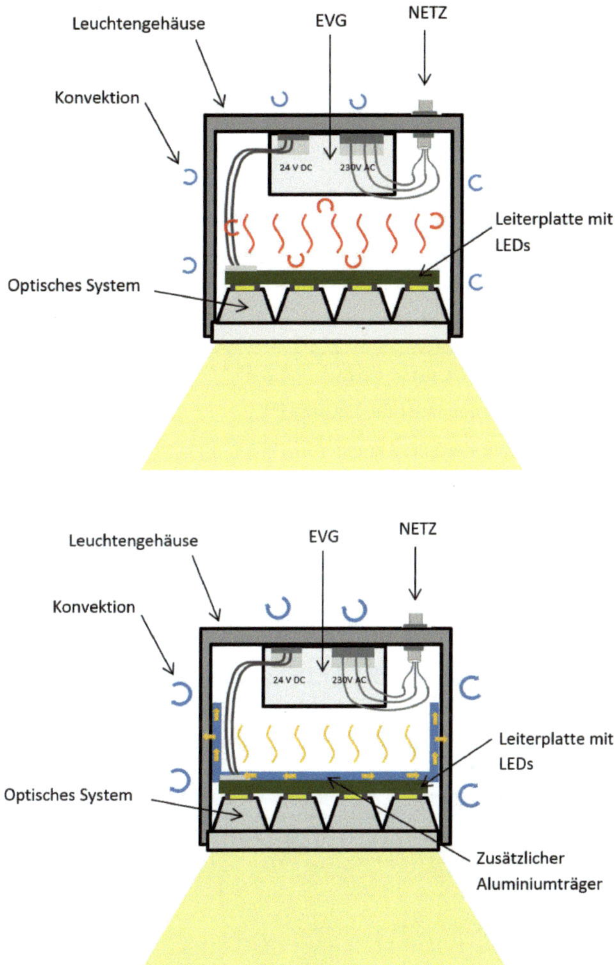


**Bild 4.19** Weniger günstiger thermischer Pfad in der Leuchte (oben) und optimaler Pfad (unten) (Grafik: LED Institut)

Nur wenn die **Kerntemperatur** der LED niedrig ist, wie **Bild 4.20** (grüne Linie) zeigt, werden die angegebenen Lebensdauern der Leuchte auch erreicht.

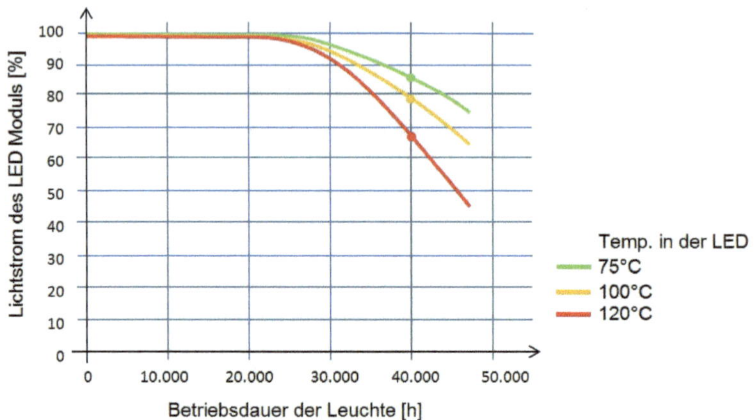


**Bild 4.20** Lichtstromverhalten der LED-Leuchten in Abhängigkeit von der LED-Temperatur (Grafik: LED Institut)

Um die Wärme gut zur Umgebung zu transportieren, ist die Wahl des richtigen **Materials** wichtig. Die Leistung pro $mm^2$ in einer LED ist vergleichbar mit einer Herdplatte, wenn Sie diese auf eine mittlere Leistung stellen ($W/mm^2$). Würden Sie die Herdplatte anfassen wollen?

Das optimale Grundmaterial für die LED-Lampen und Leuchten ist Aluminium (oder Gold und Silber), weil es kostengünstig ist, eine gute Wärmeleitfähigkeit aufweist, wie **Bild 4.21** zeigt, und gut zu verarbeiten ist.

| Material | Wärmeleitfähigkeit W / (m x K) |
|---|---|
| Silber | 429 |
| Kupfer, rein | 401 |
| Kupfer, Handelsware | 240...380 |
| Gold, rein | 314 |
| Spezialkeramik | 240 |
| Aluminium (99,5 %) | 236 |
| Magnesium | 170 |
| Messing | 120 |
| Stahl | 50 |
| Glas | 1,38 |
| Kunststoff | 0,8 |
| FR-4 | 0,3 |

**Bild 4.21** Materialauswahl für LED-Produkte (Grafik: LED Institut)

Drei Arten der **Wärmeübertragung** gibt es bei dem LED-Produkt:

- Wärmeleitung
- Konvektion
- Wärmestrahlung

Es herrscht gutes thermisches Management

- je größer die Oberfläche für den Wärmetransport ist,
- je höher die Wärmeleitfähigkeit ist,
- je besser die Luft am Kühlkörper zirkulieren kann,
- je niedriger die Umgebungstemperatur ist.

Viele LED-Leuchten werden zu ihrer Bewertung mit einer Thermografiekamera [122] vermessen. Auch hier muss man wichtige Grundkenntnisse bzgl. des Messens haben. Der richtige **Emissionsgrad** der zu messenden Oberflächen muss bekannt sein oder ermittelt werden. Bei der Messung der tatsächlichen Leuchtentemperatur muss das Messgerät so eingestellt werden, dass nur die abgestrahlte tatsächliche Energie berücksichtigt wird. Ist der Wert falsch festgelegt, misst man den Topf außen (Bild 4.22 links), zum Beispiel mit 28,5 °C, was natürlich falsch ist. Die Wassertemperatur und der Topf haben jedoch ca. 80 °C, wie in **Bild 4.22** rechts gezeigt wird.

Die **Thermografie** ist ein wichtiges Hilfsmittel zur Bewertung der Leuchte: Geht es dem Produkt gut oder hat es Fieber? Der Umgang mit dem Messgerät muss jedoch geübt werden.

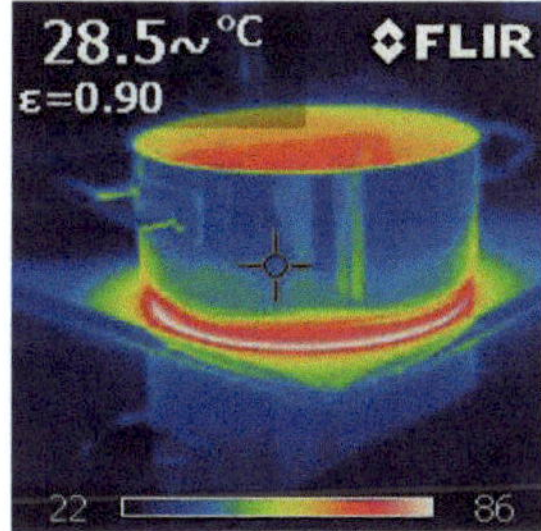


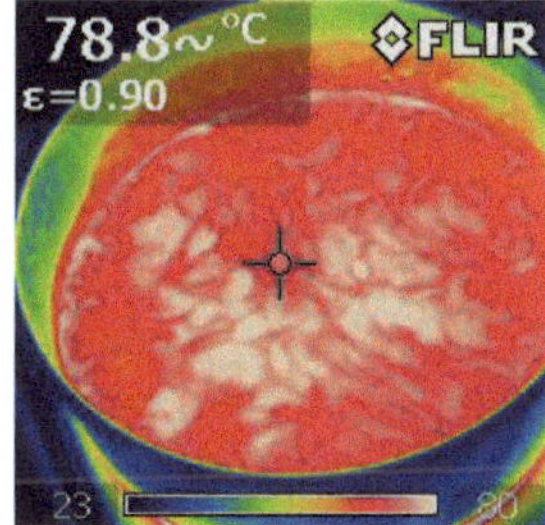


**Bild 4.22** Temperaturmessung des heißen Topfes; links: falsch, rechts: richtig (Quelle: LED Institut)

## 4.5 Lichtverteilung und deren Anwendung

Jede Leuchte, die man in der Anwendungsumgebung genauer untersuchen und mit Lichtberechnungsprogrammen in der Theorie bewerten möchte, muss **goniophotometrisch** vermessen werde. Hierzu wird der Lichtstrom der Leuchte in alle Raumrichtungen gemessen und in einer Grafik dargestellt. Die Werte gelten für 25 °C Umgebungstemperatur und die richtige Gebrauchslage der Leuchte. Bei LED-Leuchten wird der Lichtstrom der Leuchte gemessen und der **Betriebswirkungsgrad auf 100 %** gesetzt. Mit der Lichtstärkeverteilungskurve kann man das Abstrahlverhalten der Lichtquelle räumlich beurteilen. Mit diesen **Eulumdat-Dateien (.ldt-Datei)** können weitere Parameter wie **Leuchtdichten, Isoluxkurven** und **Grenzausstrahlwinkel** durch Programme berechnet werden. Auch **fotorealistische Simulationen** des Lichts in der Architektur können mit geeigneten Programmen erstellt werden.

Je nach Hersteller und Anwendung werden die Lichtstärken [47] in Form eines Diagramms in mindestens einer Ebene (C-Ebene) der Leuchte in den Datenblättern angegeben. Im Diagramm [50] [51] sind die absoluten Lichtstärken für alle Winkel $\gamma$ abzulesen, wie dies **Bild 4.23** zeigt.

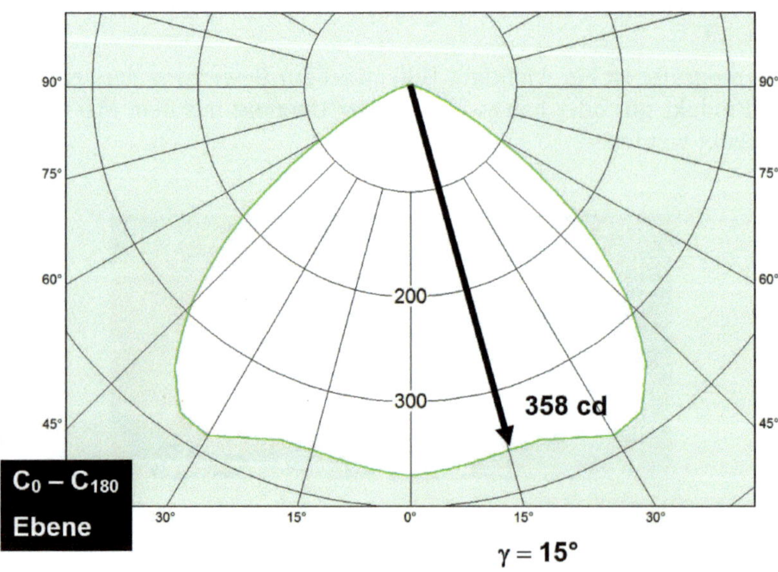


**Bild 4.23** Breitstrahlende Lichtverteilungen einer Leuchte (Grafik: LED Institut)

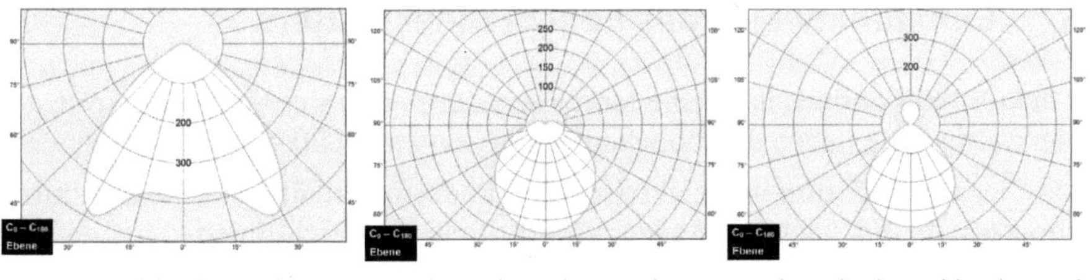


Breitstrahlende Leuchte | Lambertsche Lichtverteilung | Direkt-Indirektstrahlende Leuchte

**Bild 4.24** Unterschiedliche Lichtverteilungen einer Leuchte (Grafik: LED Institut)

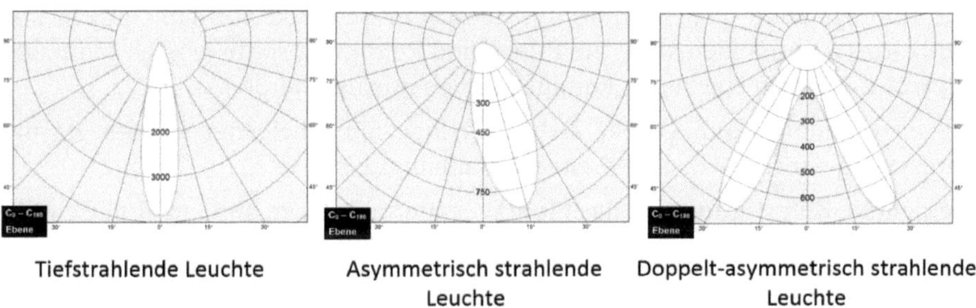


Tiefstrahlende Leuchte | Asymmetrisch strahlende Leuchte | Doppelt-asymmetrisch strahlende Leuchte

**Bild 4.25** Unterschiedliche Lichtverteilungen einer Leuchte (Grafik: LED Institut)

Aufgrund der Anwendung auf der einen Seite und der technischen Bedingungen durch die Lichtquelle LED, der Reflektor- und Linsentechnik andererseits ergeben sich für die Anwendung typische Lichtstärkeverteilungskurven (**Bild 4.24** und **Bild 4.25**) von LED-Leuchten.

Eine **breitstrahlende** Leuchte wird in Lichtbändern für eine gleichmäßige Ausleuchtung von Räumen eingesetzt. In kleinen Räumen mit einer zentralen Leuchte kann eine **Lambertsche** Lichtverteilung verwendet werden. Eine **direkt-indirektstrahlende** Lichtverteilung haben häufig abgependelte Langfeldleuchten, die über einem Bürotisch hängen und auch indirektes Licht abgeben sollen. Dadurch bekommt das Licht eine vertikale Komponente im Raum, und Gesichter und Gegenstände sind besser erkennbar.

Wenn Leuchte und Beleuchtungsfläche einen hohen Abstand aufweisen, werden **tiefstrahlende** Leuchten, zum Beispiel in hohen Fertigungshallen, verwendet. Wie in Bild 4.25 mittig gezeigt, benötigt man zur Wandanleuchtung mithilfe eines Downlights eine **asymmetrisch** strahlende Leuchte. In einem Regalgang möchte man mit einer zentralen Langfeldleuchte in die parallel aufgestellten Regalflächen leuchten. Dazu verwendet man eine **doppelt-asymmetrische** Leuchte, wie in Bild 4.25 rechts dargestellt.

## 4.6 Einbauhinweise des Leuchtenherstellers

Mit dem Produkt erhält man eine Montageanleitung, in der Einbauhinweise gegeben werden, die neben den üblichen Hinweisen auch LED-typische beinhalten.

So darf jede **Installation** und **elektrische Veränderung** an der Leuchte **nur durch Fachpersonal** und nach geltenden Vorschriften und Richtlinien durchgeführt werden.

**Der elektrische Anschluss** der Leuchten darf nur durch eine **Fachkraft** vorgenommen werden.

Vor Montage sollte man **prüfen, ob Staub und Schmutz** auf den Optiken und Kühlkörpern vorhanden sind. Die Pflege und Reinigung sollte je nach Montagehinweis mit einem trockenen Reinigungstuch erledigt werden.

Die im Datenblatt angegebene **Gebrauchslage** muss beachtet werden, da das Kühlsystem der LED-Leuchte brennlagenabhängig ist.

Die richtige **Befestigung** und das Montagematerial müssen anhand vom Gewicht der Leuchte und der Beschaffenheit der Montageoberfläche gewählt werden.

Bei freiliegenden optischen Elementen sollten **Handschuhe** während der Montage getragen werden. Die optischen Elemente wie Linsen und Reflektoren dürfen nicht berührt werden, da durch Fingerabdrücke, Staub und Schmutz die Abstrahlcharakteristik und die Effizienz verändert werden können.

Bei geöffnetem Gehäuse darf die **Platine nicht berührt werden**, da sonst durch eine ungewollte elektrostatische Entladung (Stichwort ESD) die Elektronik und die LED geschädigt werden können. Es ist auch möglich, dass man einen elektrischen Schlag bekommt.

Bei der Montage ist pfleglich mit der Leuchte umzugehen, **Schlagschutz und IP-Klasse** gelten teilweise erst nach vollständiger Montage.

Bei Anschluss von Leuchten muss die maximal mögliche **Anzahl** an Leuchten **pro Leitungsschutzautomat** beachtet werden. Die Anzahl sollte vom Hersteller im Datenblatt angegeben werden und ergibt sich zusätzlich aus der Summe der einzelnen Einschaltströme.

Die Leuchte darf nur mit **angegebener Spannung und Frequenz** (Europa: 230 V, 50 Hz; USA: 110 V, 60 Hz) betrieben werden. Auf Notlichtbetrieb ist zu achten.

Die Leuchte sollte bei der Installation immer spannungsfrei geschaltet sein.

Je nach **Schutzklasse** muss der Schutzleiter angeschlossen werden.

Nach Anschluss sollte die Leuchte **auf Fehler geprüft** werden. Typische Fehlersituationen von LED-Leuchten sind zum Beispiel: Flackern, Produkt lässt sich nicht einschalten, qualmt, riecht verbrannt, Produkt überhitzt, brummt, einzelne LED-Punkte leuchten nicht. Die Leuchte sollte dann sofort spannungsfrei geschaltet werden.

**Vor einem Austauschversuch** von LED-Modulen sollte geprüft werden, ob dies bei den Leuchten überhaupt möglich ist. Die Regel ist das nicht.

**Gesprungene oder beschädigte Abdeckungen** müssen ausgetauscht werden. Speziell beschädigte Optiken können die lichttechnische Effizienz und den IP-Schutz stark herabsetzen.

# 5 Vorschaltgerätetechnik und ihr Einsatz in der Elektroinstallation

## 5.1 Grundlagen in der Anwendung, Aufschriften

LEDs und LED-Module müssen mit elektronischen Vorschaltgeräten (EVG) betrieben werden, um mit einem konstanten Strom versorgt zu werden. Eine Ausnahme bildet das Hochvolt-LED-Modul, das zwar direkt an 230 V angeschlossen werden kann, aber besondere Sicherheitsmerkmale wie Schutz gegen Berühren und EMV erfüllen muss. Da LEDs aufgrund der Diodenkennlinie zwingend einen konstanten Strom brauchen, werden in Leuchten **Konstantstrom-Vorschaltgeräte (CC-EVG)** für in Reihe (und parallel) geschaltete LEDs verwendet. Die Strom- und Leistungsaufnahme einer LED ohne EVG würde sich bei Erwärmung sonst unkontrolliert erhöhen.

Die LEDs bilden sogenannte Cluster, in denen viele LEDs in Reihe und parallelgeschaltet werden. Einige Hersteller verwenden auch **Konstantspannungs-Vorschaltgeräte (CV-EVG)**, um ähnlich wie bei den Halogenlampen an ein Netzteil eine variable Anzahl an LED-Leuchten anzuschließen. Die LEDs erhalten den konstanten Strom durch zusätzliche Elektronik auf den LED-Modulen, im einfachsten und unsichersten Fall mit einem Vorwiderstand.

Die allgemeine Qualität von Vorschaltgeräten lässt sich in drei Bereiche gliedern. Die **Gebrauchstüchtigkeit**, also ob das EVG in Sachen Eingangs- und Ausgangsparameter den Anforderungen genügt, die **Sicherheit**, also ob das Gerät keine Gefahr für Leben und Sachwerte im Betrieb darstellt sowie die **Zuverlässigkeit** (siehe **Bild** 5.1).

Gute Vorschaltgeräte weisen bestimmte **Schutzmechanismen** auf, um bei nicht optimalen Betriebsbedingungen trotzdem sicher zu arbeiten und die Lebensdauer noch zu gewährleisten. Folgende Schutzmechanismen werden in guten Vorschaltgeräten installiert.

Bild 5.1 Allgemeines Qualitätsverständnis zum LED-Vorschaltgerät (Grafik: LED Institut)

### Zu hohe thermische Belastung

- Ursachen: hohe Umgebungstemperatur, elektrische Überlast
- Schutzmechanismus: Aktive Abschaltung bei deutlicher Überschreitung der spezifizierten Betriebsparameter, aktive Rückregelung der Ausgangsleistung

### Hohe primärseitige Über- und Unterspannung

- Ursachen: Netzspannungsschwankungen, Nullleiterunterbrechung im Drehstromnetz
- Schutzmechanismus: Aktive Abschaltung im Falle von Über- bzw. Unterspannung, zusätzliche Überspannungsfestigkeit des EVG

### Leerlauf

- Ursachen: nicht angeschlossene Last, Kontaktierungsprobleme
- Schutzmechanismus: Erkennung des Leerlaufs und aktive Abschaltung zum Schutz des EVG vor elektrischer Unterlast (Leerlaufschutz)

### Transiente Überspannungen im Primärkreis

- Ursachen: Abschaltung induktiver Lasten, Schalthandlungen der EVUs und anderer, Blitzeinschläge
- Schutzmechanismus: Surge- und Burstschutz, Transientenschutz im EVG, durch z. B. zusätzlichen Varistor im Eingangskreis, aber auch Funkenstrecken

### Überlast

- Ursachen: Überschreitung der zulässigen Anschlussleistung
- Schutzmechanismus: Erkennung der Lastüberschreitung und aktive Abschaltung zum Schutz des EVG vor elektrischer Überlastung (Überlastschutz)

LED-Vorschaltgeräte werden in Europa standardmäßig bei 220 bis 240 V ± 10 % betrieben, dies bei einer Netzfrequenz von 50 bis 60 Hz. Bestimmte Geräte können im Notlichtbetrieb auch bei Gleichspannung von 198 bis 264 V und 0 Hz betrieben werden.

Jedes Vorschaltgerät hat einen **Aufdruck**, um die Art des Gerätes und ihre Verwendung anzuzeigen. In **Bild 5.2** und **Bild 5.3** werden exemplarisch ein Typenschild und dessen Bedeutung im Einzelnen gezeigt.

Aufgrund der zwei Arten von Vorschaltgeräten sind die Aufschriften etwas unterschiedlich. **CC-EVGs** erkennt man an einem festen Wert für den Ausgangsstrom und der Angabe eines Spannungsbereiches für den Ausgang. Bei **CV-EVGs** ist die Spannung ein fester Wert.

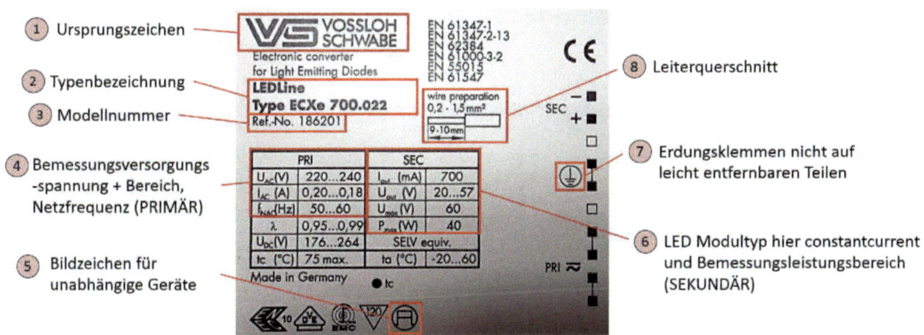


Bild 5.2 Aufdruck auf dem Vorschaltgerät 1-8 (Gerät: Vossloh-Schwabe, Foto: LED Institut)

## Label des Vorschaltgerätes

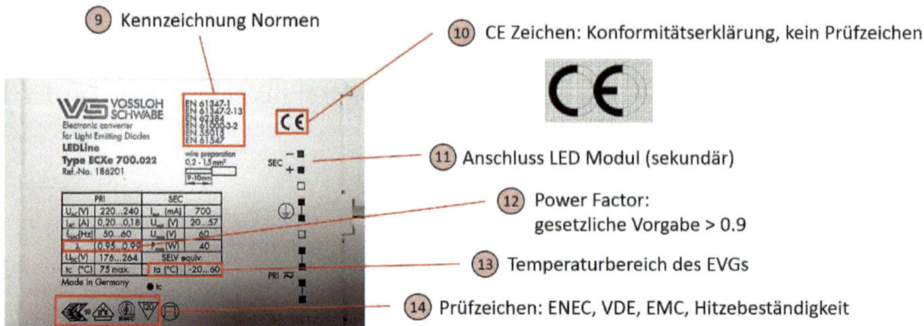


**Bild 5.3** Aufdruck auf dem Vorschaltgerät 9-14 (Gerät: Vossloh-Schwabe, Foto: LED Institut)

Die zu erwartenden **Betriebslebensdauern** der Geräte liegen heute bei 30 000 und 50 000 Stunden, in Sonderfällen bei 100 000 Stunden – vorausgesetzt, am angegebenen **$t_c$-Punkt** des Gehäuses wird die maximale Temperatur im Betrieb unterschritten. Zusätzlich sind die Umgebungstemperaturbereiche (Angabe von $t_a$) des EVGs und der Leuchte zu beachten, da sonst die angegebene Performance nicht erreicht wird. Man beachte: $t_a$ eines EVG ist die Umgebungstemperatur innerhalb der Leuchte.

Gängige Ausfallraten guter Vorschaltgeräte liegen bei unter 10 % bei 50 000 Stunden Betriebsdauer. Auch hier ist dies abhängig von der Umgebungstemperatur am EVG.

Am EVG-Ausgang werden die Leiter der LED-Module innerhalb der Leuchte angeschlossen, man unterscheidet verschiedene Kontakte und Klemmen. **Bild 5.4** gibt die typischen **Leitungsquerschnitte** von Steck- und Schneid-Klemmverbindungen an.

| Verbindungstechnik | Eindrahtiger Leiter | Mehrdrahtiger Leiter |
|---|---|---|
| Schneid-Klemmkontakt | max. 0,5 mm² | max. 0,75 mm² |
| Steckkontakt | 0,5...1,0 mm² | 0,5...1,0 mm² (mit Aderendhülse) |
| Steckklemme | 0,5...1,5 mm² | 0,5...1,5 mm² (mit Aderendhülse) |

**Bild 5.4** Verbindungstechnik und Leitungsquerschnitte (Grafik: LED Institut)

## 5.2 Programmierbarkeit der EVGs und CLO-Technik

LED-Vorschaltgeräte werden heute vorprogrammiert in die Leuchte eingebaut. Ein einfacher Tausch des EVGs bei einer Reparatur kann aufgrund dieser Einstellungen nicht ohne Fachwissen durchgeführt werden.

Durch die Near-Field-Technik (NFC) lassen sich die Vorschaltgeräte eventuell auch im Feld nochmals nachprogrammieren, wenn der Hersteller dies zulässt.

Durch die Programmierung wird der Betriebsstrom exakt in der Produktion eingestellt und durch ein zusätzlich aufgebrachtes Etikett kenntlich gemacht. Dies findet sich vor allem bei Konstantstrom-Vorschaltgeräten wieder.

Mit einem „Mäuseklavier", also **DIP-Schaltern**, lässt sich bei einigen EVGs die Bestromung individuell von Hand ein- oder nachstellen, wenn der Hersteller dies vorsieht. Der Ausgangsstrom des LED-Vorschaltgerätes lässt sich auch durch Anschluss eines Widerstandes am analogen 1- bis 10-V-Dimmeingang einstellen.

Häufig können Vorschaltgeräte bei zu hohen Modul- oder EVG-Temperaturen den LED-Modulstrom reduzieren, um eine Überhitzung der LEDs zu verhindern.

### 5.2.1 CLO-Technik (Constant Light Output)

Aufgrund der Alterung der LED-Leuchte und der Verschmutzung des Raumes reduziert sich der abgestrahlte Lichtstrom der Leuchte über die Nutzungszeit. Beleuchtungsanlagen werden deshalb gemäß normativer Grundlagen immer etwas überdimensioniert, damit gegen Ende der Lebensdauer der Wartungswert der Beleuchtungsstärken für die Anwendung nicht unterschritten wird. Dieser Umstand hat zur Folge, dass eine Beleuchtungsanlage mehr Energie zu Beginn der Laufzeit verbraucht, als sie dies eigentlich müsste, was in **Bild 5.5** dargestellt wird. Der Wartungsfaktor bestimmt die Höhe der Überdimensionierung.

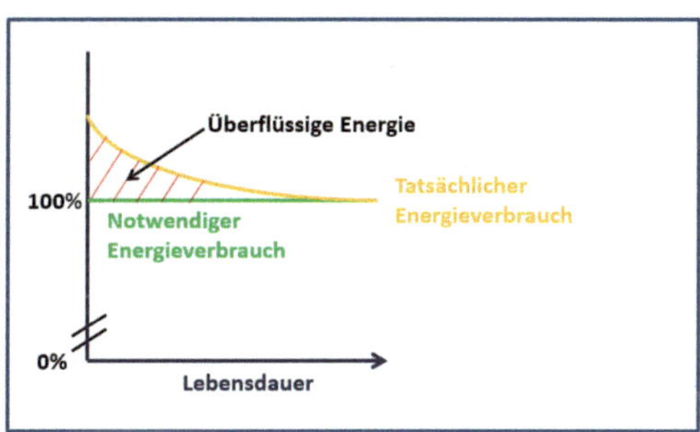


**Bild 5.5** Energieverbrauch der Leuchte über die Lebensdauer (Vorschaltgerät ohne CLO) (Grafik: LED Institut)

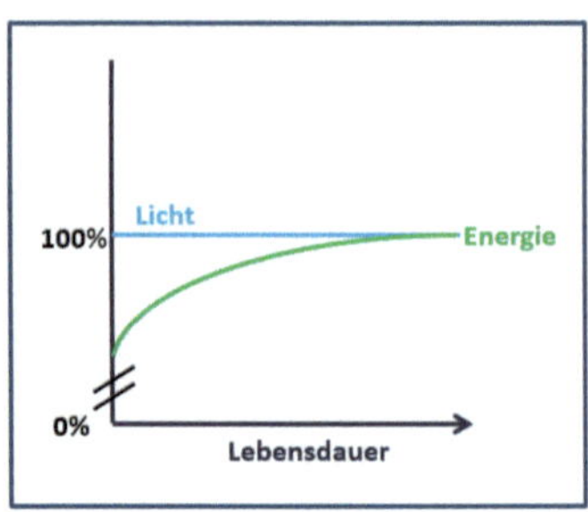


**Bild 5.6** Energieverbrauch der CLO-Leuchte über die Lebensdauer (Grafik: LED Institut)

Bei der CLO-Technik wird die Energiezufuhr der LEDs über die Lebensdauer stetig erhöht. Die Leuchte gibt dann nur so viel Lichtstrom ab, wie sie für die Wartungsbeleuchtungsstärke benötigt. Das Vorschaltgerät ist hierauf programmiert und folgt einer Nachregelungskurve. Die Mehrkosten der Technik sind relativ gering, und der Leuchtenpreis steigt kaum an. Der Wert der Leistungsaufnahme der Leuchte ist zu Beginn des Einsatzes gering, dieser steigt über die Lebensdauer aber an, wie **Bild 5.6** zeigt.

Eine CLO-Leuchte gibt zu jeder Zeit den konstanten Lichtstrom ab, und die erforderliche Beleuchtungsstärke in der Anwendung bleibt über die Lebensdauer konstant. Damit geht eine Energieeinsparung einher. Der Wartungsfaktor kann in der Planung überschlägig zwischen 0,85 und 0,95 angesetzt werden. Infolgedessen kann die Anzahl an LED-Leuchten im Projekt reduziert werden. Ein Planungsbeispiel zeigt **Bild 5.7**.

Bei Wartungsfaktor 0,76
20 Leuchten für die
Planung

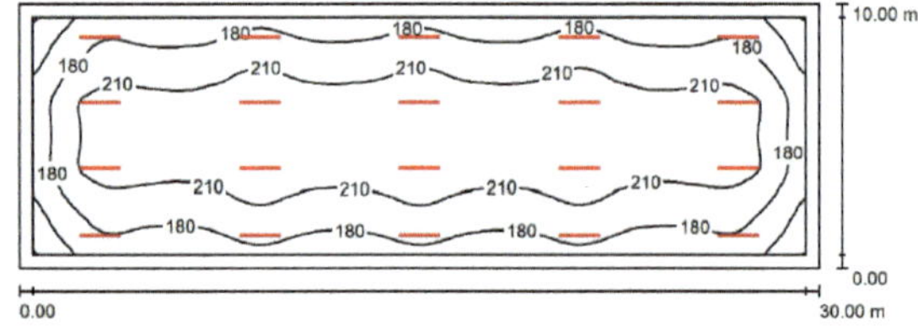


Bei Wartungsfaktor 0,9
Mit CLO 15 Leuchten
für die Planung

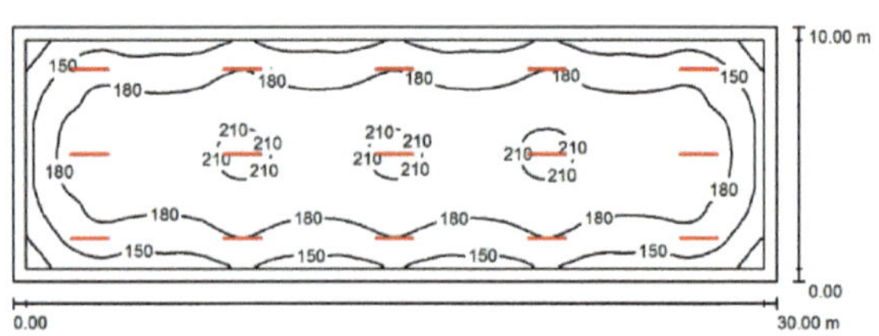


**Bild 5.7** Planungsbeispielvergleich mit und ohne CLO (Quelle: LED Institut)

Es ist zu beachten, dass nach Ablauf der Bemessungslebensdauer der Lichtstromrückgang auch mit CLO nicht mehr kompensiert werden kann und der Lichtstrom der Leuchte abnimmt. Eine Diskussion über den Lichtstromrückgang der Leuchte erübrigt sich, da die Leuchte immer den im Datenblatt angegebenen Lichtstrom abgeben muss.

## 5.3 CC-/CV-Vorschaltgeräte

### 5.3.1 Konstantstrom-Vorschaltgerät (CC-EVG)

Typische Einsatzgebiete der CC-EVGs sind die Straßen-, Architektur- und Allgemeinbeleuchtung sowie der Ersatz in Downlights und Lichtbändern in der Privatanwendung. Bei den CC-EVGs ist immer der zulässige Spannungs- und Leistungsbereich zu beachten, der abhängig von den angeschlossenen LED-Modulen ist. Der abgegebene Sekundärstrom teilt sich nach der Stromteilerregel der Elektrotechnik auf die unterschiedlichen LEDs auf.

### 5.3.2 Konstantspannungs-Vorschaltgerät (CV-EVG)

Werden LED-Module oder Schutzklasse-III-Leuchten auch im Parallelbetrieb eingesetzt, kommen Vorschaltgeräte mit einer konstanten Spannung zum Einsatz (CV-EVGs). Voraussetzung ist, dass die Leuchten für den konstanten Spannungsbetrieb konzipiert sind. Vorteile sind die einfache Erweiterbarkeit und die Sicherheit des Systems durch Schutzkleinspannung, auch SELV (Safety Extra Low Voltage) genannt. Der Elektroinstallateur kommt bei der Verwendung von CV-EVGs in direkten Kontakt mit dem Vorschaltgerät und muss dieses für die Anwendung dimensionieren und auswählen. Die elektronischen Vorschaltgeräte werden in vielen verschiedenen Leistungsbereichen angeboten. Die Effizienzen liegen in der Regel etwas niedriger als bei CC-EVGS.

Gängige Spannungen der Geräte sind 12 V, 24 V und 48 V. Die 24-V-Vorschaltgeräte werden am häufigsten im LED-Markt eingesetzt. Einige Geräte werden als Schaltnetzteil verwendet und für den LED-Bereich umfunktioniert, was aber nicht immer zulässig ist. Die Vorschaltgeräte müssen für den Einsatzzweck der LED-Beleuchtung geeignet und geprüft sein. Denn nicht jedes Schaltnetzteil erfüllt die Norm für EMV nach DIN EN 55015 und die Sicherheitsnorm DIN EN 61347. Im Datenblatt und in der Konformitätserklärung muss die Eignung angegeben sein.

Die passende Anzahl an LED-Leuchten an einem Vorschaltgerät errechnet sich durch die Anzahl der Leuchten mal der angegebenen Leistungsaufnahme der Leuchte. Diese Leistung darf dann die des Vorschaltgerätes nicht übersteigen. Nun kann die errechnete Anzahl an LED-Leuchten an das EVG parallelgeschaltet werden, wie in **Bild 5.8** gezeigt. Hierzu sind die maximalen Leitungslängen zu beachten. Aufgrund der geringeren Ströme gegenüber Halogendrahtseilsystemen ist der Spannungsabfall geringer.

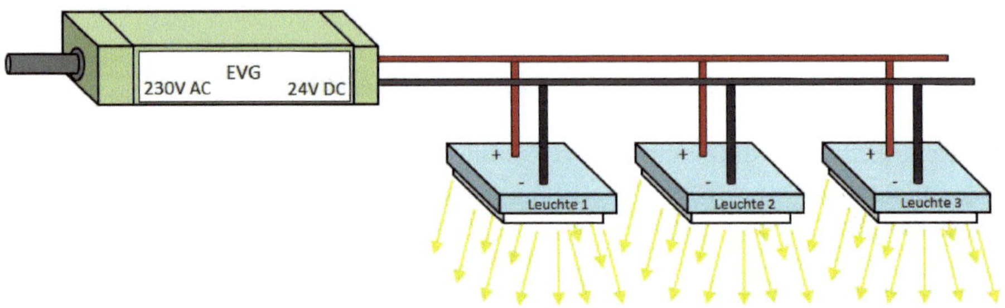


**Bild 5.8** Parallelschaltung von LED-Leuchten an 24-V-EVG (Grafik: LED Institut)

Die Auslastung eines Vorschaltgerätes sollte aufgrund der Effizienz im oberen Auslastungsbereich sein, wie folgendes **Bild 5.9** zeigt.

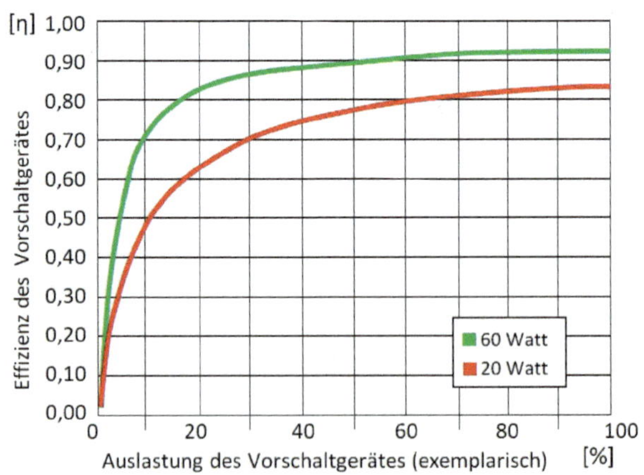


**Bild 5.9** Belastung und Effizienz des Vorschaltgerätes, exemplarisch (Quelle: LED Institut)

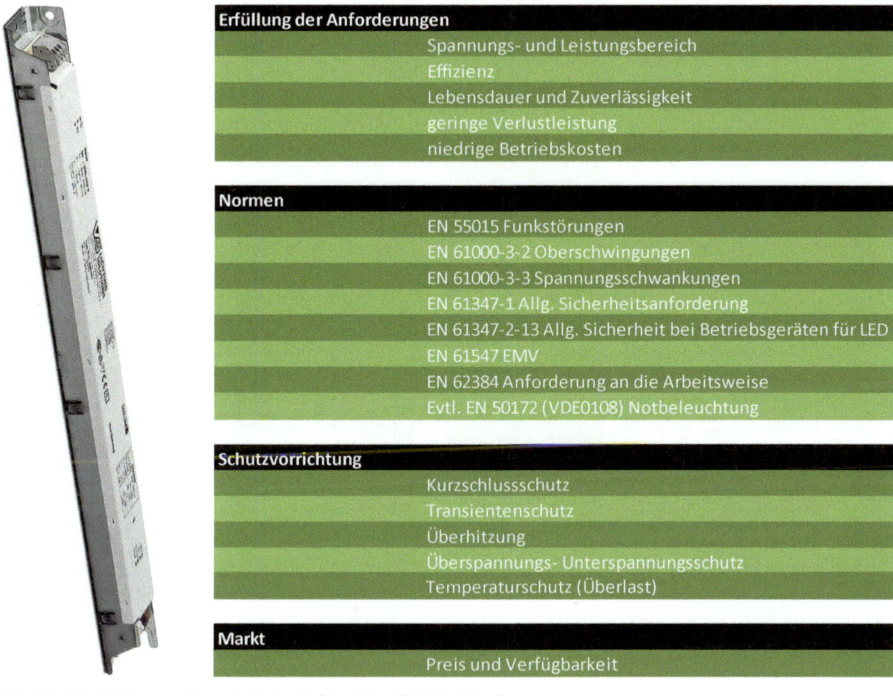


**Bild 5.10** Kriterien Vorschaltgerät (Grafik: LED Institut)

Abschließend lassen sich die wichtigsten Kriterien bei Vorschaltgeräten zusammenfassen, siehe **Bild 5.10**.

## 5.4 Dimmen

LED-Leuchten können auch gedimmt werden. Die Schwierigkeit liegt aber darin, dass gängige Dimmer im Haushalt von den Vorschaltgeräten nicht immer technisch richtig „verstanden" werden.

Jede LED braucht zum Betrieb einen konstanten Strom, auch im Dimmbetrieb. Das Dimmen von LEDs ist technisch einfach durch die Änderung des Stromes der LED (**Stromdimmung**) oder durch schnelles Ein-/Ausschalten (**Pulsweitenmodulation** – PWM) möglich, wie in **Bild 5.11** dargestellt.

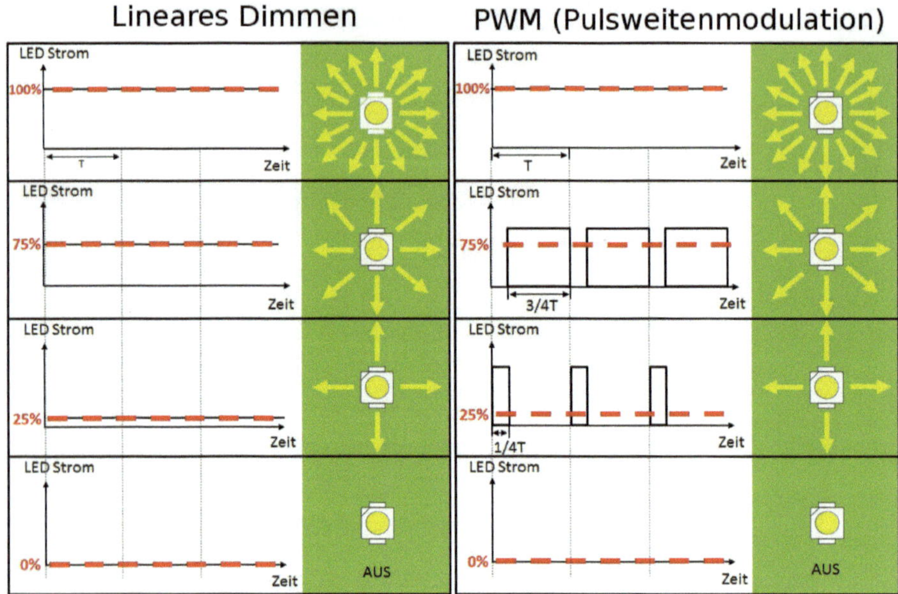


Bild 5.11 Unterschiedliche Dimmverfahren in Lampen und Leuchten (Grafik: LED Institut)

## 5.4.1 Stromdimmung

Beim Stromdimmen wird der Betriebsstrom von LEDs der Leuchte auf niedrigere Werte reduziert und damit die Helligkeit geregelt. Dies ist auch als Amplitudendimmung bekannt. Vorteile der Technik sind die **Flimmerfreiheit** und die bei niedrigem Dimmlevel auftretende höhere **Lebensdauer** der Leuchte. Der Nachteil ist, dass der Dimmbereich nur zwischen ca. 5 % und 100 % liegt. Im unteren Dimmbereich fallen nämlich einzelne LEDs aufgrund der Streuung der Durchflussspannung der verwendeten LEDs aus, was nicht schön aussieht und der Nutzer nicht möchte. Der Strom-Dimmbereich ist ferner mit dem wahrnehmbaren Helligkeitsbereich, der sich einstellt, nicht linear verknüpft. Bei gedimmten weißen LEDs kann sich auch der Farbort verschieben.

### 5.4.2 Dimmung über Pulsweitenmodulation (PWM)

Bei der PWM-Dimmung wird der Strom der LED im EVG mit niedriger Frequenz ein- und ausgeschaltet. Durch die Trägheit des menschlichen Auges nimmt der Mensch dies als Dimmung wahr. Je nachdem, wie lange die LED in einer Periode ausgeschaltet wird, umso heller oder dunkler wird das Licht der LED wahrgenommen. Die Amplitude und damit der Strom der LED bleiben immer konstant. Deshalb hat die Dimmung hier auch nur einen unwesentlichen positiven Einfluss auf die Lebensdauer der LED und damit der Leuchte, denn der Arbeitspunkt ist immer derselbe. Ein Vorteil dieser Methode ist die Dimmung zu sehr niedrigen Helligkeitswerten, die sich damit einfach und präzise erreichen lassen. Nachteile können **EMV-Störungen** sein und unbewusst wahrgenommenes oder direkt sichtbares **Flimmern** des Lichts. PWM-Frequenzen von über 300 Hz sind hier von Vorteil.

Was allgemein für LED-Leuchten gilt, wird bei Retrofitlampen in Bezug auf das Dimmen auch angewendet, es herrscht jedoch bei Retrofitlampen das PWM-Verfahren vor.

### 5.4.3 Dimmen mit Phasendimmern

LED-Leuchten und LED-Retrofitlampen enthalten ein integriertes elektronisches Betriebsgerät, welches die Nutzer mitunter über die handelsüblichen Phasendimmer betreiben wollen. Derzeit gibt es jedoch keine normierten Schnittstellen zwischen LED-Produkt und Dimmer, was dann zu Fehlerfällen führt. Aufgrund der Vielzahl an Dimmer-Topologien wie **Phasenanschnitt** oder **Phasenabschnitt**, sehr unterschiedlichen Elektroinstallationen, aber auch Änderungen an den **Dimmern** durch den Hersteller selbst sowie durch die gleichzeitige Verwendung verschiedener Leuchten in einer Installation kann die Elektroinstallation schnell Fehler aufweisen. Beim Einsatz von Dimmern in der Elektroinstallation muss immer auf die **Fehlerfälle Brummen der Leuchte** oder des Dimmers und **Flimmern** des Lichtes geachtet werden. Dies sollte im Einzelfall bei allen Dimmzuständen und bei unterschiedlichen Lasten am Dimmer geprüft werden. Man sollte ferner bedenken, dass Menschen diese Phänomene (Brummen und Flackern) sehr unterschiedlich wahrnehmen. Einige sind empfindlicher, andere weniger sensibel.

Zulässige und unzulässige Kombinationen aus Leuchte und Dimmer müssen in der Installation daher im Einzelfall den Herstellerangaben oder sogenannten **Freigabelisten** (siehe **Bild 5.12**) entnommen werden.

| | Dose | Unterputz | Hutschiene |
|---|---|---|---|
| **Drehdimmer** | › Jung 225TDE<br>› GIRA 30700<br>› Berker 2874<br>› Hager WUD42 (2)<br>› Busch Jäger 6519U (2)<br>› Sygonix 33595A<br>› Feller 40300.RC.PMI.61<br>› Niko 310-01700<br>› Merten MEG5136-0000 (3) | | |
| **Tastdimmer** | › GIRA 238500<br>› Jung 1254 UDE<br>› Berker 85421200<br>› Hager WUD82 (2)<br>› Merten MEG5170<br>› Niko 310-02800<br>› FUGA LED-S 120 VA (2) | › Eltako EUD61NPN-UC | › Eltako EUD12NPN-UC<br>› Eltako EUD12Z-UC |
| **Funkdimmer** | | › Occhio air module<br>› Occhio air adapter<br>› Jung FUD 1521 UP (3)<br>› Casambi CBU-TED | |
| **Busaktoren** | | › GIRA KNX 105800<br>› Berker KNX 75341003<br>› Tridonic DALI-PCD300 one4all | › GIRA KNX 2171<br>› Berker KNX 7531 1008 |

Bild 5.12 Beispiel-Freigabeliste von Dimmern für eine LED-Leuchte (Quelle: Occhio)

### 5.4.4 Dim to warm – Änderung der Farbtemperatur während des Dimmens

Im Privatbereich möchte der Nutzer, dass sich beim Dimmen einer LED-Lampe die Lichtfarbe wie bei Glüh- und Halogenlampen verhält. Sie sollen im gedimmten Zustand wärmer leuchten. Um dies bei einer LED-Leuchte zu ermöglichen, werden kaltweiße und warmweiße LEDs eingesetzt und entsprechend dem Dimmlevel unterschiedlich bestromt. Dies wird als „dim to warm" bezeichnet. Die LED-Leuchten und Retrofitlampen verändern ihre Lichtfarbe von 2 800 K Farbtemperatur auf bis zu 1 800 K, einer extra warmweißen Lichtfarbe. Bei Retrofitlampen ist diese Technik öfter im Markt zu finden, bei Leuchten handelt es sich um eine Sonderausführung.

### 5.4.5 Tunable White – Veränderung der Farbtemperatur

Tunable White bei LED-Leuchten wird von einigen Herstellern angeboten, um dem Nutzer die Möglichkeit zu geben, die Farbtemperatur mittels einer Steuerung frei einzustellen. Meistens kann diese von Warmweiß (2 700 K) bis zum Kaltweiß (6 000 K) je nach Anwendung variabel eingestellt werden. Die Anpassung der

Farbtemperatur erfolgt im Vorschaltgerät in Kombination mit zwei Farbtypen von LEDs in der Leuchte. Aufgrund der höheren Anzahl an LEDs für dieselbe Sehaufgabe und der aufwendigeren Elektronik sind diese Produkte meistens erheblich teurer als Standardleuchten, der Komfortgewinn ist teils sehr begrenzt.

# 6 Retrofitlampen und ihr Einsatz – Umrüstung im Bestand

## 6.1 Einsatz der Lampe und ihre Grenzen

### 6.1.1 LED-Retrofitlampen

Eine sehr einfache, effektive und schnelle Umrüstung auf LED-Technik stellt die Verwendung von sogenannten Retrofitlampen dar. Heute sind diese im Markt stark verbreitet. Die Retrofittechnik ist jedoch eine **Überbrückungstechnologie** für konventionelle Lampenfassungen. Wenn in Zukunft die Fassungen der Leuchten im Markt verschwinden, werden folglich auch die Retrofitlampen nicht mehr gebraucht. Durch das Verbot der häufig eingesetzten T5- und T8-Lampen seit Ende 2023 bekommt die Technologie eine stärkere Bedeutung.

Mit dieser Technik werden LED-Leuchtmittel in Fassungssystemen herkömmlicher Lampen eingesetzt (Beispiele hierfür siehe **Bild 6.1**). Die ursprüngliche Leuchte wird beibehalten. Die Retrofitlampe hat fast die gleichen Maße, kann sich aber in der **Abstrahlcharakteristik**, im **Gewicht** und in der **Farberscheinung** stark unterscheiden. Die Vorteile guter Retrofitlampen sind **Effizienz**, **Zuverlässigkeit**, **Lebensdauer** und **Leistungsaufnahme**. Anfänglich hatten diese Lampen erhebliche Probleme aufgrund von qualitativ minderwertigen und meist ungeprüften Billigprodukten.

**Bild 6.1** Retrofitlampen (Quelle: ledvance, Philips [rechts])

Die Kinderkrankheiten sind jedoch größtenteils behoben, und Retrofitlampen eignen sich in vielen Fällen besonders gut. Die Grenzen und die möglichen Probleme, die man sich hiermit einhandelt, sollte man jedoch kennen. Für nicht alle Fassungssysteme existieren zuverlässige und adäquate Retrofitlampen, da in einem doch relativ kleinen Bauraum das **thermische Management** und die **Ansteuerelektronik** untergebracht werden müssen. Dies gestaltet sich in vielen Fällen nicht so einfach, wenn die zu ersetzende Lampe sehr klein ist und die Lichtleistung sehr groß sein muss. Bei Glühfadenlampen war dies einfacher, weil die Wärmeentwicklung nicht mit der Lebensdauer gekoppelt war. Das heißt, je größer die zu ersetzende Leistung der konventionellen Lampe ist, desto schwieriger ist das Thema LED-Ersatz. In solchen Fällen bietet sich im Projekt als Ausweg meistens nur eine neue LED-Leuchte an.

Sehr gute Lösungen existieren für die Standard-Fassungen. Aus wirtschaftlicher und technischer Sicht stehen momentan T8-Äquivalente für konventionelle Vorschaltgeräte (KVG/VVG), aber auch T8- und T5-Äquivalente [25] für elektronische Vorschaltgeräte (EVG) stark im Fokus. Sie funktionieren prinzipiell sehr gut – sofern es hochwertige Produkte sind. Ist ein VDE-Zeichen auf der Lampe, garantiert es, dass diese auch auf Sicherheit geprüft wurde. Auch auf die zulässigen Umgebungstemperaturen der Lampen ist unbedingt zu achten. Bei den übrigen Sockel-Fassungs-Systemen können die vorgegebenen Formfaktoren die Funktion beeinträchtigen, weil sie oft nur ein **begrenztes Wärmemanagement** mit eingeschränktem Platz für die Elektronik erlauben. Somit wird entweder die **Lebensdauer** geringer ausfallen oder der Lichtstrom nicht an den der Originallampe heranreichen. Demzufolge sind Lampen mit einem Sockel wie R7s, G3 oder GY nur mit Einschränkungen umzurüsten.

Die besten Argumente für ein LED-Lichtkonzept sind Energieeffizienz, Langlebigkeit und gute Lichtqualität. Bei der Umsetzung gibt es verschiedene Strategien, um von der neuen Technik zu profitieren.

Zum heutigen Stand sind, wie schon erwähnt, nicht alle konventionellen Lampen mit LED-Retrofitlampen perfekt zu ersetzen. Die Darstellung in **Bild 6.2** zeigt die Möglichkeiten, für die eine Umrüstung einfach zu realisieren ist (grün gerahmt) und gute Lösungen am Markt existieren. Die gelb gerahmten Lampen werden mit Einschränkung der Lebensdauer und des Lichtstroms ebenfalls erfolgreich eingesetzt.

Zuerst prüft man die verwendete Fassung in der Leuchte und das konventionelle Leuchtmittel, welches verbaut ist. Anschließend gibt die Vorschaltgerätetechnik (falls vorhanden) Aufschluss über die Tauschmöglichkeiten. Aufgrund der Dynamik und der Entwicklung kann sich an den folgenden Daten auch schnell etwas ändern, sodass die Tabelle nur einer groben Orientierung dient.

Ein erster Vergleich zur konventionellen Technik zeigt die sehr guten Eigenschaften einer Retrofitlampe gegenüber konventioneller Technik (**Bild 6.3**).

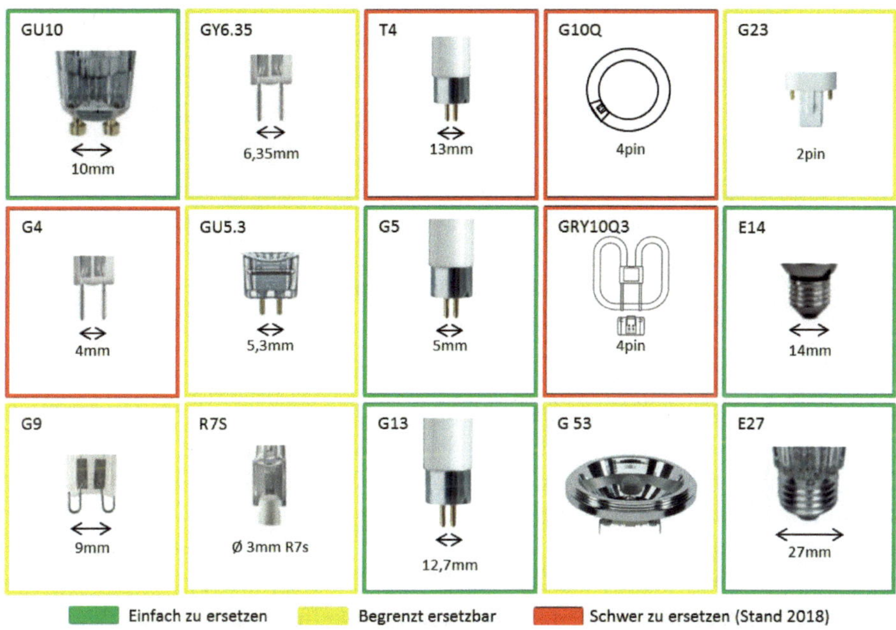


**Bild 6.2** Sockel/Fassungen für Retrofitlampen (Stand 2023) (Quelle: ledvance)

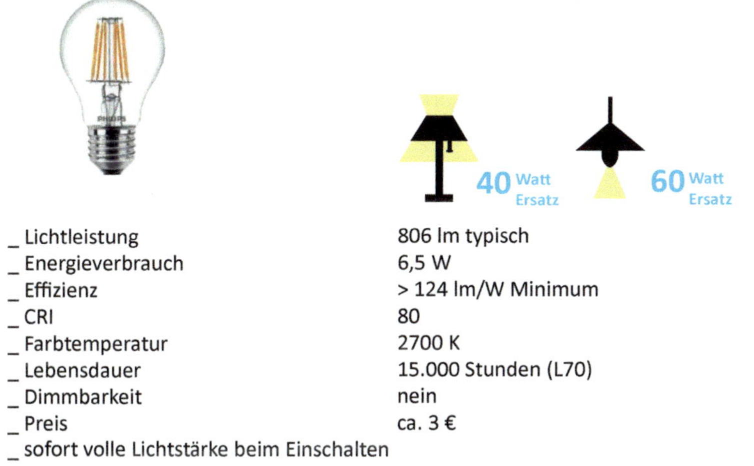


**Bild 6.3** Retrofit-LED-Leistungsdaten (Beispiel aus 2023) (Grafik: LED Institut)

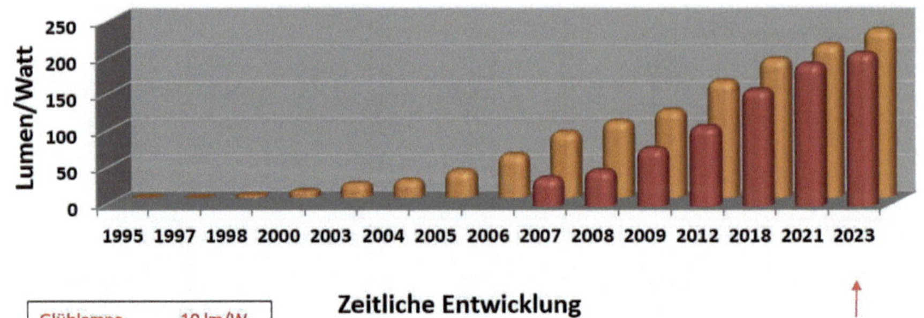


Bild 6.4 Bewertung konventioneller Technik (Grafik: LED Institut)

Zur überschlägigen Bewertung der konventionellen Technik schaut man, welche Leistung die Lampe hat und welche Lichtleistung diese aussenden soll. Mit der Effizienz der Leuchte weiß man dann auch, welche Lichtleistung mit der Retrofitlampe ersetzt werden muss (siehe **Bild 6.4**).

Im **Bild 6.4** werden die **Effizienzen der konventionellen Lampen** mit ungefähren Werten genannt. Dabei lassen sich die Effizienzen mit 10/20/50/100 lm/W für die Lampen sehr leicht merken. Das heißt, eine 50-W-Halogenlampe hat ca. 1 000 Lumen. Mit einer Effizienz der Leuchte von 80 % müssen 800 Lumen durch eine Retrofitlampe ersetzt werden. Nun sucht man im Angebot eine Lampe mit dem **Sockel** und einem Lichtstrom von ca. 800 Lumen. Die Lichtfarbe der ursprünglichen Lampe, zum Beispiel 3 000 Kelvin, sollte die Retrofitlampe dann auch haben.

Was muss beim Einsatz der Retrofitlampen grundsätzlich berücksichtigt werden:

- verwendete **Fassung**
- **Effizienz** der Retrofitlampe (Lumen/Watt)/Lichtstrom der LED-Lampe
- **Anschlussleistung** im Vergleich zum Ersatz
- **Lebensdauer** der Retrofitlampe
- Lichtcharakteristik (LVK) beachten
- Ausleuchtung in der Leuchte (Blendungserscheinungen)
- Ausleuchtung im Raum
- Farbsäume vermeiden
- **Abmessung** der Retrofitlampe berücksichtigen
- Durchbiegung und mögliches Herausfallen der Lampe im Betrieb beachten

- **Dimmbarkeit** prüfen (Tests durchführen, Hersteller-Freigabeliste beachten)
- **Lichtqualität** (Farbtemperatur/Farbwiedergabe)
- **Funktion** in der Gesamtinstallation
- EMV
- zulässige **Umgebungstemperaturen** der Lampen
- IP-Schutzart, falls vorhanden
- **Gewicht** (max. das Gewicht der ursprünglichen Lampe, G9 < 12 g)

Die **lichttechnischen Vorgaben** der Installation müssen auch mit der Retrofitlampe erreicht werden. Wenn aus der Leuchte nach der Umrüstung nur noch die Hälfte des Lichts herauskommt, kann man natürlich toll Energie sparen. Gängige Lichtfarben der Retrofitlampen sind 2 700 K, 3 000 K, 4 000 K und 6 500 K. Möchte man jedoch eine andere Lichtfarbe, bleibt die Suche auf dem Markt meistens vergeblich. Retrofitlampen erreichen heute ohne Probleme Farbwiedergabewerte über 80 und können damit erfolgreich in der Allgemeinbeleuchtung eingesetzt werden. Die Akzeptanz des Lichtes sollte man jedoch bewerten, da die Lichtfarbe der Retrofitlampen früher teils sehr kalt und ungemütlich war oder sogar einen unangenehmen Farbstich hatte. Hilfreich ist, sich die eigene Hand unter dem Licht anzuschauen. Die Adern und die Farbe der Haut sollten natürlich und wie unter Tageslicht aussehen.

Es muss dann in der Planung überprüft werden, ob die in den **Vorschriften** geforderten Beleuchtungsstärken, die Entblendung und die Lichtverteilung eingehalten werden. Die Norm DIN EN 12464, die Arbeitsstättenrichtlinie oder Empfehlungen der Berufsgenossenschaft geben hier Orientierung.

Die **Nutzlebensdauer** der meisten Retrofitlampen liegt bei ca. 35 000 Stunden, im professionellen Bereich über 50 000 Stunden. Der Wert muss auf der Verpackung angegeben sein. Nach Ablauf dieses Zeitraums darf man von der Lampe noch 70 % des ursprünglichen Lichtstroms bei B50-Bedingungen (siehe Kapitel 8) erwarten. Auskunft gibt das Produktdatenblatt des Herstellers. Die Daten sind einfach über den QR-Code-Scan der Energieverbrauchskennzeichnung der Lampe zu ermitteln.

Im Einsatz von Retrofitlampen sollte immer geprüft werden, ob eine Beleuchtungsanlage vom **Zustand** her nicht allzu alt ist und ob diese nach einer Umrüstung weiterhin sicher betrieben werden kann. Die Verkabelung, die Fassungen (können Korrosionen aufweisen), das Betriebsgerät und der Zustand der Leuchte sind in Bezug auf Alter und Defekte zu bewerten.

Weiterhin sind die Lebensdauer und die Funktion des Vorschaltgerätes zu prüfen. Beachten sollte man auch, dass die Geräte nach Umrüstung im Unterlastbetrieb betrieben werden. Einige Vorschaltgeräte benötigen für den sicheren Betrieb allerdings eine Mindestlast.

Die Funktion der Installation ist in Bezug auf das **Einschaltverhalten** der Lampen am **LS-Schalter** zu prüfen, da die Einschaltströme der Retrofitlampen sich aufsummieren und den Sicherungsautomaten auslösen können. Hierzu gibt der Hersteller die Anzahl der zu verwendenden Retrofitlampen pro Sicherung an.

Zum Beispiel:

50 LED-Lampen bei B10-A-Sicherung

80 LED-Lampen bei B16-A-Sicherung

LED-Lampen enthalten im Gegensatz zu Energiesparlampen kein Quecksilber und sind daher bei einem Bruch der Lampe unbedenklich. Bei einer Beschädigung des Lampenkolbens selbst müssen die Lampen jedoch sofort abgeschaltet und entsorgt werden. Sie dürfen nicht weiter betrieben werden, da eventuell netzspannungsführende Teile berührbar sind, die zu einer Gefahr für Leib und Leben führen können.

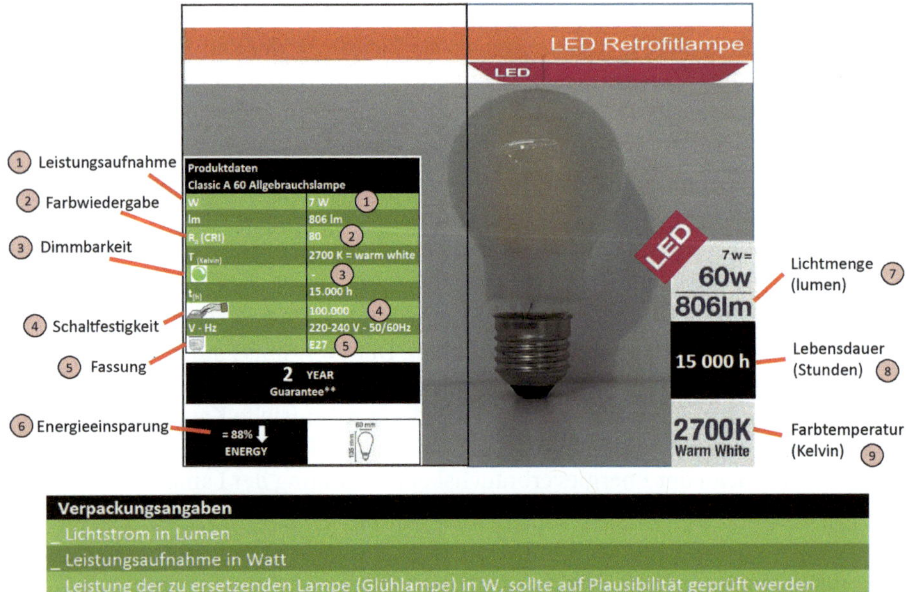


**Verpackungsangaben**

_ Lichtstrom in Lumen
_ Leistungsaufnahme in Watt
_ Leistung der zu ersetzenden Lampe (Glühlampe) in W, sollte auf Plausibilität geprüft werden
_ Lebensdauer in Betriebsstunden (oder Angabe in Jahren bei einem Betrieb von drei Stunden/Tag)
_ Anzahl der Schaltzyklen (z.B. bei Treppenhaus Anwendung)
_ Lichtfarbe in Kelvin (z. B. warmweiß = 2700 K)
_ Anlaufzeit bezüglich Endhelligkeit (LEDs erreichen sofort die Lichtleistung)
_ Länge und Durchmesser der Lampe in mm
_ Dimmbarkeit

**Bild 6.5** Verpackungsangabe einer Retrofitlampe (Grafik: LED Institut)

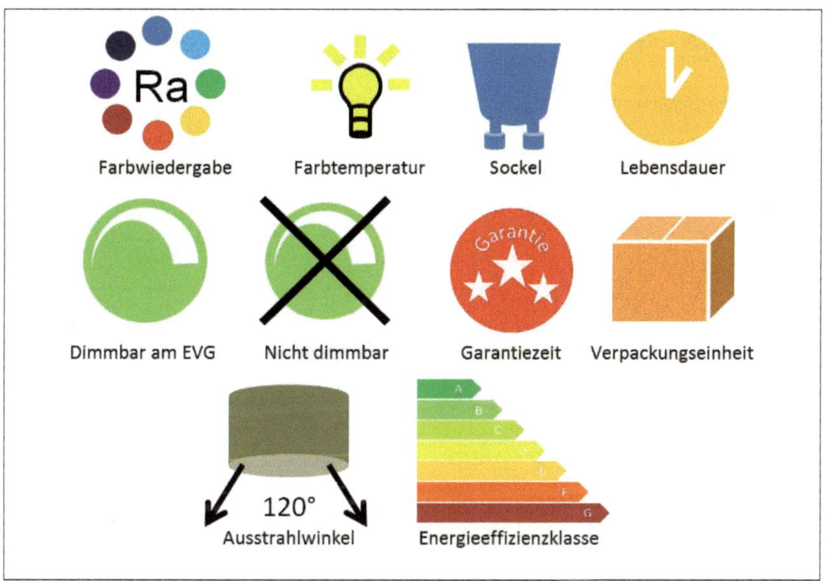


Bild 6.6 Piktogramme auf einer Retrofitlampenverpackung (Quelle: LED Institut)

Auf der Verpackung der Lampen sind technische Daten wie in **Bild 6.5** dargestellt angegeben.

Auf der Verpackung befinden sich auch Piktogramme, wie **Bild 6.6** zeigt.

## 6.1.2 Dimmen von Retrofitlampen

Dimmbare Retrofitlampen lassen sich häufig nicht mit allen handelsüblichen Dimmern wie Phasenanschnitt- oder Phasenabschnittsdimmern kombinieren. Deshalb empfehlen renommierte Hersteller in **Freigabelisten** für die Retrofitlampen jene Dimmer, Trafos und Vorschaltgerätekombinationen, die einen sicheren Betrieb ermöglichen. Garantiert ist dies jedoch nicht. Auf das **Brummen** der Lampe/Leuchte und das **Flackern** des Lichts (typische Fehlerfälle in diesem Kontext) sollte man achten. Alle Dimmstufen sollten dabei eingestellt werden, denn im niedrigen Dimmbetrieb treten die häufigsten Fehler auf. Dimmen an alten Dimmanlagen stellt also eine nicht ganz einfache Aufgabenstellung dar, und man sollte abwägen, ob eine Neuinstallation nicht doch sinnvoller ist.

_Retrofitlampe mit Sensoren

Energiesparende Beleuchtungslösung dank automatischem Ausschalten bei Tageslicht
Automatische Lichtabschaltung 15 Sekunden nach der letzten Bewegungserfassung

_ Dimmen (dim to warm/Steuern per Schalter)

_ Lichtfarben (Steuern per Schalter)

_ Einbruchschutz

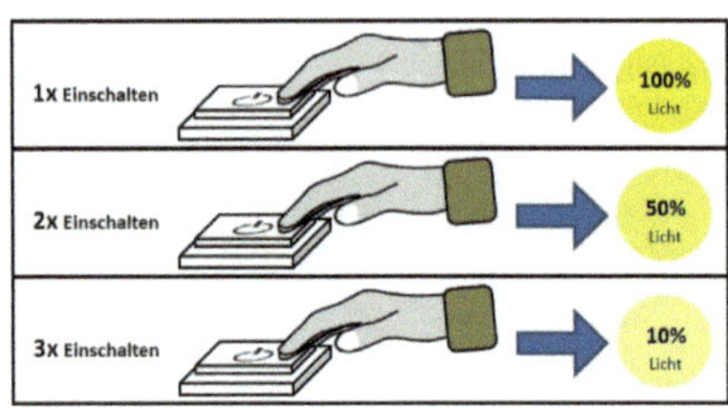

Für eine besondere behagliche Stimmung können Lampen mit GLOWdim-Technik beim Dimmen ihre Lichtfarbe in einen angenehmen, warmen Farbton ändern.

Lampen mit Motion-Sensor-Technik sorgen für ein Gefühl der Sicherheit – dank integriertem Bewegungssensor mit großem Erfassungsbereich. Besonders energiesparend: die automatische Abschaltung.

Lampen mit integriertem Daylight-Sensor schalten sich automatisch ein, wenn das Tageslicht schwächer wird und bieten somit zusätzliches Energiesparpotential.

Bild 6.7 Was kann man heute mit Retrofitlampen steuern? (Grafik: LED Institut)

Aufgrund der Elektronik in einer LED-Retrofitlampe war der Schritt zu mehr Funktionalität nicht mehr weit, und die Lampen können heute bedeutend mehr leisten als alle anderen Lichtquellen in der Vergangenheit. Hier nur eine kurze Auswahl (**Bild 6.7**). Retrofitlampen können mit Sensoren, Programmen zur Farbveränderung und zum Dimmbetrieb ohne Unterputzdimmer ausgerüstet sein.

Retrofitlampen sind im Handel auch als **„smarte“** Lampen erhältlich. Hierbei bekommen die Lampen ein zusätzliches **Funkmodul**, vorwiegend mit dem ZigBee-Protokoll. Dadurch werden diese Lampen, welche über eine Bridge (zentrale Steuereinheit) mit dem WLAN verbunden werden, durch das Smartphone steuerbar. Mit einer meist kostenlosen App auf dem Smartphone können die Lampen dann **vernetzt, programmiert** und **gesteuert** werden. Die Preise der Produkte sind erschwinglich, mit normalen Retrofitlampen aber nicht vergleichbar.

### 6.1.3 Rechtliche Aspekte

Bei Retrofitlampen sind auch rechtliche Aspekte zu beachten. Je nach Art der Wartung (Lampentausch, Startertausch) der Leuchte können Installateure bei einem Schadensfall wie einem Brand zur Verantwortung gezogen werden. Die zugrunde gelegten Anforderungen der Leuchte des ursprünglichen Leuchtenherstellers kann die CE-Erklärung z. B. nach einem Lampentausch nicht mehr vollständig abdecken, sie ruht. Im **Schadensfall** ist nachzuweisen, durch welchen Umstand (Leuchte oder Retrofitlampe) der Fehler entstanden ist und wer für den Schaden haftet. Der Leuchtenhersteller ist verpflichtet, den Markt zu beobachten und, falls Gefahr bei seinem Produkt in Verzug ist, dies kundzutun. VDE-Prüfzeichen und VDE-Registrierung oder andere anerkannte Prüfzeichen der Retrofitlampe sind von Vorteil, da dann die Sicherheit der Lampen geprüft ist.

Der **Versicherungsschutz** der Anlage sollte im professionellen Bereich mit der Versicherung geklärt werden, da sich sowohl die Art der Versicherung, der Versicherungsgegenstand als auch der Wert verändert haben können.

Mögliche **Gefahren** eines Retrofitsystems aus unserer Erfahrung:

- Gefahr eines elektrischen Schlags
- Unzulässige Erwärmung des Systems
- Falsche Lebensdauerangaben
- Falsche Dimensionierung der Bauteile in der Retrofitlampe
- Funkentstörung nicht eingehalten
- Energieaufnahme und Lichtangaben fehlerhaft
- Einsparangaben nicht eingehalten
- Schutzklasse II nicht eingehalten
- Lampe ist für den Einsatz ungeeignet
  (Notlicht, Feuchtraum- oder explosionsgeschützter Bereich (!))

## 6.2 T8- und T5-Retrofitlampen

### 6.2.1 Konventionelles oder verlustarmes Vorschaltgerät (KVG/VVG)

Leuchtstofflampen wie T8 (Durchmesser 32 mm) mit einer typischen Leistung von 18 oder 36 W werden heute bei nicht zu alten Anlagen häufiger durch Retrofitlampen ersetzt. Neben den schon vorgestellten Eigenschaften und Grenzen beim

Einsatz von Retrofitlampen kann man die in **Bild 6.8** dargestellten Anforderungen zusammenfassend angeben, die für einen guten Betrieb der Retrofitlampen hilfreich sind.

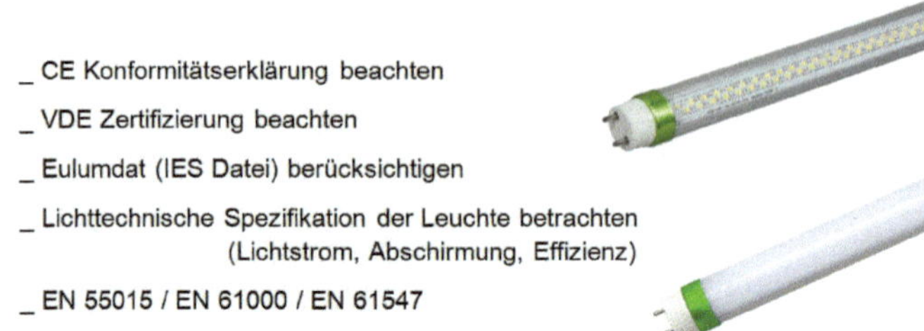


**Bild 6.8** Voraussetzungen für einen reibungslosen Betrieb der Retrofitlampe (Fotos: Innogreen)

## 6.2.2 T8-KVG/VVG-Umbauablauf

Der Ablauf des Umbaus gestaltet sich folgendermaßen: Die Spannungsversorgung der Leuchte ausschalten und die Leuchte öffnen, falls eine Abdeckung vorhanden ist. Die bestehende T8-Leuchtstofflampe wird nun aus der Leuchte ausgebaut. Prüfen und sicherstellen, welches Vorschaltgerät (KVG, VVG, EVG) in der Leuchte verbaut ist (beim EVG ist kein Starter in der Leuchte vorhanden). Bei KVG und VVG den Starter mit LED-Überbrücker (Startersatz) tauschen und eine geeignete Retrofitlampe einsetzen. Abschließend die Leuchte wieder schließen (falls Abdeckung vorhanden) und die Spannungsversorgung der Leuchte einschalten. Bei ordnungsgemäßer Beachtung der Normen für die gesamte Leuchte und die Installation ist dann davon auszugehen, dass eine ausreichende Sicherheit des Systems gewährleistet ist (Vermutungswirkung). Wenn die Leuchte flackert, brummt oder sich ohne Einwirkung ausschaltet, sollte die Leuchte wieder zurückgebaut werden und eine qualifizierte Fachkraft hinzugezogen werden.

Der in **Bild 6.9** dargestellte Ablauf beim Austausch konventioneller Leuchtstofflampen gegen Retrofitlampen hat sich etabliert:

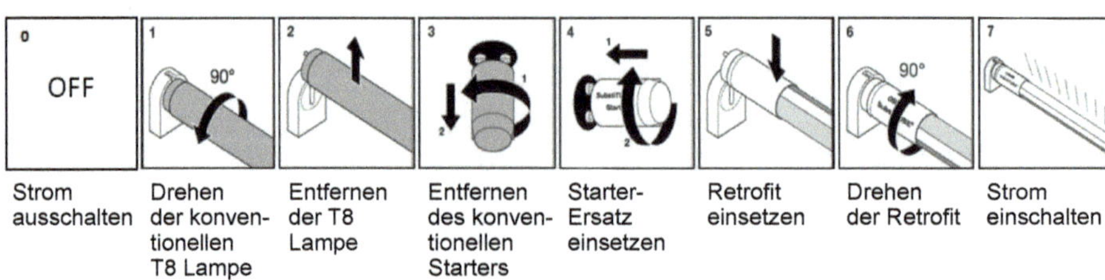


**Bild 6.9** Austausch konventioneller Leuchtstofflampen gegen Retrofitlampen (Quelle: ledvance)

### 6.2.3 T8- und T5-Retrofitlampen am elektronischen Vorschaltgerät (EVG)

Auch Retrofitlampen an T8- und T5-EVGs werden aufgrund der sehr hohen **Effizienz**, des niedrigen **Preises** und der hohen **Lebensdauer** erfolgreich in Projekten eingesetzt. Mit bis zu 200 lm/W und 75 000 Stunden Lebensdauer kann aus einer konventionellen Leuchte durch Aufrüstung ein effektiveres Lichtsystem werden, es gilt jedoch, die Grenzen der Technik aus den vorherigen Abschnitten zu berücksichtigen.

Der Ablauf der Umrüstung ist der gleiche wie beschrieben, nur dass hier kein Starter mehr ersetzt werden muss. Es ist jedoch vor Installation zu prüfen, ob das bestehende EVG kompatibel zur Lampe ist und ob der sichere Betrieb gewährleistet werden kann. Eine **Kompatibilitäts-** oder **Freigabeliste** des Retrofitherstellers in Bezug auf die Typen von EVGs existiert bei namhaften Herstellern. Ein Sicherheitszeichen auf der Retrofit ist generell von Vorteil.

Falls die Retrofitlampe nicht stabil funktioniert (Flackern, kurzes Aufleuchten, Brummen usw.), ist die Spannungsversorgung unverzüglich auszuschalten und die Lampe wieder aus der Leuchte auszubauen. In solch einem Fall sollten der Vorschaltgerätetyp und die Kompatibilität der Retrofitlampe durch eine qualifizierte Fachkraft beurteilt und der Hersteller eventuell kontaktiert werden. Gegebenenfalls muss auf einen Einsatz von Retrofitlampen verzichtet werden.

In Summe ist festzustellen, dass ein einfacher Tausch einer Lampe gegen eine Retrofitlampe nicht immer zum Ziel führt und eine Planung der Beleuchtungsanlage dringend notwendig ist. Denn neben der Funktion der Leuchte müssen auch die Anforderungen an das Licht erfüllt werden. Die Retrofittechnik ist eine **Übergangstechnologie**, welche rechtlich teilweise in der Grauzone zwischen Installateur, Hersteller der Leuchten, Hersteller der Lampen und anderen Teilnehmern wie beispielsweise Versicherungen einzuordnen ist. Trotzdem werden konventionelle Leuchten und auch diese Technik noch eine Zeit im Markt verbleiben, mit allem Ärger und technischen Fehllösungen, die möglich sind. Es zeigt sich aufgrund der Erfahrung, dass eine Neuplanung mit LED-Leuchten letztendlich meist die bessere Lösung darstellt.

## 6.3 Umrüstsätze für Lichtbandsysteme

Eine weitere Möglichkeit der Umrüstung auf LED stellen Leuchten mit **LED-Geräteträgern** für Lichtbandsysteme dar. Mit diesen lassen sich **bestehende Anlagen** einfach umrüsten. Hier wird der eigentliche Lichtträger der konventionellen Technik gegen einen LED-Geräteträger desselben Leuchtenherstellers ausgetauscht. Das Vorschaltgerät, die LED-Module mit Optik und das thermische Management werden hierbei zusammen verbaut. Ohne großen Installationsaufwand lassen sich die neuen Umrüstsätze in das bestehende Tragschienensystem einrasten. Die komplette Verdrahtung und Gebäudeelektrik der Leuchten bleibt erhalten. Ein möglicher Umrüstsatz und der Einsatz in die Tragschiene werden in **Bild 6.10** gezeigt.

Die verbreitetsten Lichtbandsysteme der großen DACH-Leuchtenhersteller zeigt **Bild 6.11** (Stand 2021).

Bezüglich der Umrüstsätze sind außerdem folgende Dinge zu beachten:

- Alter der Verdrahtung (Isolation und Kontakte)
- Sicherungsautomatenauslegung (Anlaufstrom, Betriebsstrom)
- Notlichtsystem
- Dimmbarkeit
- Zusammenspiel mit Bussystem und Sensoren
- Anzahl der Leitungen (Durchgangsverdrahtung und Belegung)
- Lichttechnische Normenkonformität (DIN EN 12464)
- gleicher IP-Schutz oder sonstige Vorgaben wie IK, SK, ...
- Abklärung der Garantie und Gewährleistung mit Hersteller und Versicherung

Um die vielen Vorteile der LED-Technik zu nutzen, ist unserer Erfahrung nach eine grundlegende **Erneuerung** der Beleuchtungsanlage meistens die beste und **nachhaltigste Lösung**. Bei zu jungen Anlagen lohnt die Umrüstung meist nicht, sind die Anlagen jedoch zu alt, ist ein sicherer Betrieb oft nicht mehr gewährleistet. Sollten diese Umrüstsätze von anderen Herstellern angeboten werden, wird eine neue Leuchte gebaut. Hier wird der Umbauende zum **Quasi-Leuchtenhersteller** und muss dann die aktuellen gesetzlichen Anforderungen erfüllen. Das bedeutet, die neue Leuchte muss den Anforderungen der Niederspannungs-, der EMV-, der Ökodesign-Richtlinie und RoHS entsprechen. Entsprechende Prüfnachweise sind zu erstellen und müssen bei Bedarf vorgelegt werden können. Umbausätze des ursprünglichen Leuchtenherstellers gewährleisten diese Anforderungen durch entsprechende Prüfnachweise.

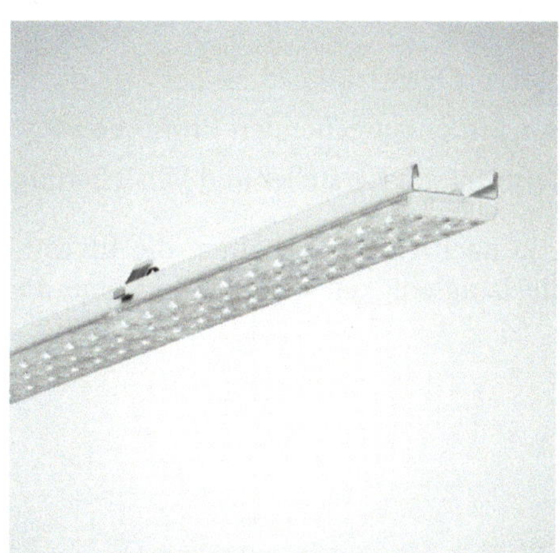
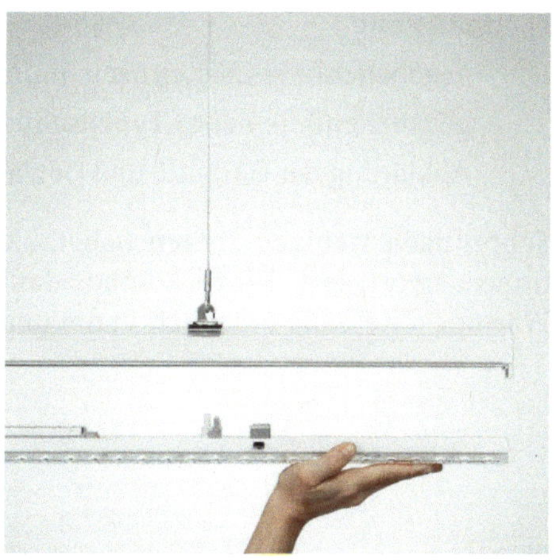

**Bild 6.10** Umrüstsatz für ein Lichtbandsystem (Quelle: Trilux)

| Hersteller | Modell | Umrüstsatz auf LED erhältlich |
|---|---|---|
| Siteco | Modario | JA |
| | DUS | JA |
| | Hexal | NEIN |
| Philips/Signify | Maxos | JA |
| | TTX 400 | JA |
| | Coreline | eigenständiges LED-System |
| | TTX 260 | NEIN |
| Zumtobel | Tecton | JA |
| | Metrum | eigenständiges LED-System |
| | ZX2 | JA |
| Trilux | E-Line | JA |
| | X-Line | NEIN |
| | C-Line | JA |
| | Coriflex | eigenständiges LED-System |
| Ridi | Linia | JA |
| Norka | verschiedene | JA |

**Bild 6.11** Umrüstsätze von verschiedenen Herstellern (2020) (Grafik: LED Institut)

Eine **Leuchtensanierung** wird in der Regel in vier Schritten durchgeführt:

1) Analyse

   Überprüfung der Beleuchtungsanlage bezüglich Licht- und Leuchtenqualität, Technik, Energieeinsparpotential und Normenkonformität

2) **Detailplanung** für Licht und Elektrotechnik

3) **Wirtschaftlichkeitsbetrachtung**, Sondieren der Einsparpotentiale

4) Umrüstung
   - gegebenenfalls CE-Kennzeichnung überprüfen
   - gegebenenfalls neues Typenschild mit den entsprechenden Prüfungen
   - Abklärung der Garantie und Gewährleistung mit Hersteller und Versicherung

Schon nach wenigen Jahren haben sich, je nach Nutzerverhalten, die Investitionen amortisiert. Hinzu kommt, dass die Langlebigkeit der LED-Systeme die Wartungsintervalle erheblich verlängert.

# 7 Konversionsleuchten – Sonderfall des Retrofiteinsatzes

## 7.1 Umbau einer Leuchte zur Konversionsleuchte

Die Konversion ist eine Sonderform der LED-Lampenanwendung. Gerade zweiseitig gesockelte LED-Retrofitlampen werden für bestehende Fassungssysteme wie G5 und G13 auch als Konversionslampen vermarktet. Bei dieser Anwendung wird die Leuchte für den Einsatz der Retrofitlampe umgebaut. Der Hersteller des Umbausatzes oder einzelner Komponenten wird nicht zum neuen Hersteller der Leuchte. **Zum Hersteller** der neuen Leuchte wird der, der das Produkt umgebaut hat, z. B. der Elektroinstallateur. Die eingesetzten Lampen sollten von einem Prüfinstitut eine Zulassung für den direkten Anschluss an das Netz haben.

**Vorsicht** geboten ist beim Einsatz von reinen zweiseitig gesockelten Retrofitlampen. Diese Lampen werden teils mit einer um etwa 25 % höheren Spannung betrieben als im Retrofitbetrieb. Das kann je nach Konstruktion der Retrofitlampe zu unzulässigen Erwärmungen bis hin zur Brandgefahr in der Leuchte führen.

Durch einen Umbau wird **technisch** in die Leuchte **eingegriffen.** Dabei werden häufig das Vorschaltgerät oder die Kondensatoren überbrückt oder ausgebaut. Die Verkabelung, die Fassungen und eine Sicherung werden teilweise ersetzt, verändert oder eingebaut. Einige Umbausätze erfordern eine fachspezifische Eignung. Diese Art der Änderung der Leuchte muss immer durch eine Elektrofachkraft erfolgen. Durch die technische Änderung am Produkt entsteht ein **neues Leuchtenprodukt**, und die CE-Kennzeichnung des ursprünglichen Herstellers des Systems ist nicht mehr gültig. Der **neue Quasi-Leuchtenhersteller** ist dann jener, der die Modifikation durchgeführt hat. Die Person, die das Produkt modifiziert, bringt eine neue Leuchte in den Markt.

Die folgenden Richtlinien und Verordnungen sind fast immer zwingend zu prüfen und zu dokumentieren:

| | |
|---|---|
| Niederspannungsrichtlinie | 2014/35/EU |
| EMV-Richtlinie | 2014/30/EU |
| RoHS-Richtlinie | 2011/65/EU |
| Ökodesign-Richtlinie | 2009/125/EG |
| Richtlinie 1 | 2019/2020/EU |
| Richtlinie 2 | 2019/2015/EU |

Es gibt LED-Konversionslampen, die nur mit vorgesehenen Vorschaltgeräten arbeiten, wenn diese in der Leuchte weiter betrieben werden. Dazu gibt es **Freigabelisten** der Lampenhersteller.

Eine typische Umrüstung ist die Änderung der T8- und T5-Systeme mit einem EVG-Betriebsgerät, bei welchem das Vorschaltgerät entnommen und die Konversionslampe mit einer eingebauten Sicherung (siehe **Bild 7.1**) direkt an der Netzspannung betrieben wird. Für den Elektroinstallateur ist ein Umbau teilweise sehr einfach durchzuführen. Er sollte das Produkt jedoch neu zertifizieren lassen.

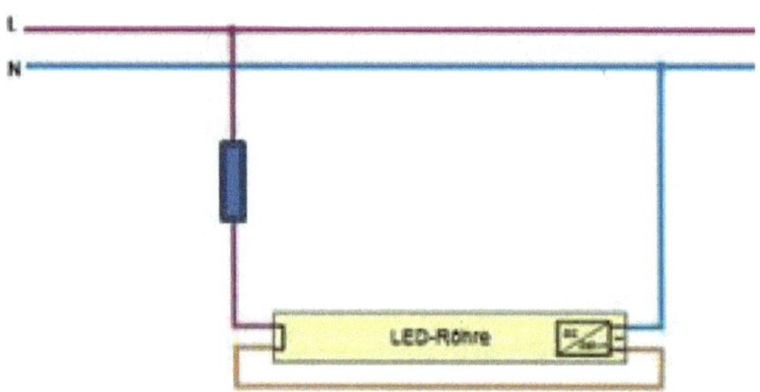


**Bild 7.1** Schaltungsbeispiel für die Konversionslösung mit Sicherung (Grafik: LED Institut)

Ein möglicher **Ablauf einer Konversion** durch eine autorisierte Elektrofachkraft kann wie folgt aussehen:

1. Elektrische Anlagen und Betriebsmittel auf ihren **ordnungsgemäßen Zustand** vor Umbau **prüfen.**
   (Anlage für Umbau überhaupt geeignet?)
2. **Umbaukonzept entwickeln** (Umbaumuster erstellen) und Vorstellung bei Prüfinstitut. Grundlage des Musters ist die DIN EN 60598. Leuchten müssen den grundlegenden Anforderungen der Niederspannungsrichtlinie und der EMV-Richtlinie entsprechen. EMV-Messung der Leuchte empfohlen.
3. Konformität mit RoHS- und Ökodesign-Richtlinie sowie REACH-VO **prüfen.**
4. Einbindung der **Versicherung.**
5. Detaillierte **Umbauanleitung** mit genauen Spezifikationen (z. B. Kabeltypen, Kabellängen, Anschlussbedingungen) erstellen.
6. Neue **CE-Erklärung** mit den gesetzlich erforderlichen Prüfungen erstellen, d. h. Konformitätsprüfung und Bescheinigung für das Umbaumuster.
7. **Installation** neuer Fassungen (wenn notwendig).
8. **Verdrahtung** prüfen und gegebenenfalls ersetzen.

9. **Schutz** vor fehlerhaftem Einsatz von Lampen (Rücktausch zur konventionellen Lampe) nach Umbau gewährleisten (Sicherung im Stromkreis der Leuchte).
10. Verhalten der Leuchte im **Fehlerfall** beachten.
11. Neues **Typenschild** mit den dafür notwendigen Angaben erstellen und auf jeder Leuchte anbringen, altes Typenschild unkenntlich machen.
12. Es wird empfohlen, einen **roten Aufkleber** mit einem Warnhinweis anzubringen: Achtung! Warnhinweise ersetzen nicht die notwendigen Sicherheitsprüfungen und gelten nur, falls es keine konstruktive Lösung gibt.
13. An jeder nach dem Umbaumuster modifizierten Leuchte ist die „**Prüfung** nach Instandsetzung, Änderung“ elektrischer Geräte – VDE 0701/0702 und DGUV V3 – durchzuführen [29]:
    - Sichtkontrolle
    - Funktionsprüfung
    - Schutzleiterprüfung
    - Isolationswiderstandsmessung
    - Berührstrom/Ersatzableitstrommessung
    - Dokumentation und Prüfbericht zur Leuchtenprüfung (Einzelprüfung) erstellen
14. Der Errichter sollte bestätigen, dass die elektrische Anlage die **Unfallverhütungsvorschriften** erfüllt.
15. Genaue **Vorgaben** für das Wartungspersonal der neuen Beleuchtungsanlage erstellen.
16. Dokumentation Konversion
17. Kennzeichnung und Sicherung eines **Musters** im Rahmen der Qualitätssicherung und als Beweismittel im Schadensfall.

Wir weisen nochmals darauf hin, dass eine **Konformitätserklärung** mit den entsprechenden Prüfungen erstellt und eine Umrüstung durch einen **Fachbetrieb** erfolgen muss.

In der folgenden Liste werden noch einige Hinweise gegeben, die in der Anwendung häufig nicht berücksichtigt werden und zu Fehlern führen.

- Die Funktion in Bezug auf die Einschaltströme (LS-Schalter) sollte gewährleistet sein (Herstellerangaben):
    - z. B. 50 LED-Konversionslampen bei B10-A-Sicherung
    - z. B. 80 LED-Konversionslampen bei B16-A-Sicherung

- Zulässige Längenausdehnung der Lampen gemäß DIN EN 60081 in den Leuchten bei minimalen und maximalen Umgebungstemperaturen der Leuchte: maximal 3 mm Längenänderung über den Temperaturbereich. Die Konversionslampen sollten sich im Betrieb nicht durchbiegen oder herausfallen.
- Ermittlung, ob die verwendeten Fassungen für den Betrieb direkt an 230 V geeignet sind
- Maximales Eigengewicht der Konversionslampe (Fassung) darf nicht überschritten werden
- Sicherer Betrieb der Konversionslampe mit ausreichender Kontakttiefe
- Durch Korrosion und Schmutzablagerungen können sich die **elektrischen Eigenschaften** (Übergangswiderstände) mit zunehmender Betriebsdauer verschlechtern.

Die **lichttechnischen Eigenschaften** der Beleuchtungsanlage sollten im Hinblick auf die Lichtverteilung, das Beleuchtungsniveau, die Gleichmäßigkeit, die Blendung und die Farbwiedergabe den aktuellen Normen nach DIN EN 12464 und ASR A3.4 entsprechen. Hierzu wird eine lichttechnische Überprüfung empfohlen.

## 7.2 Rechtliche Rahmenbedingungen

Der rechtliche Faktor und das Risiko der Konversionslösung können beträchtlich sein, da der Umbauende in diesem Fall zum neuen Leuchtenhersteller mit all seinen Rechten und Pflichten wird. Die Konformitätsbewertung einschließlich der CE-Kennzeichnung und der mit der Leuchte verbundenen Prüfzeichen der ursprünglichen Leuchten gelten für den Zustand und Zeitpunkt des Inverkehrbringens. Es muss deshalb, nach den gesetzlichen Vorgaben, eine neue **Konformität** erklärt werden (CE-Kennzeichnung und Konformitätserklärung mit den dazugehörigen Prüfnachweisen erstellen). Die **Produkthaftung** und die **Gewährleistung** des neuen Produktes verändern sich. Die Hersteller von Konversionslösungen stellen im Rahmen ihrer Konformitätsbewertung die Eignung ihrer Produkte für den vorgesehenen und angegebenen Zweck sicher und tragen dementsprechend auch die Verantwortung dafür. Es sind für das neue Produkt alle für den Leuchtenhersteller gültigen Normen zu berücksichtigen.

Die Einhaltung der **Arbeitsweisenormen** der Leuchten und aller **Sicherheitsnormen** als auch die **elektromagnetische Verträglichkeit** müssen beurteilt und gegebenenfalls geprüft werden. Man sollte sich Gedanken zu Dimmbarkeit, DALI-Steuerung, Notlicht, IP-Schutz, Fassungen, Einschaltverhalten, Parallelbetrieb von Lampen und Sonderfunktionen der umgerüsteten Leuchte machen.

Bitte beachten Sie, dass für die erforderlichen Prüfungen zur Einhaltung der Richtlinien Messmittel notwendig sind. Hier muss sich der Umbauende überlegen, ob er die notwendigen Kenntnisse in der Sicherheitstechnik, der EMV, der Chemie und der Energieeffizienz hat und auch das notwendige Geld für die Messmittel ausgeben möchte. Eine Alternative dazu sind die Prüfungen bei Prüfinstituten.

# 8 Zuverlässigkeit und Lebensdauer

**Warum ist dieses Thema eigentlich so wichtig?**

Zu Zeiten der konventionellen Lampen und Leuchten war das Thema der Zuverlässigkeit und Lebensdauer von nicht so großer Bedeutung, wie es heute mit LED-Leuchten der Fall ist. Wenn eine Lampe defekt war, wurde sie ausgetauscht. Die Lebensdauer der Lampe war bedeutend geringer als die Lebensdauer der eingesetzten Leuchte. **Standardisierte Lampen** konnten nahezu bei allen Elektrofachhändlern oder Baumärkten bezogen werden und das von den über Jahrzehnte etablierten Herstellern. Das Austauschen war ebenfalls einfach und für jedermann möglich sowie innerhalb kürzester Zeit erledigt. Der Leuchtenhersteller hat den Lampenwechsel immer konstruktiv vorgesehen. Auch das Fehlerbild war in den meisten Fällen eindeutig zu erkennen, da es lediglich zwei Zustände gab (Lampe funktioniert oder „war in den ewigen Jagdgründen verschwunden", hat dann in diesem Fall aber auch netterweise keine Energie mehr verbraucht).

Mit dem Einzug der LED als Leuchtmittel kommen allerdings zum einen neue Fehlerbilder hinzu, die dem Endverbraucher noch weitestgehend unbekannt sind, zum anderen ist ein Wechsel des LED-Moduls in den meisten Fällen nur mit sehr hohem Aufwand oder gar nicht mehr möglich. Da das zur Leuchte passende Ersatzteil **verfügbar** sein muss und die Leuchte zerlegt werden muss, um den Austausch vornehmen zu können (fachmännischer Eingriff erforderlich), kann eine Fehlerbehebung im System aufwendig bis unmöglich werden. Ausgenommen sind natürlich die LED-Retrofitlampen.

Der Endkunde/Endverbraucher muss sich langfristig daran gewöhnen, dass das Austauschen der Leuchtmittel weder möglich noch nötig ist. Die Betriebsstunden von konventionellen Lampen, beispielsweise Glühlampen, werden mit 1 000 h angegeben, wobei dies eine statistische mittlere Lebensdauer darstellt. 50 % der Lampen sind nach dieser Betriebszeit nicht mehr funktionsfähig.

**Bild 8.1** zeigt den Vergleich der Lebensdauer konventioneller Lampen und des LED-Moduls. Das LED-Modul hat in der Regel eine Lebensdauer von **50 000 Stunden bei einem Restlichtstrom von 70 % des Startwertes.**

Damit LEDs ihre Vorteile ausspielen können, gilt es, Leuchten von qualifizierten, namhaften Herstellern mit entsprechendem Technik-Knowhow auszuwählen, sonst können leicht Produkte mit Konstruktions- und Herstellungsfehlern die gesamte

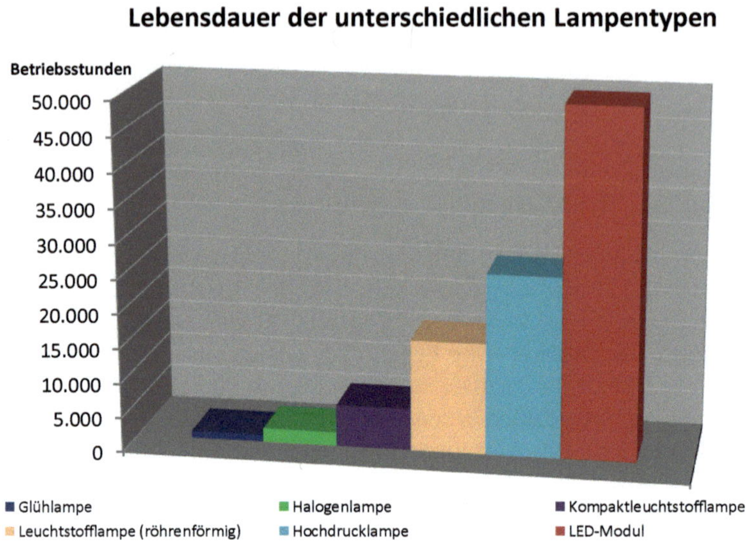

**Bild 8.1** Lebensdauern der unterschiedlichen Lichtquellen zur Orientierung (Grafik: LED Institut)

Performance beeinträchtigen. Nicht selten mündet ein Fehlerfall in gerichtliche Auseinandersetzungen. Je mehr Leuchten in einer Immobilie eingebaut werden, umso relevanter ist die Qualität der LED-Leuchten. Diese Qualität der Produkte zeichnet sich durch eine Effizienz von über 150 lm/W im professionellen Bereich, belastbare Lebensdauerangaben, gute Farbqualität und nachvollziehbare Dokumentation aus.

Allgemein wird bei LED-Leuchten eine Lebensdauer von ca. 50 000 Stunden angegeben, für besondere Anwendungsbereiche sind auch 100 000 Stunden nicht ungewöhnlich. Bei den Kaufverhandlungen ist die Kenntnis der sogenannten L-und B-Werte von Vorteil. Das Beispiel $L_{70}\,B_{20}$ **bei 50 000 Stunden** in der Lebensdauerangabe des Herstellers bedeutet, dass bei einer Leuchte nach 50 000 Stunden noch 70 % des Lichtstromes vorhanden sind (L70), und dies trifft für 20 % (B20) der Leuchten **nicht** mehr zu. Dieser Anteil an LED-Leuchten darf also einen Lichtstrom auch unterhalb 70 % haben. Die Begründung hierfür liegt in der Streuung der Lichtströme der einzelnen LEDs, die in der Leuchte verbaut sind und der unterschiedliche Lichtstromrückgang der LEDs untereinander (Degradation). Je weniger LEDs in der Leuchte verbaut werden, desto wichtiger ist der B-Wert.

**Bild 8.2** zeigt die Fehlersituation einer LED-Leuchte und den Neuzustand. Lichtstromrückgang bedeutet Lichtverlust der LED und Teilausfall von LEDs.

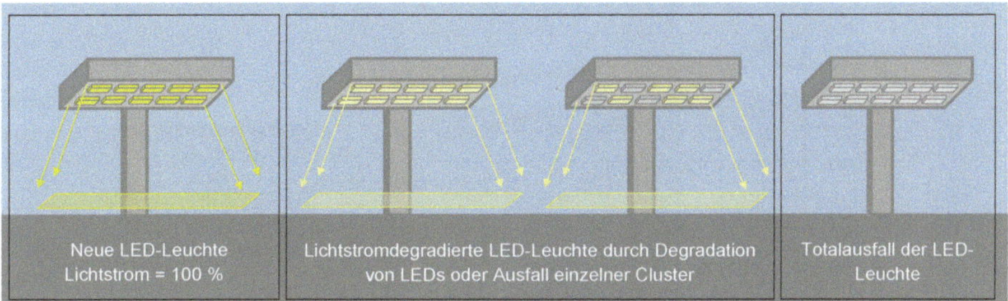


**Bild 8.2** Mögliche Fehlerfälle einer LED-Leuchte (Grafik: LED Institut)

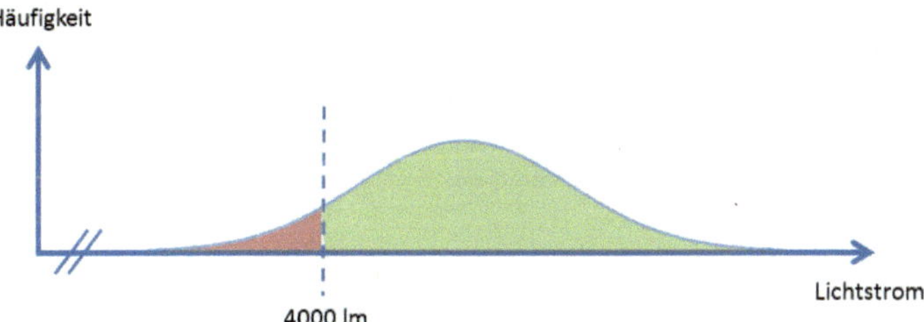


**Bild 8.3** Produktionscharge einer 4000-Lumen-Leuchte (Grafik: LED Institut)

Eine LED-Leuchte wird mit einer Vielzahl von LEDs ausgerüstet, die sich durch das Binning (Abschnitt 3.1) im Lichtstrom jeweils etwas unterscheiden. Deshalb haben LED-Leuchten aus einer Produktionscharge alle etwas unterschiedliche Lichtströme. **Bild 8.3** zeigt exemplarisch eine 4000-Lumen-Leuchte und die Lichtströme derselben Produktionscharge [130].

Die Angaben zu den Lebensdauern basieren auf einer Kombination aus zeitlich begrenzten Lebensdauer-Tests (**LM-80-Test** der LED [61]), meistens über 6000 Stunden, und Vorhersagemethoden, auch als **TM-21** [65] bekannt. Der Lichtstromrückgang ist bei der Lichtplanung einzubeziehen, um den Zeitpunkt und die Kosten einer Instandsetzung kalkulieren zu können und die Wartungsbeleuchtungsstärken während der Nutzung zu gewährleisten. Andererseits lassen sich bei Kenntnis der Parameter auch die Garantiebedingungen definieren.

**Bild 8.4** zeigt anschaulich den typischen Lichtstromrückgang unterschiedlicher Leuchten über die Zeit.

Nun verhält sich wie schon erwähnt nicht jede Leuchte im Lichtstromrückgang gleich, deshalb zeigen alle degradierten Leuchten geringfügige Unterschiede in ihrem Lichtstrom. **Bild 8.5** zeigt die Verteilung der **Lichtströme** bei Inbetriebnahme der Leuchte (rechts, vor der Alterung) und nach dem Lichtstromrückgang (links, nach Alterung).

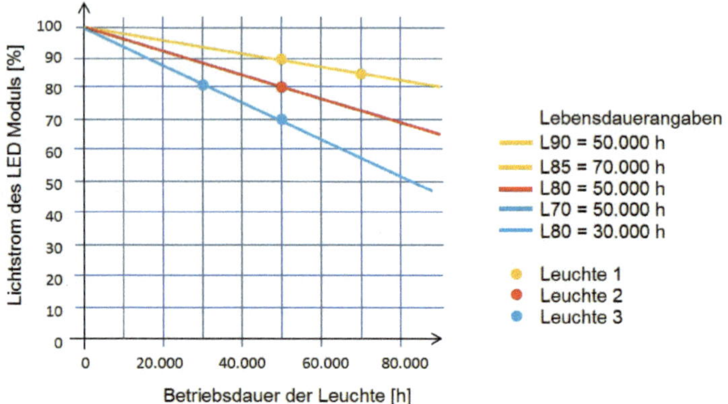


**Bild 8.4** Lichtstromrückgang unterschiedlicher Leuchten über die Zeit (Grafik: LED Institut)

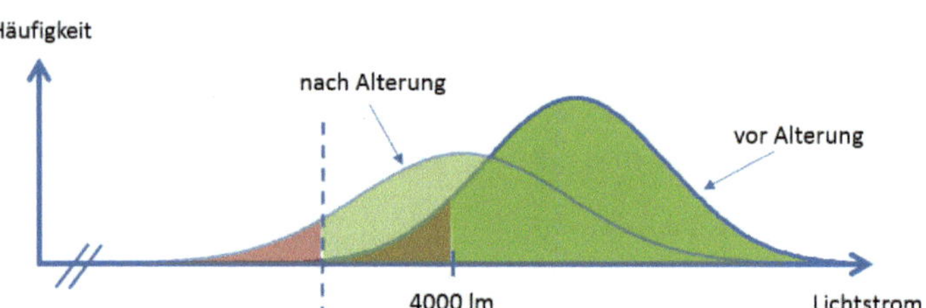


**Bild 8.5** Verteilung des Lichtstroms vor und nach der Alterung (Grafik: LED Institut)

Bei der Bestimmung der Lebensdauer $L_x B_y$ der LED wird der mögliche Totalausfall der Leuchte nicht berücksichtigt, der jedoch für Endverbraucher eine wichtige Rolle spielt. Der Wert $L_0 C_z$ in den Herstellerangaben zeigt an, wie viel Prozent der Leuchten während der angegebenen Lebensdauer komplett ausgefallen sind. Der Wert $C_z$ beschreibt den Anteil z der total ausgefallenen LED-Leuchten in %. $L_0 C_5$, 50 000 h beschreibt also beispielsweise die Lebensdauer eines LED-Moduls oder einer LED-Leuchte, bei der nach 50 000 Betriebsstunden 5 % der LED-Population ausgefallen sind. Anders ausgedrückt: Nach 50 000 Stunden unterliegen 5 % der LEDs einem Lichtstromrückgang auf 0 % des Anfangszustandes. Der *L*-Wert ist hier logischerweise immer 0. Leider werden diese Parameter nicht durchgängig am Markt kommuniziert.

Ein *F*-Wert hinter der Lebensdauer fasst die Degradation des Lichtstromes ($B_y$) und den Totalausfall ($C_z$) zusammen. $L_{70} F_{10}$ bedeutet, dass höchstens 10 % der LEDs den *L*-Wert (Lichtstromrückgang auf 70 %) unterschreiten dürfen inklusive eines Totalausfalls einzelner LEDs.

Oft wird in den Lebensdauerangaben zusätzlich noch die zugehörige Umgebungstemperatur angegeben, zum Beispiel $C_5 = 100\,000$ bei $t_q$ = **30° C**. Das q steht für quality, die Werte sind also für diese Temperatur angegeben. Werden die Leuchten bei höherer Temperatur betrieben, wird die angegebene Qualität meist nicht erreicht.

Mögliche Angaben der Lebensdauer der LED-Leuchten in einem Datenblatt zeigt **Bild 8.6**.

| Beispielangabe | Bedeutung | Erläuterung |
|---|---|---|
| 50.000h | $L_{70}B_{50}$, 50.000h | Ohne Angabe von L- und B-Werten gilt $L_{70}B_{50}$ bei 50.000 Stunden |
| $L_{70}$; 50.000h | $L_{70}B_{50}$; 50.000h | Ohne Angabe von B-Werten gilt $B_{50}$ |
| $L_{70}B_{10}$; 50.000h | $L_{70}B_{10}$; 50.000h | Wert wie angegeben |
| $C_{10}$; 50.000h | $L_0C_{10}$; 50.000h | Bis zu 10% der Module innerhalb 50.000 Stunden komplett ausgefallen |
| $L_{70}F_{20}$; 50.000h | $L_{70}F_{20}$; 50.000h | Bis zu 20% der Module komplett ausgefallen oder Lichtstrom unter 70% bei 50.000 Stunden |

Bild 8.6 Typische Lebensdauerangaben von Herstellern (Grafik: LED Institut)

Wie **Bild 8.6** zu entnehmen ist, sind die Lebensdauerangaben der Hersteller sehr unterschiedlich. Zur Vereinfachung hat die Branche einen Wert $L_{70}B_{50}$ von 50 000 Stunden in der Beleuchtung empfohlen. Diese Angabe ist aber auch von Anwendungsgebiet zu Anwendungsgebiet sehr unterschiedlich. Das LED Institut empfiehlt als Referenzwert einen $L_{70}B_{20}$ 50 000 Stunden, da damit eine große Anzahl an Leuchten den angegebenen Restlichtstrom am Lebensdauerende nicht unterschreitet.

Folgende Tabellen hat der Verband Lighting Europe in Abstimmung mit Leuchtenherstellern und Kunden kommuniziert. Sie können dem Planer als Orientierung dienen. Beispiele für die Lebensdauer der Installation und die jährliche Betriebsdauer für verschiedene Anwendungen im Innenbereich finden sich in **Bild 8.7** [123].

| Innenbereich | Jährliche Betriebsdauer (EN 15193) | Sanierungsrate | Lebensdauer Installation |
|---|---|---|---|
| | Stunden | Jahre | Stunden |
| Büro | 2.500 | 20 | 50.000 |
| Bildung | 2.000 | 25 | 50.000 |
| Krankenhaus | 5.000 | 10 | 50.000 |
| Hotel | 5.000 | 10 | 50.000 |
| Restaurant | 2.500 | 10 | 25.000 |
| Sport | 4.000 | 25 | 100.000 |
| Shop | 5.000 | 10 | 50.000 |
| Produktion | 4.000 | 25 | 100.000 |

Bild 8.7 Lebensdauer der Installation für verschiedene Anwendungen (innen) (Grafik: LED Institut)

Beispiele für die Lebensdauer der Installation und die jährliche Betriebsdauer für verschiedene Anwendungen im Außenbereich sind in **Bild 8.8** gegeben [123].

| Außenbereich | Jährliche Betriebsdauer (EN 15193) | Sanierungsrate | Lebensdauer Installation |
|---|---|---|---|
| | Stunden | Jahre | Stunden |
| Straße | 4.000 | 25 | 100.000 |
| Tunnel (Eingang) | 4.000 | 25 | 100.000 |
| Tunnel (Innen) | 8.760 | 12 | 100.000 |
| Freizeitsport | 1.250 | 20 | 25.000 |
| Allgemein | 4.000 | 25 | 100.000 |

**Bild 8.8** Lebensdauer der Installation für verschiedene Anwendungen (außen) (Grafik: LED Institut)

## 8.1 Ausfall, Lichtstromrückgang und Farbshift

Eines der neuen Fehlerbilder gegenüber den klassischen Lichtquellen ist der schon betrachtete Lichtstromrückgang, auch **Degradation** genannt, der daraus resultiert, dass einzelne LEDs oder komplette LED-Segmente über ihre Lebensdauer an Lichtstrom verlieren oder ausfallen. Gerade den Ausfall der einzelnen LED sollte man noch näher betrachten. **Bild 8.9** zeigt schematisch eine Leuchte mit Vorschaltgerät und 4 LEDs.

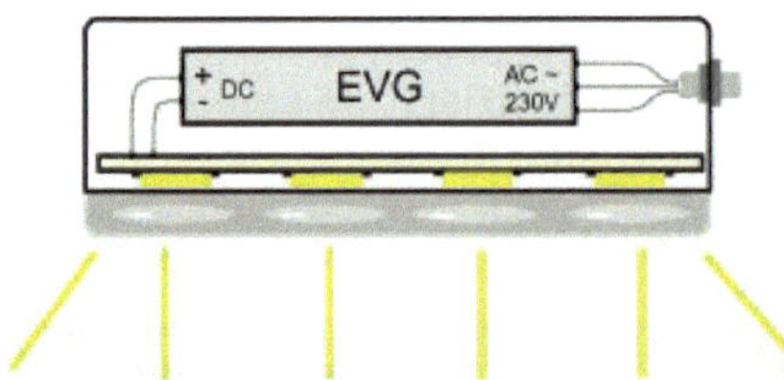


**Bild 8.9** Aufbau einer LED-Leuchte mit Vorschaltgerät und LED-Modul (Grafik: LED Institut)

**Bild 8.10**, **Bild 8.11** und **Bild 8.12** zeigen die Fehlerfälle Degradation und den Chipausfall symbolisch.

Wenn eine LED ausfällt, so hat das auch Einfluss auf einen möglichen Ausfall eines Clusters/Segments (Clusterausfall im LED-Modul) und damit auf den Lichtstrom der Leuchte. Unter einem **Cluster** ist eine Verschaltung mehrerer LEDs zu verstehen. Je nachdem, wie diese elektrisch verschaltet sind, gibt es unterschiedliche Ausfallmuster, was zu unterschiedlichem Lichtstromverlust der Leuchte führt.

**Bild 8.10** Leuchte mit einer LED, Lichtstrom 100 % (Grafik: LED Institut)

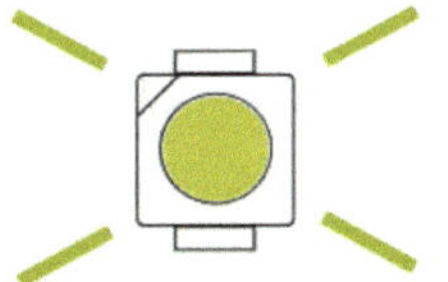

**Bild 8.11** Leuchte mit einer LED, Lichtstrom 50 % (Grafik: LED Institut)

**Bild 8.12** Leuchte mit einer LED, Chipausfall (Grafik: LED Institut)

Prinzipiell gibt es zwei Möglichkeiten, die LEDs in einem Cluster zu verschalten. LEDs werden in Reihe geschaltet (Serienschaltung) und/oder in Parallelschaltung betrieben.

### 8.1.1 Reihenschaltung von LEDs im Cluster

In **Bild 8.13** ist eine einfache Reihenschaltung mit drei LEDs dargestellt. Dieses Cluster kann in Leuchten auch mit weiteren Clustern parallelgeschaltet sein.

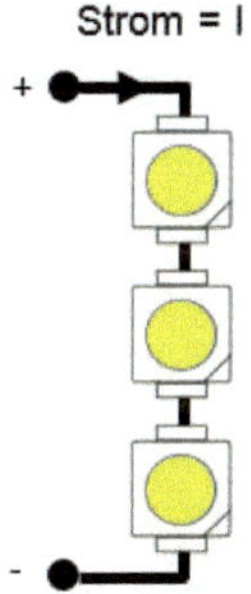


**Bild 8.13** Reihenschaltung (LED-Cluster) (Grafik: LED Institut)

Beim Ausfall einer LED in der Schaltung kann es zwei unterschiedliche Ausfallszenarien geben: Es gibt einen **„hochohmigen" Ausfall** der LED, sodass kein Strom mehr durch die LED fließt und alle anderen LEDs mit ausfallen (**Bild 8.14** links). Diesen Effekt kennt man auch von der Lichterkette, wenn eine Lampe entfernt wird. Der **„niederohmige" Ausfall**, bei welchem die LED den Strom noch durchleitet, aber keine Lichtemission auftritt, ist in **Bild 8.14** rechts dargestellt.

Die Ursachen für solche Fehlerfälle können bei einem hochohmigen Fall eine WireBond-Fehlfunktion, ein zu hoher elektrischer oder thermischer Stress (EOS) im Chip oder am Bonddraht sein.

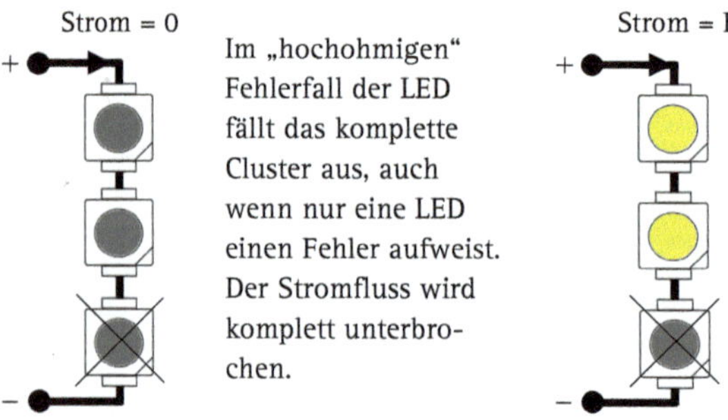


**Bild 8.14** Fehlerfälle einer LED im einreihigen Cluster (Grafik: LED Institut)

## 8.1.2 Parallelschaltung von Clustern

In **Bild 8.15** ist eine Parallelschaltung von zwei in Reihe geschalteten Clustern ohne elektrische Zwischenverbindung dargestellt. Der Gesamtstrom teilt sich gleichmäßig zu den Vorwärtsspannungen der LEDs an jedem Strang auf.

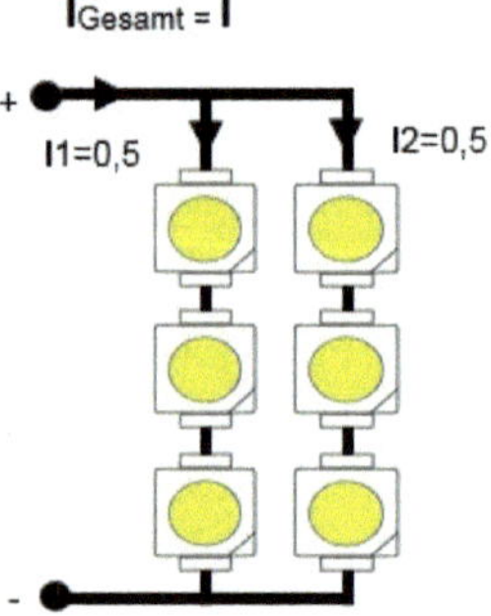


**Bild 8.15** Parallel- und Reihenschaltung der LEDs auf einem LED-Modul (Grafik: LED Institut)

Beim Ausfall einer LED kann es auch hier zu den zwei unterschiedlichen Ausfallszenarien kommen (**Bild 8.16**).

Diese Fehlerfälle der LED führen letzten Endes zu einem Lichtstromrückgang der Leuchte, und die Lichtausbeute wird wesentlich reduziert. Zum Beispiel ist der reduzierte Lichtstrom bei einem Chipausfall von 50 installierten LEDs in der Leuchte nicht so gravierend (1/50 % Lichtstromrückgang) wie ein Clusterausfall bei einer Leuchte mit nur 2 Clustern und 6 LEDs (50 % Lichtstromrückgang). Die Fehlerfälle einer Leuchte sollte man sich deshalb genau anschauen, um die Auswirkungen eines LED-Fehlers bewerten zu können.

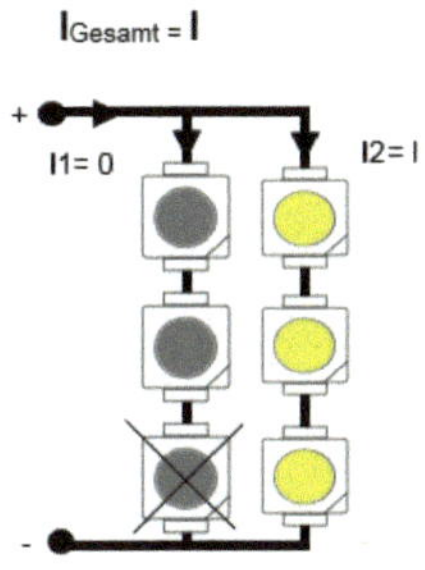


Im „hochohmigen“ Fall fällt das Cluster aus, in dem sich die fehlerhafte LED befindet. Allerdings führt der noch intakte Strang den doppelten seines ursprünglich dimensionierten Stromes.

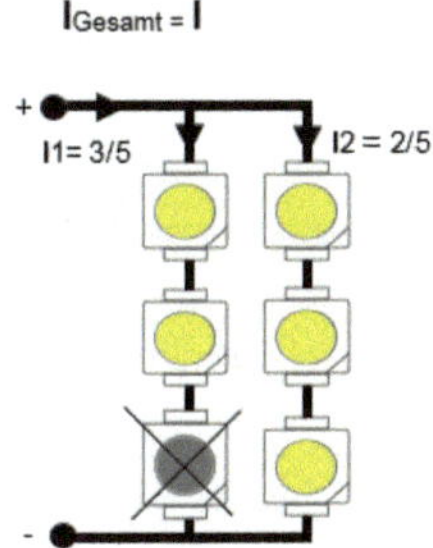


Im „niederohmigen“ Fall ist der Stromfluss der beiden Cluster asymmetrisch. Hierbei wird dem fehlerhaften Cluster ein höherer Strom zugeführt.

**Bild 8.16** Fehlerfälle einer LED in einem Cluster mit Parallelschaltung (Grafik: LED Institut)

Bei COB-LEDs, wie sie in Strahlern und Downlights häufig eingesetzt werden, fallen Cluster innerhalb des COB aus. Mit einer **Laserschutzbrille** kann man dies durch einen kurzen (!) Blick in den Chip überprüfen (siehe **Bild 8.17**).

**Bild 8.17** Typischer Teilausfall bei COB-LEDs (Quelle: LED Institut)

## 8.1.3 Veränderung Farbtemperatur (Color Shift)

Ein weiterer Fehlerzustand bei LED-Leuchten kann die Veränderung der Farbtemperatur (**Color Shift**) sein. Hierbei ändert sich der Farbort derart, dass eine LED möglicherweise ausgehend von einer warmen Farbtemperatur in den kalten Farbtemperaturbereich „abdriftet“ und somit nicht mehr die ursprüngliche Farbtemperatur aufweist, wie es in **Bild 8.18** dargestellt ist.

Aufgrund der Anzahl an potenziellen Fehlerquellen ist die Angabe der Zuverlässigkeit durch die $L_xB_y$-Werte seitens der Hersteller zu beachten und ausschlaggebend für die Qualität des Produktes.

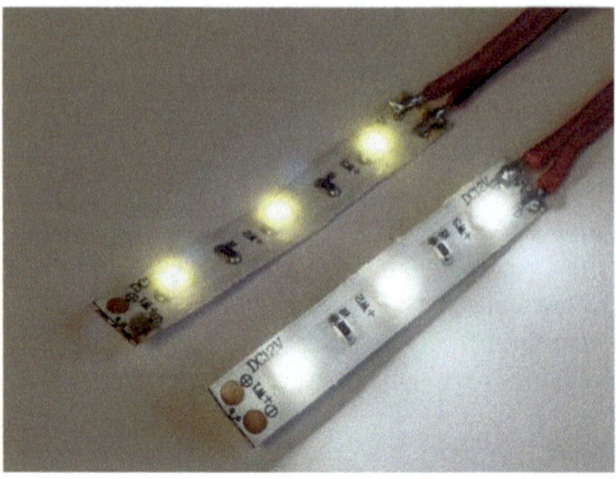

**Bild 8.18** LED-Modul rechts mit „Color Shift" nach Alterung (Quelle: LED Institut)

Auch im Hinblick auf die eingesetzten Vorschaltgeräte (EVG) in den LED-Leuchten ist zu beachten, dass es derzeit keine standardisierten Gerätetypen gibt und die Entwicklung derselben noch sehr dynamisch ist. Eine spätere Reparatur der LED-Leuchte in Bezug auf das Vorschaltgerät kann deshalb schwierig werden. Die meisten LED-Leuchten werden aber durch CC(constant current)-Vorschaltgeräte mit einem festgelegten Strom betrieben. Es ist davon auszugehen, dass für die eingestellten/üblichen Ströme dann auch in Zukunft noch EVGs anderer Hersteller aufzutreiben sind. Ob diese dann dieselben Befestigungspunkte haben, ist aber fraglich.

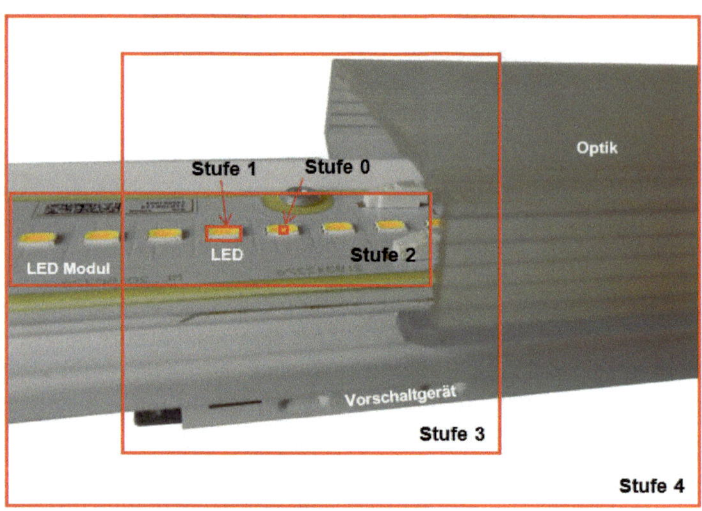


**Bild 8.19** Typische Fehlerorte einer LED-Leuchte (Quelle: LED Institut)

Folgende Fehlerorte können in Summe in einer LED-Leuchte festgestellt werden (siehe **Bild 8.19**):

Stufe 0 → LED-Chip (im Package/LED)

Stufe 1 → LED-Package

Stufe 2 → LED-Modul

Stufe 3 → Optisches und thermisches System

Stufe 4 → Komplette Leuchte mit Vorschaltgerät

### 8.1.4 Einfluss auf die Zuverlässigkeit und Lebensdauer der Leuchte

Prinzipiell fängt der Einflussbereich auf die Zuverlässigkeit einer LED-Leuchte schon direkt bei der Entwicklung der Leuchte an und zieht sich bis zum Betrieb der Leuchte durch den Anwender (**Bild 8.20**).

**Bild 8.20** Einflussbereiche auf die Zuverlässigkeit einer Leuchte (Grafik: LED Institut)

Wichtige und häufig vorkommende Fehler bei der Installation, Wartung und Instandsetzung von Leuchten sind nachfolgend aufgelistet (siehe auch **Bild 8.21**):

- Mischung von Leuchten mit unterschiedlichem Binning (siehe Abschnitt 3.1)
- Hotplugging (siehe Kapitel 5)
- Thermischer Pfad wird gestört (siehe Abschnitt 4.4)
- Werkzeug beschädigt die LEDs, Platinen und elektrischen Bauteile
- Falsches Anschließen der Leuchte (Verpolung, falsche Spannung usw.) (siehe Kapitel 12)
- Umgebungstemperatur (Betrieb außerhalb des spezifizierten Temperaturbereiches) (siehe Abschnitt 12.2)
- Hoher Temperaturwechsel (Temperaturgradienten zu hoch)
- Feuchtigkeit (Feuchtigkeitseintritt, zu niedrige IP-Klassifikation) (siehe Abschnitt 4.2)

- Verschmutzung (Staub, Schmutzpartikel) (siehe Abschnitt 4.2)
- Strahlungsbelastung (UV-Strahlung durch zu starke und permanente Sonneneinstrahlung) (siehe Abschnitt 12.2)
- Elektrischer Stress (Netzstörungen, kundenseitig verursachte Störungen durch Maschinen) (siehe Abschnitt 8.2)
- Ablösen der Platinen vom Kühlkörper (permanente Vibrationen/Stöße)
- Chemische Einflüsse (Chlor, Schwefel, Laugen, ...)

Typische Fehler wie Ausfall und Lichtstromrückgang entstehen auch durch Spritz-, Strahl- und Kondenswasser, Dämpfe sowie Dunst, die als Feuchtigkeit in die Leuchte eindringen. Die elektrische Sicherheit der Betriebsmittel kann dann durch die Veränderung der Luft- und Kriechstrecken gefährdet sein. Feuchtigkeit erzeugt unter Umständen eine höhere Leitfähigkeit zwischen Spannung führenden Teilen.

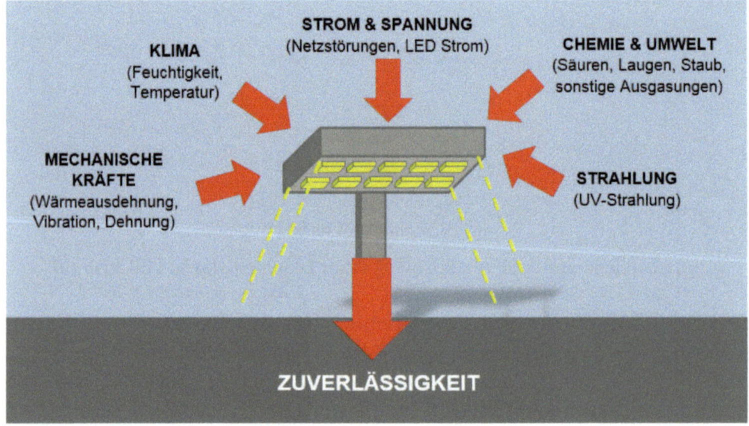


**Bild 8.21** Einflussfaktoren auf die Zuverlässigkeit von LED-Leuchten (Grafik: LED Institut)

Durch alle bereits genannten Einflussfaktoren kann die Lebensdauer und Zuverlässigkeit von LED-Leuchten und Lampen negativ beeinflusst werden. Vielen ist nicht bekannt, dass eine einzelne LED oder ein LED-Modul ohne Kühlkörper eine Lebensdauer von nur einigen Minuten haben kann. Es ist zu bedenken, dass die Stromdichte durch den Chip allgemein sehr hoch ist und die Leistungsdichte in W pro qm im Chip vergleichbar mit einer Herdplatte auf mittlerer Leistung ist. Es ist daher ratsam, alle aufgeführten Aspekte zu berücksichtigen.

## 8.2 Einige typische technische Probleme der LED-Leuchte

### 8.2.1 Einschaltverhalten (Sicherungsautomaten)/Inrush Current

Für die Verschaltung von LED-Leuchten in der Elektroinstallation ist auch das Einschaltverhalten wichtig, da LED-Vorschaltgeräte in den Leuchten sehr hohe Einschaltströme verursachen können. Dieser sogenannte **Inrush Current** [104] (engl. Begriff für Einschaltstrom) ist zurückzuführen auf den EMV-Filter im Eingangsbereich und das Aufladen der Kondensatoren des Vorschaltgeräts. Dieser Effekt ist auch abhängig von den Kapazitäten der Leitungen, der Anzahl der Leuchten und vom Schaltmoment. Die Ströme von LED-Leuchten und deren Vorschaltgeräte in einem Versorgungsstrang können sich addieren und einen hohen Einschaltstrom, der 100 bis 300 Mikrosekunden lang ist und einige Dutzend Ampere betragen kann, erzeugen (**Bild 8.22** links dargestellt).

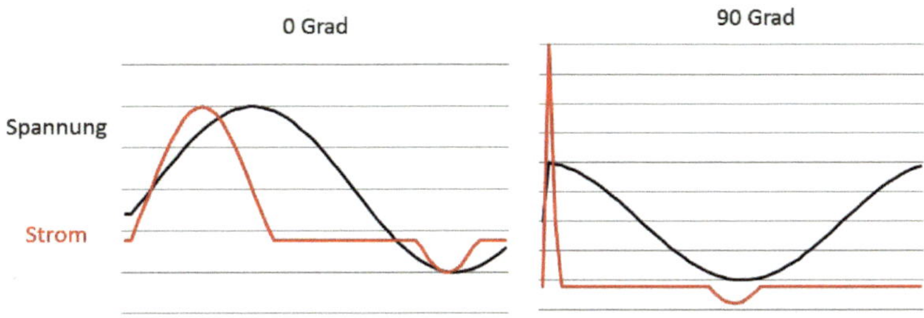


**Bild 8.22** Inrush-Current-Ereignisse und Phasenlage des Stromnetzes (Grafik: LED Institut)

Je nach Phasenlage der Speisespannung fällt die Stromspitze dabei höher aus. Die 90°-Lage des Schaltimpulses ist bezüglich der Einschaltstromspitzen der ungünstigste Zeitpunkt (**Bild 8.22** rechts).

Diese starken Ströme können zu einer Beschädigung der Leitungen und Betriebsmittel wie der LED-Module führen. Vorschaltgeräte mit **Nulldurchgangsschaltung** sind zu bevorzugen, denn wenn die sinusförmige Wechselspannung ihren Nulldurchgang hat, schaltet sie die Last (LED-Modul) genau zu diesem Zeitpunkt ein. Somit ist der Einschaltstrom minimal und schont das System.

Bei großen Leuchtengruppen in einem Strang kann der hohe Einschaltstrom oder die Dauer (typisch 100 bis 300 Mikrosekunden lang) dazu führen, dass der in der Elektroinstallation befindliche **Leitungsschutzschalter** (LS) und der FI ungewollt auslösen.

Gute LED-Leuchten zeigen ein rampenförmiges Einschaltverhalten und einen stabilisierten Ausgangsstrom mit geringen Rippeleigenschaften (siehe **Bild 8.23**).

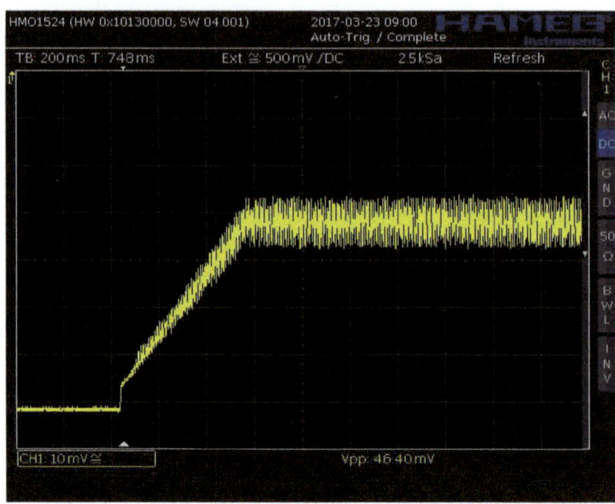


Bild 8.23 Einschaltverhalten guter LED-Leuchten [103]

| EVG | Mögliche Anzahl an Vorschaltgeräten | | | | | |
|---|---|---|---|---|---|---|
| | B 10 A | B 13 A | B 16 A | C 10 A | C 13 A | C 16 A |
| Modell 1 | 90 | 118 | 145 | 90 | 118 | 145 |
| Modell 2 | 65 | 84 | 104 | 65 | 84 | 104 |

Bild 8.24 Beispielanzahl von Vorschaltgeräten an einem Leitungsschutzschalter (Datenquelle: Vossloh-Schwabe)

Zur Vermeidung der Auslösung des LS geben die Hersteller in den Produktdatenblättern der LED-Betriebsgeräte Hinweise zur zulässigen Anzahl ihrer Betriebsgeräte für den Anschluss an den LS bei unterschiedlicher Strombelastbarkeit und Spezifizierung der magnetischen Auslösung an. In der Industriebeleuchtung wird für Beleuchtungsgruppen der Einsatz von C-Automaten empfohlen. Die Anzahl der Leuchten am Automaten muss dann mit dem Datenblatt der Leuchte ermittelt werden (**Bild 8.24**).

Ist es nicht möglich, das Einschaltverhalten der Leuchten auf den Leitungsschutzschalter in den Griff zu bekommen, empfiehlt es sich, einen **Strombegrenzer** für den Leuchtenstrang einzusetzen (**Bild 8.25**).

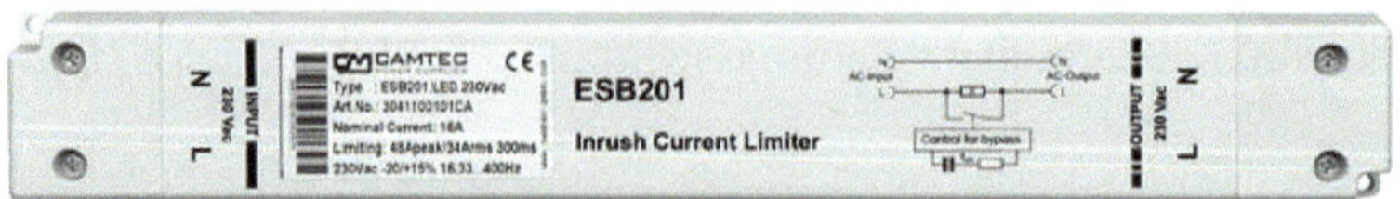


Bild 8.25 Strombegrenzer (Gerät: Camtec, Foto: LED Institut)

Der Strombegrenzer wird zwischen Schütz und Verbraucher geschaltet und begrenzt den Einschaltstrom für eine definierte Zeit.

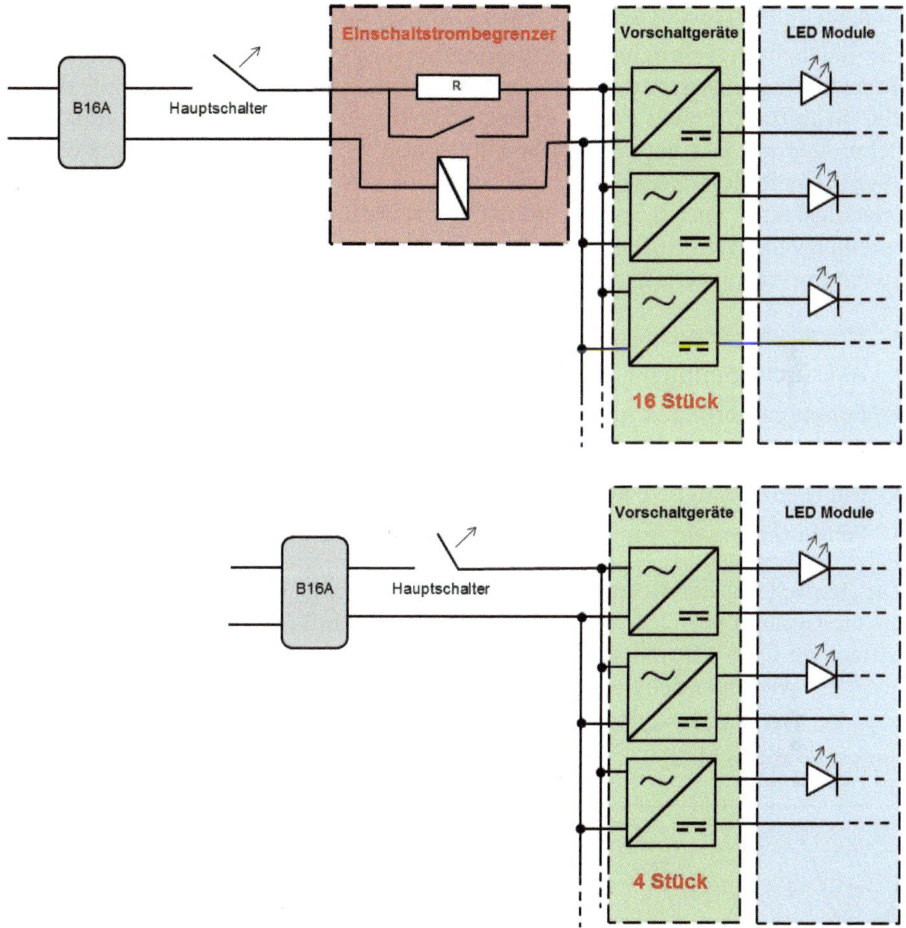


Bild 8.26 Vergleich der Anzahl Leuchten mit Strombegrenzer (oben) und ohne Strombegrenzer (unten) (Quelle: Camtec)

## 8.2.2 Netzrückwirkungen und Power Factor Correction (PFC)

Die Vorschaltgeräte in LED-Leuchten verursachen Netzrückwirkungen. Wie stark diese sind, hängt von der Qualität und der Eignung des Gerätes ab. Der Elektroinstallateur ist für normenkonforme Installationen verantwortlich; deshalb müssen die Herstellerangaben der Leuchten- und Komponentenlieferanten beachtet werden. Die Beleuchtungseinrichtungen fallen unter die Kategorie Klasse C, also niemals Industrienetzteile der Klasse A für LED-Leuchten verwenden!

Für Beleuchtungseinrichtungen von mehr als 25 W sind die Grenzwerte der **Oberschwingungsströme** über den Leistungsfaktor definiert, was eine aktive **PFC-Schaltung** (Power Factor Correction) erfordert. Für LED-Beleuchtungseinrichtungen mit Leistungen zwischen 10 W und 25 W ist ein Leistungsfaktor von über 0,7 gefordert. Zwischen Leistungen von 5 W bis 10 W ist immer noch ein Leistungsfaktor von 0,5 reglementiert. Ungewollte Stromoberschwingungen führen zu einer verzerrten Stromkurvenform des Netzes, welche an der Netzimpedanz Spannungsoberschwingungen verursacht. Daraus kann Folgendes resultieren:

- Thermische Zusatzlast, sprich: Verkürzung der Lebensdauer
- Akustische Störungen in induktiven Verbrauchern
- Funktionsstörungen in elektronischen Geräten
- Belastung oder Überlastung von Neutralleitern
- Gleichstromanteile beeinflussen Fehlerstromschutzschalter
- Fehlfunktion von Rundsteuerempfängern und Powerline-Übertragungen

Zur Beurteilung der Netzrückwirkungen durch Oberschwingung [102] [104] ist oft die Gesamtoberschwingungsverzerrung THD (Total Harmonic Distortion) zu betrachten (HDi = Stromoberschwingungen, THDu = Spannungsoberschwingungen). Ein wichtiger Schwellenwert ist nach DIN EN 61000 ein Störpegel ≤ 5 %.

Beispiel: THD von 81 % (Hinweis: Stromkurve dargestellt in rot (links) und Spannungsverlauf in blau)

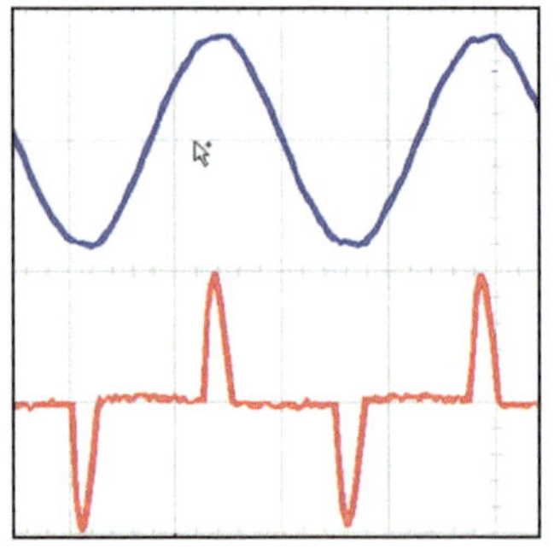

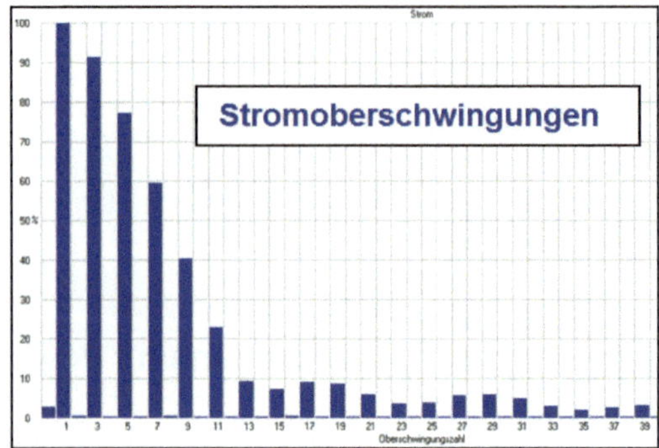


**Bild 8.27** Gesamtoberschwingungsverzerrung und Stromoberschwingungen [103]

Wenn genannte Fehler auftreten, so sollten die LED-Leuchten überprüft werden. Ursache sind defekte Netzteile, die schon während kurzer Betriebszeiten Gesamtoberschwingungsverzerrungen aufweisen. Die den Netzteilen vorgeschalteten Leitungsschutzschalter mit der Charakteristik C können dann sporadisch auslösen.

### 8.2.3 Hot Plugging

In der Installation von LED-Leuchten kommt es immer wieder vor, dass der Elektroinstallateur Leuchten unter Spannung anklemmt. Dies ist nicht nur verboten, sondern kann schädlich für die Lebensdauer der LED-Leuchten und LED-Module sein.

In **Bild 8.28** wird gezeigt, dass hierbei die Leerlaufspannung des Vorschaltgerätes bedeutend höher ist als die Spannung am Modul im stationären Betrieb. Dadurch bekommt das LED-Modul im Schaltfall einen bedeutend höheren Strom geliefert, der dann zur Beschädigung der LEDs führen kann. Beispielsweise können bei diesem sogenannten Hot Plugging bei einem Konstantstrom-Vorschaltgerät mit einem Betriebsstrom von 700 mA kurzzeitig Ströme von bis zu 22 A fließen und die LEDs schädigen. Dies führt dann zu typischen Fehlerbildern wie der **EOS** (Electrical Overstress).

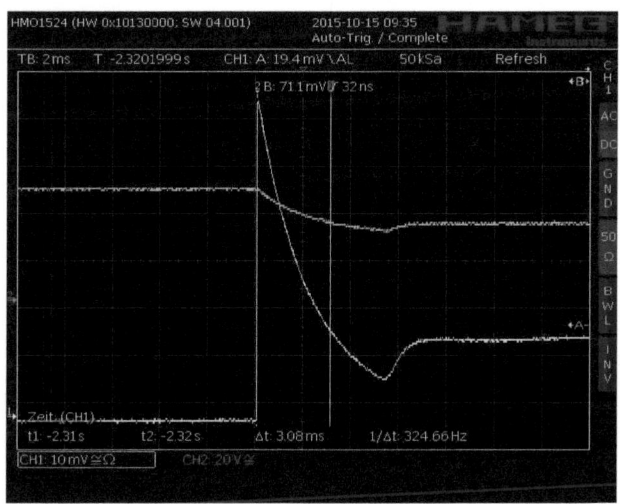


**Bild 8.28** Einschaltverhalten einer LED-Leuchte; blau: Spannung am EVG, gelb: Strom durch das Modul (Quelle: LED Institut)

### 8.2.4 Transiente Überspannungen

Transiente Überspannungen im Versorgungsnetz entstehen durch elektrostatische Entladungen, Schalten von größeren Verbrauchern, Schaltfunken an Schaltkontakten oder durch Blitzeinschlag in der unmittelbaren Umgebung. Sie können aber auch von benachbarten Störquellen kapazitiv oder induktiv in Versorgungs- oder Signalleitungen eingekoppelt werden.

Transiente Überspannungen treten für den Verbraucher oft **willkürlich** und nur für wenige **Mikro- oder Nanosekunden** auf, können aber zur Fehlfunktion und Zerstörung der Vorschaltgeräte führen oder LEDs durch mikroskopische thermische Überlastung zerstören. Qualitativ hochwertige Vorschaltgeräte haben eine Reihe von Surge-Tests (**Stoßspannungsprüfungen**) durchlaufen, um diese Schädigungen zu verhindern. In der Straßenbeleuchtung werden in blitzaktiven Bereichen Überspannungsschutzeinrichtungen im Kabelübergangskasten eingesetzt (siehe **Bild 8.29**). Leuchtenhersteller bieten auch zusätzliche Komponenten in der Straßenleuchte an. Heutige gute Straßenleuchten haben einen 10-kV-Schutz und sind deutlich unempfindlicher gegenüber transienten Effekten geworden.

Unter Überspannungsschutzeinrichtungen werden elektrische und elektronische Geräte verstanden, die zu hohe elektrische Spannungen eliminieren.

**Schutzmaßnahmen der Produktelemente**

In der LED: ESD-Schutzdiode in der LED durch Zenerdiode (bis 8 kV)

In der Leuchte: Geräteschutz mit gasgefüllten Überspannungsableitern (bis 20 kA)

In der Installation: Einsatz von Typ-2-(Mittelschutz)-Überspannungsschutzsystemen (bis 2 kV)

**Einsatz Überspannungsschutz vor Leuchtenstrang**

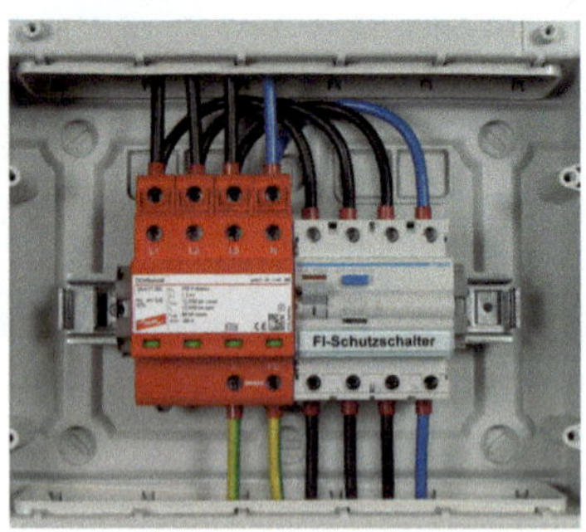


**Bild 8.29** Zusätzlicher Überspannungsschutz im Verteilerkasten (Quelle: Dehn + Söhne)

### 8.2.5 Flimmern von LED-Produkten

Das Flimmern (engl. Flicker) einer Leuchte war bei der Verwendung von Glühlampen relativ unbekannt, obwohl auch hier ein **100-Hz-Flimmern** sichtbar sein kann. Aufgrund der schnellen Reaktionszeiten von LEDs kann vor allem durch die falsche Vorschaltgerätetechnik der LED-Module ein Flimmern auftreten.

Lichtflimmern erzeugt Stress, selbst wenn es gar nicht aktiv vom Betrachter wahrgenommen wird. Der Stresslevel hängt auch von der Umgebung ab, in der die schnelle Änderung der Lichtintensität stattfindet: In einem abgedunkelten Kinosaal sorgen bereits 18 Bilder pro Sekunde (= 18 Hertz) für einen flimmerfreien Filmgenuss, bei PC-Monitoren bemerken Menschen unterbewusst sogar Frequenzen bis zu 500 Hertz. Darum muss der **Einsatzzweck für eine qualitative Beurteilung** des Leuchtmittels beachtet werden.

Flimmerfreies Licht ist dort nötig, wo sich Nutzer über längere Zeit aufhalten und die visuelle Wahrnehmung besondere Anforderungen hat. Hierzu zählen in erster Linie Arbeits- und Wohnräume sowie spezielle Produktionsstätten, in denen Maschinenbewegungen korrekt erkannt werden müssen. Flimmerfreiheit gelingt optimal, wenn die LEDs mit einer geglätteten Gleichspannung betrieben werden. Zudem ist das Flimmern von LED-Lampen von der schaltungstechnischen Qualität der Vorschaltgeräte-Elektronik und dem Dimmer abhängig. So lassen sich LEDs zum Beispiel stufenlos ohne Farbveränderung und Flimmern dimmen, wenn sie über eine Pulsweitenmodulation mit einer Frequenz über 300 Hertz verfügen.

Die Flimmerfrequenz und der Modulationsgrad des LED-Stromes bestimmen, wie stark Flimmern wahrgenommen wird und ob es einen störenden Einfluss auf den Menschen hat (**Bild 8.30**). Je höher die Frequenz, desto weniger Flimmern wird sichtbar. Der Modulationsgrad beschreibt die Amplitude des Signals.

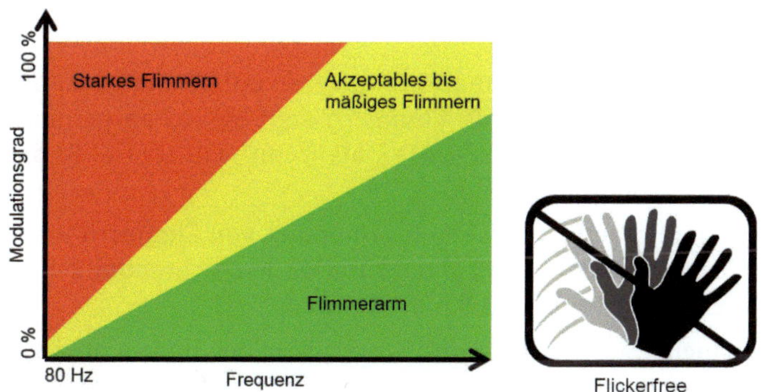


**Bild 8.30** Flimmer (Flicker)-Bewertung mit Modulationsgrad und Frequenz (Grafik: LED Institut)

Je höher dieser ausfällt, desto höher ist auch die Wahrscheinlichkeit, dass das Flimmern wahrgenommen wird.

Starkes Flimmern wird von 75 % der Menschen wahrgenommen und als störend empfunden. Akzeptables bis mäßiges Flimmern wird nur von empfindlichen Personen detektiert, kann sich jedoch auch ohne sichtbare Wahrnehmung negativ auf den Menschen auswirken.

Diese sogenannten TLA (**Temporal Light Artefacts**) treten aufgrund der immer häufigeren Verwendung von LED-Leuchtmitteln zunehmend in den Vordergrund. In der Vorschaltgerätetechnik sind Effekte wie „Ripple Current“, Pulsweitenmodulation (PWM) und Spikes sowie Spannungsschwankungen in der Spannungsversorgung Grundlage von Flimmern. Nicht alle Effekte sind unerwünscht und sichtbar. Die Pulsweitenmodulation ist eine etablierte Möglichkeit, LED- Module zu dimmen, jedoch kann bei falscher Parameterwahl wie der Frequenz und der Amplitude auch hier ein Flimmern auftreten. Somit ist vor allem die Abstimmung von Betriebsgeräten und LED-Modulen wichtig.

Der Dachverband der Europäischen Lichtindustrie definiert den Begriff „Temporal Light Artefacts - TLA“ folgendermaßen [134]:

*„Unerwünschte Effekte in der visuellen Wahrnehmung eines Beobachters innerhalb seiner Umgebung werden als „Temporal Light Artefacts“ (TLA) bezeichnet. Sie werden hervorgerufen durch einen Lichtstimulus, dessen Intensität sich mit der Zeit ändert. Zwei wohlbekannte Beispiele solcher Effekte sind Flimmer und Stroboskopeffekt.“*

Aktuell ist die Bewertung von Flimmern auch für professionelle Anwender immer noch schwierig, da es unterschiedliche Grenzwerte gibt. Bisher angewandte Verfahren berücksichtigen meist nicht die exakte Empfindlichkeit des Menschen gegenüber Flimmern in Bezug auf Frequenz und Amplitude des Flimmerns. Ferner ist die Wahrnehmung von störendem Flimmern von Mensch zu Mensch unterschiedlich.

Eine einfache Möglichkeit, sichtbares Flimmern zu detektieren, ist die periphere Betrachtung einer Lichtquelle, da Flimmern vom Menschen peripher (also „an der Seite“) stärker wahrgenommen wird, als wenn man zentral in das Licht der Leuchte schaut (siehe **Bild 8.31**).

Eine weitere Möglichkeit zur groben Bestimmung von Flimmern ist die Verwendung einer Digitalkamera/Smartphonekamera, deren Standbild bei Flimmern schwarze Streifen aufweist (Bild 8.32).

Auch das schnelle Schwenken eines Stabes oder der Hand vor der Lichtquelle kann stroboskopisch wahrgenommen werden und zeigt, dass das Produkt flimmert.

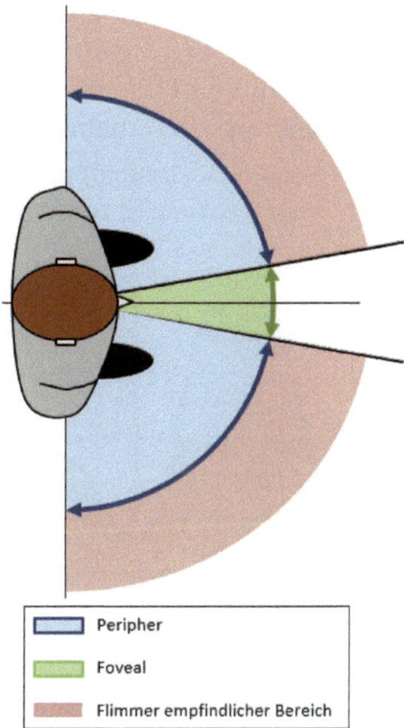


**Bild 8.31** Periphere Betrachtung einer Lichtquelle zur Wahrnehmung von Flimmern (Grafik: LED Institut)

**Bild 8.32** Schwarze Streifen auf dem Kamerastandbild eines Handydisplays (Quelle: LED Institut)

Eine messtechnische Möglichkeit, um Flimmern zu quantifizieren, ist die Bestimmung des Flicker Index (FI) mithilfe eines Messgeräts. Dieser Index bietet eine erste Einschätzung für das Auftreten von Flimmern, berücksichtigt jedoch nicht die in starkem Maße frequenzabhängige Wahrnehmungsschwelle des Menschen.

Ein **Flicker Index (FI)** ab einem Wert > 0,5 bedeutet starkes Flimmern. Der Flicker Index und der Percent Flicker lassen sich wie folgt berechnen (**Bild 8.33**) oder vom Hersteller erfragen.

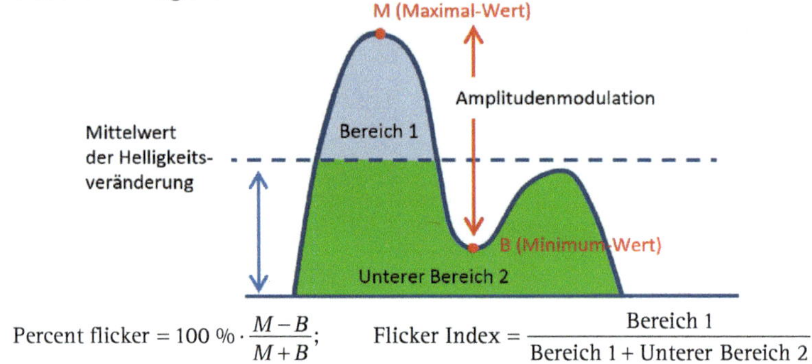


**Bild 8.33** Aktuelle Flimmerdefinition (Grafik: LED Institut)

In der Anwendung zur Bewertung von Flimmern etabliert sich das SVM-Verfahren (SVM von Stroboscopic Visibility Measure) und ist mittlerweile normativ in der Single Lighting Regulation verankert. Ziel dieses Messverfahrens ist es, die Lichtmodulation im Frequenzbereich 80 Hz bis 2 000 Hz zu bewerten. Bei einem SVM-Wert gleich eins ist ein Flimmern gerade noch sichtbar und darunter nicht mehr wahrnehmbar. Bei Werten unter 0,1 ist das Licht praktisch flimmerfrei. Für sensible Bereiche wie die Bürobeleuchtung sollten unserer Einschätzung nach die SVM-Werte unter 0,4 liegen. Laut EU-Verordnung zur umweltgerechten Gestaltung von Beleuchtungsprodukten wird ab September 2024 ein Wert unter 0,4 festgeschrieben. Der charakteristische Wert für niederfrequentes Flimmern, beschrieben durch den Parameter PStLM, liegt bei unter 1, der für LEDs mit Vorschaltgerät eingehalten werden muss.

Der Techniker Peter Erwin [135] hat sich intensiv mit der Bewertung der Flimmererscheinungen elektrischer Lichtquellen beschäftigt und den sogenannten Kompaktflimmergrad, kurz: **CFD** (Abkürzung für Compact Flicker Degree) entwickelt. Dieses Messverfahren berücksichtigt im Gegensatz zu allen anderen Verfahren die jeweilige Amplitude für alle vorkommenden Frequenzen im Hinblick auf den Einfluss auf den Menschen. Ferner gibt es für den Anwender eine klare Kategorie der Produkte. Das Messergebnis wird in einem Prozentwert angegeben. Eine Lampe gilt als weitgehend flimmerfrei, wenn der CFD < 12,5 % beträgt.

## 8.3 Chemische Unverträglichkeiten

LEDs sind hochempfindlich gegen Chemikalien, insbesondere Schwefel- und Chlorverbindungen [88]. Gase können leicht durch die mit Hohlräumen geprägten Silikonmassen der LEDs diffundieren und mit dem Halbleiterchip reagieren. Die Folgen sind Farbveränderungen, ein massiver Lichtstromrückgang in kurzer Zeit und ein frühzeitiger Ausfall. Kritische Chemikalien für LEDs können sich in Vergussmassen, Dichtungen, Klebern und Isolierlacken befinden. Sind solche Materialien in der Leuchte oder direkt in ihrer Nähe, können sie die LEDs in ihrer Leistungsfähigkeit schwächen.

Besondere Anwendungen für das LED-Produkt sind chemische und technische Betriebe (ölhaltige Luft), Tierhaltung, Freizeitbäder und lebensmittelverarbeitende Betriebe. Hier sind erhebliche Mengen an **Chlor, Schwefel, Ammoniak** sowie **Reinigungs- und Lösungsmittel** vorhanden. Der Einsatz von LED-Leuchten muss dann durch den Hersteller explizit freigegeben werden.

Werden LED-Module mit Vergussmassen ausgestattet, so sind die Leuchten in Abstimmung mit dem LED-Hersteller auf Lebensdauer und Zuverlässigkeit zu prüfen, da auch hier in der Vergangenheit eine Vielzahl von Fehlerfällen aufgetreten ist.

Eine visuelle Prüfung der LEDs, der Reflektoren, der Linsen und des Gehäuses ist dem Anwender in Sonderbereichen, insbesondere in der Gewährleistungszeit, immer zu empfehlen. Eine Messung des Beleuchtungsniveaus in der Anwendung vor und nach der Alterung ist hilfreich.

# 9 Sicherheitsanforderungen an LEDs und LED-Systeme

## 9.1 Allgemein

Die elektrische Sicherheit besteht im Wesentlichen im Schutz gegen elektrischen Schlag sowie in der Vermeidung zu hoher **Berührungsspannungen** und **Berührungsströme**. Hierzu muss die Leuchte einer elektrischen Schutzklasse zugeordnet werden und deren Anforderungen erfüllen. Die grundsätzlichen Anforderungen zum Schutz gegen elektrischen Schlag sind in der IEC 60364-4-41, CENELEC HD 384.4.41 beziehungsweise der DIN VDE 0100-410 [33] [34] [36] [40] aufgeführt und umfassen leitfähige und isolierende Teile der elektrischen Anlage. Der Schutz muss durch **gerätebezogene** (IP-Schutzart und Schutzklassen I, II und III) und **anlagenbezogene Maßnahmen** (z. B. Fehlerstromschalter) erreicht werden.

In der LED-Technik ist dabei die Berührbarkeit der **Konversionsschicht**, vor allem bei den COB-LEDs, zu betrachten, weil die Konversionsschicht nicht als elektrischer Isolator verwendet bzw. angesehen werden darf. Wenn diese mit einer SELV-Versorgung mit Betriebsspannungen < 60 V DC betrieben werden, gelten diese per Definition als sicher. Sind die LEDs nicht durch SELV versorgt und ist die Betriebsspannung > 60 V DC, muss die LED durch zusätzlichen Schutz gegen Berührung gesichert sein. Leider kommt es immer wieder vor, dass bei Downlights und Strahlern ohne Abdeckscheiben die Chips berührt werden können, diese aber

**Bild 9.1** COB-Module im Reflektor sollten im Betrieb nicht berührt werden (Quelle: LED Institut)

nicht in der Schutzkleinspannung ausgeführt sind. Es ist generell davon abzuraten, weil unzulässig, zugängliche LED-Chips und LED-Module bei geöffneten Leuchten im Betrieb anzufassen, wenn deren Betriebsparameter von o. g. Einschränkungen abweichen (**Bild 9.1**).

Die **IP-Schutzart** definiert den Schutz des Nutzers vor Berührung aktiver (spannungsführender) Teile und den Schutz der Leuchte gegen das Eindringen von Wasser und Fremdkörpern wie Staub (siehe Abschnitt 4.2.2). Verantwortlich für die Beibehaltung der Schutzart der Leuchte im Betrieb sind der Monteur und der Betreiber während der Gebrauchsdauer.

Die detaillierten Sicherheitsanforderungen an Leuchten sind in der Normenreihe DIN EN 60598 aufgeführt. Spezifische Anforderungen sind in den Teilen 2 der DIN EN 60598 enthalten, wobei in jedem Fall zusätzlich der Teil DIN EN IEC 60598-1 anzuwenden ist. In den Normen werden die **mechanischen, elektrischen, thermischen, photobiologischen und sicherheitstechnischen Anforderungen** spezifiziert. Kapitel 12 in diesem Buch gibt nähere Auskunft zu **Installation, Montage und Austausch der LED-Leuchten.**

## 9.2 Kennzeichnung

Ein wichtiger Bestandteil der Leuchtennorm ist die Kennzeichnung auf und in der Leuchte über ein Typenschild (siehe Abschnitt 4.3). Jedes Produkt, welches in der europäischen Union in Verkehr gebracht wird [85], trägt folgendes Zeichen:

Mit der **CE-Kennzeichnung** garantiert der Produzent oder Importeur, dass die europäischen Anforderungen an das Produkt erfüllt sind. Die Markierung mit der CE-Kennzeichnung allein ist kein Qualitätsnachweis, sie gibt lediglich an, dass die Leuchte die Mindestanforderungen der europäischen Union erfüllt.

**ENEC- und VDE-Zeichen sowie ENEC+** sind europäische Prüf- und Zertifizierungszeichen, die unter anderem für Leuchten und elektrische Komponenten in Leuchten (ENEC = European Norms Electrical Certification) verwendet werden.

Sie werden von unabhängigen Prüfinstituten vergeben. Das Zeichen gewährleistet, dass das Produkt die Sicherheitsnormen und die grundlegenden Anforderungen der EU erfüllt und dass der Hersteller über ein Qualitätssicherungssystem verfügt, mit dem auch eine stückbezogene Produktionskontrolle vorgenommen wird.

Eine mit **GS-Zeichen** versehene LED-Leuchte oder Lampe ist ein geprüftes Produkt. Es wurde durch autorisierte Prüfinstitutionen nach Geräte- und Produktsicherheitsgesetz inklusive der dazugehörenden EU-Richtlinien auf Konformität geprüft. Dieses Zeichen wird auch häufig mit dem TÜV-Zeichen verwendet und ist im Wohnraumleuchtengeschäft häufig anzutreffen.

## 9.3 Photobiologische Sicherheit

LEDs strahlen Licht im für den Menschen sichtbaren Wellenlängenbereich von 380 nm bis 780 nm aus, wie dies jede andere Lichtquelle für die Allgemeinbeleuchtung auch tut. Wenn man das Spektrum betrachtet, zeigt sich bei der LED ein größerer Peak im Blaubereich. Da die Netzhaut im Auge empfindlich gegenüber **blauer Strahlung** ist (Blue Light Hazard bei max. 440 nm), lohnt es sich aus Sicht des Arbeitsschutzes, dieses näher zu betrachten. Prinzipiell gilt, dass man nicht für längere Zeit in eine Lichtquelle hineinschauen sollte. Zur Beurteilung des Risikos wird die optische Strahlung der LED-Lichtquellen in **vier Risikogruppen** eingeteilt. Die erste Gruppe ist die freie Gruppe, das heißt, Leuchten mit der RG (Risikogruppe) 0 stellen keine photobiologische Gefährdung für das menschliche Auge dar. Die Risikogruppen 1 bis 3 haben steigendes Gefährdungspotential.

Abhängig von den Abstrahlwinkeln der LED-Produkte kann es bei kurzer Entfernung zum Beobachterauge bereits in relativ kurzer Zeit (> 10 s) zu einer Augengefährdung kommen [105]. Drei Faktoren spielen für die mögliche Gefährdung eine Rolle. Dies sind eine sehr hohe **Leuchtdichte** der Quelle, eine **große spektrale Strahldichte** im Blauanteil der Quelle und eine ausreichend lange Expositionszeit. Die größte Gefährdung für das Auge entsteht bei einem längeren direkten Blick (Starren) in eine Lichtquelle der RG 2. Die EN 60598 enthält entsprechende Kennzeichnungsanforderungen (siehe Bild 9.2). Im Markt existieren keine Lichtquellen für Allgemeinbeleuchtung, die der höchsten Risikogruppe 3 zugeordnet sind.

Die **Dosis** macht das Gift. Die LEDs zählen allerdings nicht zu den Laserlichtquellen und werden somit nicht über die Lasernorm bewertet. Bei LED-Licht ist die Gefahr deutlich kleiner als bei Laserlicht (z. B. Laserpointer). Hat man in ein LED-Licht geschaut und erkennt bei geschlossenen Augen ein deutliches **Nachbild**, sollte man es vermeiden, erneut in die Lichtquelle zu schauen und die Art der Nutzung der LED-Leuchte meiden. Verschwindet das Nachleuchten über einen längeren Zeitraum nicht, ist es ratsam, einen Augenarzt aufzusuchen.

Meist lässt sich eine Gefährdung durch eine für die Anwendung geeignete Auswahl der Leuchten und durch eine ordnungsgemäße Installation verhindern. Eine bemerkbare Schädigung, die erst um mehrere Stunden verzögert auftritt, zählt zu den photochemischen **Netzhautschäden**. Diese äußert sich durch schmerzende Augen und der Empfindung, Körner in den Augen zu haben. Hierbei ist es dringend geboten, einen Arzt aufzusuchen.

Bei der Installation und Wartung von LED-Lichtquellen sind entsprechende **Schutzmaßnahmen** anzuwenden (nur an abgeschalteten LED-Leuchten arbeiten). Zum **Einleuchten** sollte die indirekte Methode über den Schatten verwendet oder eine geeignete Schutzbrille getragen werden.

Die DIN EN 62471 „Photobiologische Sicherheit von Lampen und Lampensysteme" teilt die Lampen und Leuchten in Gruppen ein (**Bild 9.2**) [78].

| Risikogruppe | Bedeutung |
|---|---|
| Freie Gruppe | Lampe/Leuchte stellt keine photobiologische Gefahr dar. |
| Gruppe 1 | Lampe/Leuchte stellt bei bestimmungsgemäßer Verwendung für den Nutzer keine Gefahr dar. |
| Gruppe 2 | Lampe/Leuchte stellt für den Nutzer nur dann eine Gefährdung dar, wenn die natürlichen Abwendreaktionen des Auges (Wegschauen und Lidschluss bei hellem Licht oder bei thermischem Unbehagen) beeinträchtigt sind. |
| Gruppe 3 | Lampe/Leuchte stellt schon bei flüchtiger oder kurzzeitiger Bestrahlung eine Gefahr für das Auge dar. Eine Verwendung in der allgemeinen Beleuchtung ist nicht zulässig. |

**Bild 9.2** Einteilung der Leuchten in Risikogruppen (Grafik: LED Institut)

Prüfungen der Blaulichtgefährdung von Leuchten werden nach EN 60598-1 Abschnitt 4.24 nach den Anforderungen des IEC/TR 62778 mit einem Abstand von 200 mm zwischen Messinstrument und Leuchte vorgenommen.

# 10 Planungsgrundlagen und Anforderungen in der Anwendung

## 10.1 Einführung

Die **Anwendung** und der **Ort** bestimmen im Wesentlichen die Wahl der richtigen Beleuchtung. Typische Anwendungsbereiche sind beispielsweise Produktionsstätten, Büros, Verkaufsräume oder der Privatbereich. Je nach Anwendung und Art der **Sehaufgabe** treten bestimmte planerische Parameter in den Vordergrund. Im Büro wird auf eine möglichst sehleistungsoptimierte Beleuchtung mit hoher Akzeptanz der Mitarbeiter Wert gelegt. In Verkaufsräumen wie zum Beispiel in einer Backzone ist eine hohe Farbwiedergabe im roten Bereich wichtig, um die Ware ansprechend und frisch erscheinen zu lassen. Im Privatbereich spielen das Design, die Ausleuchtung, die Lichtstimmung und die Lichtfarbe eine wichtige Rolle, da hier meist ein sehr „gemütliches" Licht bevorzugt wird. So werden im Privatbereich eher LED-Leuchten mit einer sehr warmweißen Lichtfarbe unter 3 000 K eingesetzt.

Es sind aber auch einige technisch-physikalische Kriterien in der Planung zu beachten, um die allgemeine Qualität einer LED-Beleuchtungsanlage zu erreichen. Dazu zählen beispielsweise die **Effizienz**, die **Lebensdauer** und das **Binning**. Diese Kriterien sollten bei einer guten LED-Leuchte unabhängig von der Anwendung einen gewissen **Stand der Technik** erreichen. Derzeit hat die Weiterentwicklung der Technik noch eine **hohe Dynamik**, und man muss einiges an Zeit aufwenden, um den Stand der Technik (z. B. Effizienz) zu kennen. Das Binning tritt zunehmend in den Hintergrund, während die **Preise** in allen Anwendungen wettbewerbsfähig sind. Die **Zuverlässigkeit** der Produkte wird immer besser, die Angaben der Hersteller sind belastbar. Für eine erste Beleuchtungsplanung zeigt **Bild 10.1** zusammenfassend die Grundauswahlkriterien [131].

Bei der Planung von Neuanlagen ist eine Zusammenarbeit mit **professionellen Planern** wichtig, da hinsichtlich der Anlagenauslegung, insbesondere für die Auslegung der planerischen, gestalterischen und der Schalt- und Schutzgeräte, technisches **Know-how** gefragt ist. So sollte das Wissen über mögliche Fehlerbilder ebenfalls vorhanden sein und Planungsgrundlagen immer weiter vertieft werden.

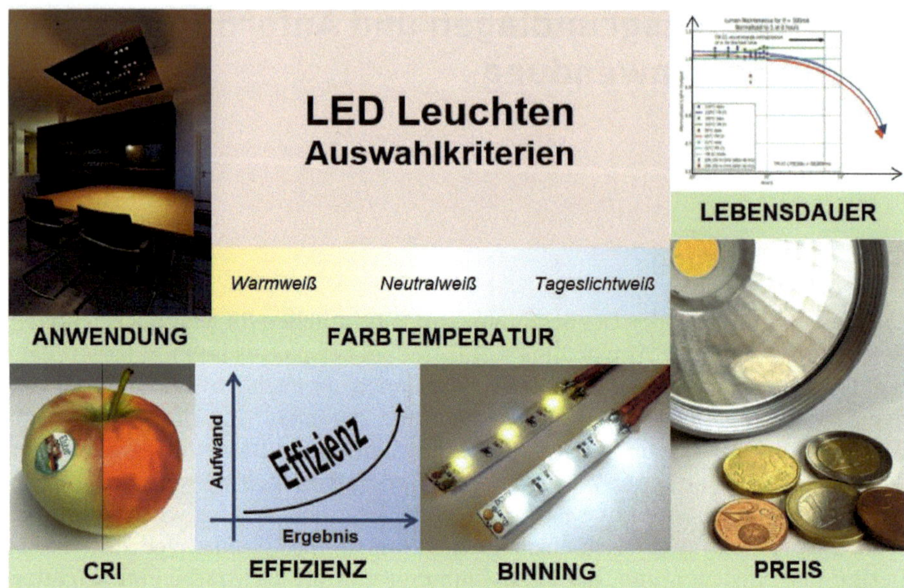


**Bild 10.1** Allgemeine Auswahlkriterien für LED-Leuchten (Grafik: LED Institut)

LED-Produkte für den Bürobereich erreichen heute Effizienzen im Gesamtsystem von bis zu **200 lm/W** bei guter Farbqualität (4000 K und CRI 80).

In Funktionsbereichen wie Technikräumen (siehe **Bild 10.2**), **Fluren und Toiletten** ergeben sich dann in der Planung Leistungen pro Fläche von unter 1,3 W/m$^2$ und dies bei Beleuchtungsstärken von 100 bis 150 Lux. Für den **Bürobereich**, geplant nach DIN EN 12464-1 und arbeitsbereichsbezogenem Beleuchtungskonzept, werden heute Werte von unter 5 W/m$^2$ bei 500 Lux erreicht.

Neben dem geringen Energieverbrauch ist die **hohe Lebensdauer** von LEDs der in der Werbung am häufigsten kommunizierte Vorteil. Es werden Lebensdauern von 50000 Stunden, im Bereich der Straßenbeleuchtung sogar über 100000 Stunden erreicht. Bezüglich dieser Angaben sollte man immer auch die Details anschauen, denn kein Hersteller hat wirklich 100000 Stunden Erfahrung hinsichtlich seiner LEDs und seiner Leuchten (siehe Kapitel 8). Nun ist es so, dass die Lebensdauer von LED-Produkten massiv von der Qualität der einzelnen Komponenten und von der Verarbeitung der Leuchte abhängt. Dies gilt es durch unabhängige Institutionen im Großprojekt zu prüfen, um das **Risiko eines Investments zu minimieren.**

| | | |
|---|---|---|
| Gesamtlichtstrom aller Lampen | | 219000 lm |
| Gesamtleistung | | 2044 W |
| Gesamtleistung pro Fläche (1517.70 m²) | | 1.35 W/m² |

**Beleuchtungsstärken**

| | | |
|---|---|---|
| Mittlere Beleuchtungsstärke | Em | 150 lx |
| Minimale Beleuchtungsstärke | Emin | 70 lx |
| Maximale Beleuchtungsstärke | Emax | 222 lx |
| Gleichmäßigkeit g1 | Emin/Em | 1:2.14 (0.47) |
| Gleichmäßigkeit g2 | Emin/Emax | 1:3.15 (0.32) |

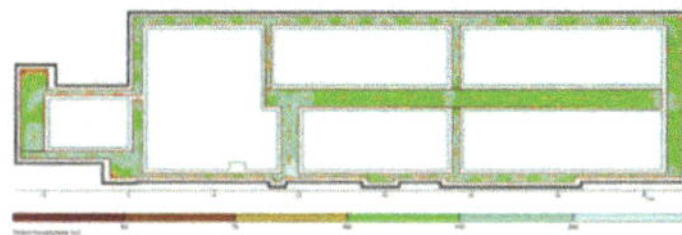

**Bild 10.2** Planungsdetails im Technikraum mit LED-Beleuchtung (1,3 W/m²) (Grafik: LED Institut)

## 10.2 Wirtschaftlichkeit und Amortisation

Die **Amortisation** bezeichnet den Prozess, in dem durch entstehende Erträge (hier: nicht anfallende Betriebs- und Wartungskosten) anfängliche **Aufwendungen** (Investitionen) für ein Objekt gedeckt werden [109]. Die **Betriebskosten** sind die Stromkosten des Verbrauchers (Leuchte) während der Gebrauchsdauer [21]. Die **Wartungskosten** [48] [49] entstehen durch den Wartungsaufwand beim Lampenwechsel und die Anschaffung der Lampe. Beide Kostenblöcke der Wartung können in der LED-Beleuchtungsanlage entfallen, da die LED-Leuchte sehr häufig ein Einwegprodukt ist. Bei der konventionellen Technik können die Kosten beträchtlich sein, da zum Beispiel ein Lampenwechsel in großer Höhe oder im Tunnel meist mit sehr großem Aufwand und hohen Ausgaben verbunden ist.

Was alles zu Wartungskosten [19] zählt, kann man der folgenden Aufstellung entnehmen:

- Austausch der Lampe:
  - Anfahrt, Aufstellung Arbeitsmittel, Öffnen der Leuchte,
  - Einbau Ersatzleuchtmittel, Abbau Arbeitsmittel, Abfahrt
- Leuchtenreinigung (Reinigungskosten) und Materialtausch (z. B. Dichtung)
- Lagerhaltungskosten/Kapitalbindung für benötigte Lampen
- Kosten des Facility Managements

- Logistikkosten wie Anschaffung und Personaleinsatz
- Mögliche Arbeitsunterbrechung des Nutzers und Betriebes
- Entsorgungskosten der Lampe inkl. Arbeitsaufwand

Im Folgenden wird exemplarisch eine orientierende Amortisationsrechnung durchgeführt.

### 10.2.1 Investitionen

Die Investitionskosten setzen sich aus den Kosten der Leuchten, der Installation und der Planung zusammen.

### 10.2.2 Betriebskosten

Die pro Jahr anfallenden Betriebskosten lassen sich über die Leistung der Leuchte und die Anzahl der Leuchten pro Anlage einfach berechnen. Die Formeln zur Berechnung sind nachfolgend angegeben.

- Leistung Leuchte · Anzahl Leuchten = Leistung der Anlage
- Leistung pro Tag = Leistung Anlagen · Anzahl Stunden
- Leistung pro Jahr = Leistung pro Tag ·Anzahl Tage
- Stromkosten pro Jahr = Leistung (Jahr) · Strompreis

### 10.2.3 Wartungskosten

Das Intervall zum Lampenwechsel kann aus der jährlichen Betriebszeit und der Lebensdauer berechnet werden.

Lampenwechsel pro Jahr = Jahresbetriebszeitlebensdauer

Pro Leuchte entstehen Wartungskosten (Stundenlohn des Arbeiters) und die Kosten der Leuchtmittel.

Kosten pro Leuchte = Stundenlohn + Leuchtmittelkosten

Mit der Anzahl der Lampenwechsel pro Jahr und den Kosten eines Wechsels lassen sich so die jährlichen Wartungskosten für eine Anlage berechnen.

Wartungskosten pro Jahr = Anzahl Leuchten · Lampenwechsel · Kosten

Die gesamte Amortisation lässt sich nun durch ein Gegenrechnen der Differenzen der anfallenden Investitionskosten und Ersparnisse berechnen.

Amortisationszeit = Investitionsdifferenz/jährliche Einsparung

## 10.3 Gewährleistung und Garantie

Denken Sie immer daran: Der Kunde von heute ist anspruchsvoll, vernetzt und bestens informiert – und teilweise mit gefährlichem Halbwissen unterwegs. Deshalb spielen die Gewährleistung und die Garantie eine wichtige Rolle im Leuchtengeschäft. Bild 10.3 zeigt die Verhältnisse zwischen den Handelspartnern.

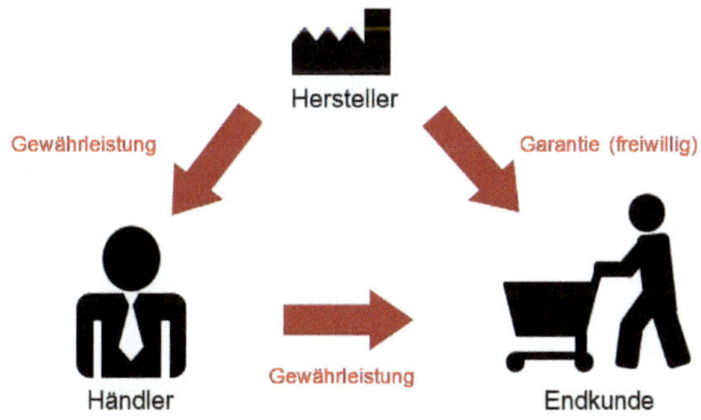


Bild 10.3 Zusammenhang zwischen den Beteiligten (Grafik: LED Institut)

### 10.3.1 Gewährleistung

Allgemein ist die Gewährleistung die **Haftung des Verkäufers** für **Mangelfreiheit** der Kaufsache. Dies ist ein gesetzlicher und vertraglicher Anspruch, den der Kunde gegenüber dem Verkäufer hat (Bild 10.3). Der Verkäufer kann im Fehlerfall die Leuchte **reparieren** oder ein **Neuprodukt** liefern, wenn diese nicht mangelfrei ist. Die Laufzeit ist beim B-to-C-Geschäft (Geschäft zwischen Unternehmen und Konsument) gesetzlich auf 24 Monate beschränkt. Die Gewährleistung greift nur bei Mängeln, die schon zum Zeitpunkt der Lieferung oder bei Abnahme der Anlage vorhanden oder angelegt waren. Der **Gewährleistungsanspruch** besteht gegenüber dem Verkäufer, nicht dem Hersteller der Ware. Es ist eine vertraglich geschuldete Qualität der Kaufsache. Im LED-Bereich sind der Lichtstromrückgang, der Colorshift und auch der Ausfall der LED-Leuchte bei Produktionsfehlern eingeschlossen.

Zu beachten ist, dass ein Ersatz der LED-Module und der Leuchte aufgrund der Dynamik in der Entwicklung in **Originalausführung** meist nicht mehr zu bekommen ist. Deshalb spielen hochwertige Leuchten und Lampen eine entscheidende Rolle im Markt.

Im Falle eines mangelhaften Produktes sind auch Ausbau- und Einbaukosten bzw. die Kosten für das Anbringen der Ersatzsache vom Verkäufer zu tragen.

### 10.3.2 Garantie

Die Garantie ist eine vom Hersteller **zugesicherte Funktionsfähigkeit** der Leuchte, welche bei einem Defekt kostenlos wiederhergestellt wird. Es ist eine Beschaffenheits- oder Haltbarkeitsgarantie. Die Vertragsinhalte und damit die Garantieleistung/Garantiebedingungen sind frei gestaltbar. Deshalb sollten diese genau studiert werden. Schwerpunkt in der LED-Technik ist die Lebensdauer der Leuchte in Bezug auf den Lichtstromrückgang und den Ausfall. Das Wichtigste der Garantie ist im Folgenden aufgelistet.

- Die Garantie stellt eine freiwillige Zusatzleistung der Hersteller dar.
- Inhaltlich ist die Garantie frei gestaltbar.
- Heute sind 3 bis 5 Jahre bei LED-Produkten üblich, Projektgarantien können auch durchaus länger sein.
- Die Garantie bindet nur den, der Garantie eingeräumt hat.
- Bei einer Garantie spielt der Zustand der Ware zum Zeitpunkt der Übergabe an den Kunden keine Rolle, da die Funktionsfähigkeit für den Zeitraum „garantiert“ wird.

Garantiebestandteile sollten sein:

- Ausfall der LED-Leuchten und Retrofitlampe
  - Austausch der Lampe, LED-Platine oder Leuchtenaustausch
  - Definition des Fehlers (Pixelausfall/Clusterausfall/Leuchtendefekt)
- Lichtstromrückgang/Farbveränderung der Retrofitlampe und Leuchte, d. h., die Beleuchtungsstärkewerte im Planungsraum liegen schon nach kurzer Zeit unterhalb der Neuwerte und sind nicht über Verschmutzung erklärbar
- Definition Fehlerfall und mögliches Verfahren zur Mängelbeseitigung
- Ablauf: Was wird ersetzt und was birgt mögliche Folgekosten

**Ausgeschlossen** aus der Garantie, wenn nicht explizit angegeben, sind:

- Mögliche Entsorgungskosten
- Schäden durch unsachgemäße Behandlung, Montage bzw. Wartung der Leuchte
- Schäden aufgrund von höherer Gewalt, Feuer oder Vandalismus sowie Unfallschäden

### 10.3.3 Verträge

In der **Vertragsgestaltung** sollte man die Themen Ausfall und Lichtstromrückgang immer definieren, klar regeln und die mögliche Kostenübernahme in Bezug auf den Fehlerfall bewerten. Im Falle mangelhafter Produkte sind im Rahmen der Nacherfüllungspflicht auch **Aus- und Einbaukosten** beziehungsweise die Kosten für das Anbringen der Ersatzsache durch den Verkäufer zu tragen.

## 10.4 Beleuchtung, Sehleistung und Kennzahlen

Die Innenbeleuchtung [3] [12] ist geprägt vom Geist der **guten Sehleistung**, der **Sicherheit**, dem **Komfort** und dem **Schutz der Gesundheit**. Daraus sind **Gütemerkmale** der Beleuchtung entstanden, wie sie basierend auf den Normen von vielen Planern verwendet werden.

Kritisch sollte man bemerken, dass neben diesen Gütemerkmalen die psychologischen, emotionalen, gesellschaftlichen und kulturellen Einflüsse auf das Lichtbedürfnis der Menschen nicht immer berücksichtigt werden. Gute Lichtplanung ist deshalb weit mehr als nur die Einhaltung der folgenden Parameter:

- Beleuchtungsniveau, Beleuchtungsstärke (siehe Kapitel 2)
- Gleichmäßigkeit
- Blendungsbegrenzung
- Lichtrichtung und Schattigkeit
- Leuchtdichteverteilung
- Lichtfarbe und Farbwiedergabe (siehe Kapitel 2)
- Flickern (siehe Kapitel 8)
- Tageslicht

Für Abschnitt 10.4.1 bis Abschnitt 10.4.4 werden Zahlenwerte genannt. Zu den anderen Merkmalen werden planerische Angaben und Empfehlungen gegeben. Abgeleitete Größen wie beim Tageslicht werden in Normen und Richtlinien teilweise genannt. Es ist immer wieder zu unterstreichen, dass das Tageslicht für den Menschen die wichtigste Lichtquelle ist. Sie ist physiologisch für den Menschen existenziell.

### 10.4.1 Beleuchtungsniveau – Beleuchtungsstärke

Durch die Lichtverteilung der Leuchte und die Reflexionseigenschaften des Raumes bildet sich an jedem Raumpunkt ein **Beleuchtungsniveau** aus, das man als Beleuchtungsstärke [76] messen kann.

Einfach gesagt, je höher die Beleuchtungsstärke am Arbeitsbereich, desto besser die **Sehleistung** des Menschen, die **Produktivität steigt** und die **Fehlerquote** der Arbeit **sinkt**. Die Beleuchtungsstärken sind für bestimmte Sehaufgaben in der Arbeitsstättenrichtlinie **ASR A3.4** und der **DIN EN 12464-1** festgelegt. In der Beleuchtungsplanung wird der Bereich der Sehaufgabe vom Lichtplaner definiert.

### 10.4.2 Wartungsfaktor

Die angegebenen Werte in den Normen und Richtlinien sind **Wartungswerte** [4] [5] [7] [19] [20], unter die das Niveau nicht sinken darf, auch wenn die LED ihren Lichtstrom über die Zeit verliert und die **Beleuchtungsanlage verschmutzt und altert**. Deshalb werden Beleuchtungsanlagen etwas **überplant**. Der Faktor in der Planung ist der sogenannte Wartungsfaktor. Bei einer Beleuchtungsstärke von 500 Lux, die erreicht werden muss, hat die Neuanlage mit einem Wartungsfaktor von 0,67 eine zu planende Beleuchtungsstärke von 750 Lux. Den Wartungsfaktor legt der **Planer** auch in Abstimmung mit dem **Betreiber** fest. Orientieren kann man sich bei der LED-Beleuchtung an folgenden Referenzwerten, die in der Praxis häufig Verwendung finden.

WF = 0,8 Sehr sauberer Raum

WF = 0,76 Sauberer Raum

WF = 0,67 Raum mit Verschmutzung

Der Wartungsfaktor hat direkten Einfluss auf die **Anzahl der Leuchten** und damit direkten Einfluss auf die **Amortisation** und die **Effizienz** der Beleuchtungsanlage und sollte sorgfältig gewählt werden.

In der Beleuchtungsplanung wird der **Bereich der Sehaufgabe** vom Lichtplaner definiert. Da aber auch der **unmittelbare Umgebungsbereich** um diesen Arbeitsbereich beleuchtet sein muss, wird dieser in die Bewertungsfläche mit einbezogen. Der restliche Raumbereich wird als **Hintergrundbereich definiert**, der auch ein definiertes Beleuchtungsniveau erhält. Von der Wand aus werden 0,5 m Randzone zum Hintergrundbereich als Bewertungsfläche, wie im rechten Bereich des **Bild 10.4** zu erkennen ist, abgezogen und nicht berücksichtigt.

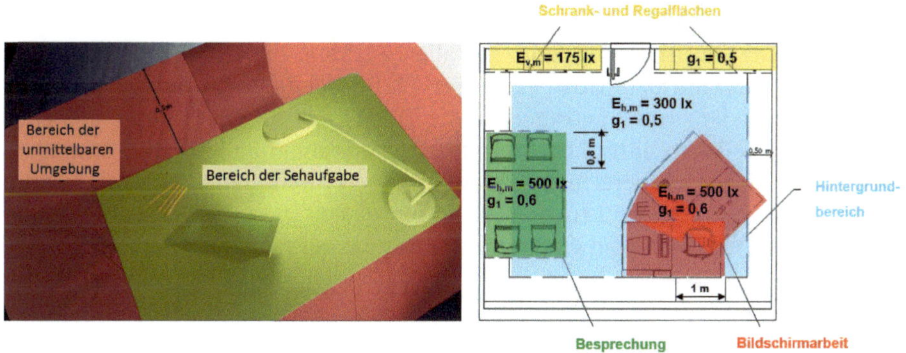


**Bild 10.4** Planungsbereiche und Beispiel einer Beleuchtungsplanung (Quelle: DGUV Information 215-442/LED Institut)

## 10.4.3 Gleichmäßigkeit

Zur Erfüllung der Sehaufgabe sollten keine zu großen Helligkeitsunterschiede im Planungsraum auftreten und die normativ festgelegte **Gleichmäßigkeit** $g_1$ nicht unterschritten werden. Die Gleichmäßigkeit wird auf eine Fläche bezogen und berechnet sich aus dem Verhältnis der **kleinsten** zur **mittleren** Beleuchtungsstärke. Also sollte man gerade auf den kleinsten Wert der Bewertungsfläche schauen: Wo ist dieser und wie ist er entstanden?

$$g_1 = \frac{E_{\min}}{\overline{E}}$$

### 10.4.4 Blendungsbegrenzung

In der Lichttechnik unterscheidet man die **physiologische** und die **psychologische Blendung** [17], die durch Helligkeiten im Gesichtsfeld hervorgerufen werden. Bei der physiologischen Blendung wird die **Sehleistung** durch sehr helle Flächen herabgesetzt, und das Netzhautbild im Auge wird erheblich gestört. In der Allgemeinbeleuchtung findet man in erster Linie psychologische Blendung und damit eine **Herabsetzung des Sehkomforts**. Hier geht es in der Planung also vor allem um den Komfort des Nutzers.

Die Bewertung der Blendung kann für alle Leuchten, die regelmäßig im Raum angeordnet sind, mit dem **UGR-Verfahren** [77] durchgeführt werden. Je kleiner der UGR-Wert ist, umso geringer ist die **Direktblendung**. Leuchtenhersteller geben die UGR-Werte ihrer Leuchten über UGR-Standardtabellen für eine erste Abschätzung an. Lichtberechnungsprogramme ermitteln den UGR-Wert für die gegebene Anordnung der Leuchten im Raum exakt. Diese berücksichtigen alle Leuchten der Anlage, die zu einem Blendeindruck beitragen.

Folgende **UGR-Grenzwerte** sollte der Planer berücksichtigen:

≤ 16 Räume mit sehr großen Sehanforderungen

≤ 19 Büroarbeitsplätze, Schulen, Besprechungsbereiche

≤ 22 Industriearbeitsplätze, Sozialräume und Handwerk

≤ 25 Industriearbeitsplätze mit groben Arbeiten, Fahrwege

≤ 28 Industriehallen, Verkehrsflächen ohne Fahrzeuge

In der **DIN EN 12464-1** sind für sehr viele Tätigkeiten und Sehaufgaben die UGR-Grenzwerte festgelegt.

Die Norm sieht bei Bildschirmarbeitsplatzleuchten vor, dass die Leuchtdichte der Leuchte unter einem Winkel von 65° und mehr rund um die Leuchte (siehe Kapitel 2) kleiner als **3 000 cd/m² bzw. unter 1 500 cd/m** sein muss. Der größere Wert gilt für Planungsbereiche mit **Bildschirmen** mit Leuchtdichten > 200 cd/m², bei schlechteren Bildschirmen dürfen die 1 500 cd/m² nicht überschritten werden.

### 10.4.5 Lichtrichtung und Schattigkeit

Licht und Schatten ermöglichen das bessere Wahrnehmen von Personen und Gegenständen im Raum. Erst die Lichtrichtung und die daraus entstehenden Schatten lassen **Gegenstände plastisch erscheinen** und geben ihnen eine Tiefenwirkung.

Durch zu stark gerichtetes Licht können jedoch auch zu **harte Schatten** entstehen, was als unangenehm empfunden wird. Eine zusätzliche indirekte Beleuchtung im Raum schafft ein diffuses Licht und verbessert das **räumliche Sehen**. Deshalb sollte ein gutes Verhältnis von direkten und indirekten Lichtanteilen im Raum geplant werden, um eine **angenehme Schattenbildung** zu erzeugen. Bei einer guten Lösung fördert dies zum Beispiel die Kommunikation der Menschen untereinander. Gesichter, Mimik und Gestik lassen sich einfacher beim Gegenüber ablesen – vorausgesetzt, man mag sich.

### 10.4.6 Leuchtdichte

Die Leuchtdichte ist der Helligkeitseindruck, den man von einer leuchtenden oder beleuchteten Fläche hat. Durch nicht zu große **Leuchtdichteunterschiede** im Raum entsteht eine harmonisch ausgeglichene Helligkeitsverteilung. Ein Negativbeispiel wären rein direkt strahlende, abgependelte Langfeldleuchten, die alles unterhalb der Leuchte beleuchten und die Decke sehr dunkel erscheinen lassen.

## 10.5 Gestalterische Planungsgrundlagen

Neben den Kriterien, die sich mit den optimalen Sehbedingungen beschäftigen, ist die Planung einer geeigneten Raumatmosphäre durch Licht äußerst wichtig. Durch die in der DIN vorgegebenen Vertikalbeleuchtungsstärken und die Gleichmäßigkeit ist die **Raumstimmung** festgelegt und kaum mehr gestaltbar. Das kann ein sehr großes Manko sein. Die emotionale Einstellung der Nutzer wird durch die Helligkeitsverteilung der Innenarchitektur wesentlich beeinflusst. Beim Betreten eines Raumes werden zuerst die Atmosphäre, dann erst die Funktionalität und der Anspruch an den Aufenthaltsort oder Arbeitsplatz bewertet.

Die Raumstimmung [112] wird beeinflusst durch

- die Tageslichtsituation (!),
- die Beleuchtungsart (flächig, zoniert und Wand-, Flächen- oder Bodenbetonung),
- die Positionierung und Anordnung (Raum- und Möblierungsbezug) der Leuchten,
- ihre Lichtverteilung,
- ihre Form und ihr Design sowie
- die Helligkeit und Lichtfarbe.

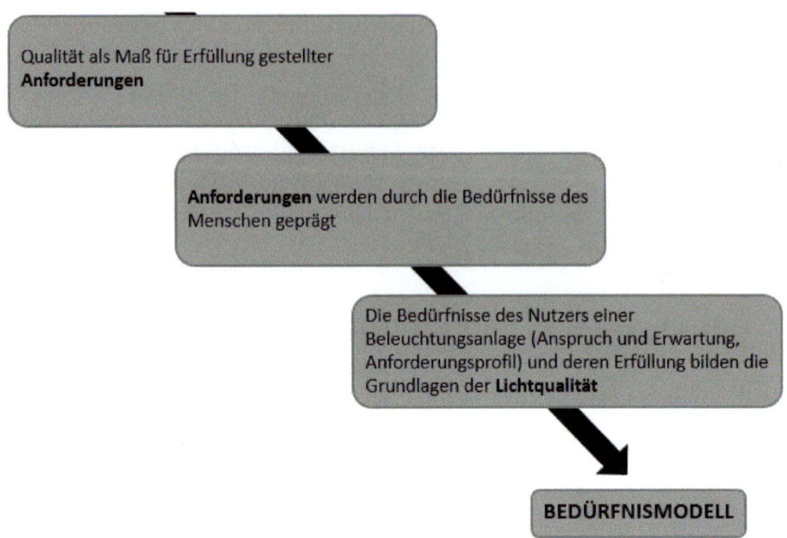


**Bild 10.5** Bedürfnisse des Menschen (Grafik: LED Institut)

Die Beleuchtungsplanung erfordert nicht nur das **Aussuchen und Verteilen der Leuchten** im Raum, sondern ein feines Abstimmen mit der Architektur und nicht zuletzt mit den Erwartungen von Bauherr und Nutzer. Grundlagen bilden hierbei die menschlichen Bedürfnisse (Human Needs). Der Mensch hat kein Bedürfnis nach einer goldenen Uhr, er hat ein Bedürfnis nach Status, und er glaubt, dass er dies hiermit am besten befriedigen kann. Die Bedürfnisse sind im Prinzip nichts Schlechtes (Status, Selbstverwirklichung, ...). Ihre Ausprägung kann nur manchmal anstößig sein. **Bild 10.5** zeigt die Zusammenhänge zwischen Qualität, Anforderungen und Bedürfnissen.

**Allgemeine und spezielle Anforderungen an das Lichtambiente** [80], wie sie von Dr. Heinrich Kramer formuliert worden sind und die eine hohe Allgemeingültigkeit für gute Lichtgestaltung haben [113] [114] [115] [116] [117] [118] [119] [126], zeigt die folgende Abbildung.

I. Licht muss die körperliche und geistige Gesundheit und das Wohlbefinden der Menschen gewährleisten. Alle anderen Anforderungen an das Licht müssen sich diesen Forderungen unterordnen.

II. Das Licht sollte die Orientierung und die Bestimmung des Standortes der Menschen in Raum und Zeit ermöglichen. Unter dem Standort im Raum sind nicht nur die physikalischen Koordinaten in Metern und Zentimetern gemeint, sondern der Standort der Menschen in der Gesellschaft und Kultur. Ebenso wie unter der Zeit nicht nur die Jahre, Stunden und Sekunden zu verstehen sind, sondern besonders der Bezug der Menschen zu ihrer Geschichte und Tradition.

III. Licht sollte integraler Bestandteil der Architektur und Innenarchitektur sein, d. h. von Anfang geplant und nicht nachträglich aufgesetzt werden.

IV. Licht sollte durch seine Formen-, Farb-, Materialwahl und im Design- und Detailanspruch die Intentionen der Architektur und Innenarchitektur unterstützen und nicht eigenständig wirken.

V. Licht sollte eine Stimmung und Atmosphäre in einem Raum erzeugen, die dem Anspruch und der Erwartung der Menschen entspricht (z. B. festlich, feierlich, intim, offiziell, sachlich, billig, hell, schummerig, wohnlich, unentschieden, wertvoll, weit, niedrig, einladend, abweisend usw.).

VI. Licht sollte die Kommunikation der Menschen untereinander fördern und ermöglichen.

VII. Licht sollte eine Aussage und Botschaft vermitteln, die mehr signalisieren als nur Helligkeit. Es sollte einen eigenen Ausdruck haben. Licht sollte in seinen wesentlichen Ausdrucksformen originell sein. d. h. nicht Massenware und Reproduktion von schon Vorhandenem sein.

VIII. Licht auch das Sehen und Erkennen der Umwelt ermöglichen.

**Bild 10.6** Anforderungen an das Licht nach Dr. Heinrich Kramer (Grafik: LED Institut)

## 10.6 Planungsbeispiele

### 10.6.1 Planungsbeispiel Flur

#### Grundlagen

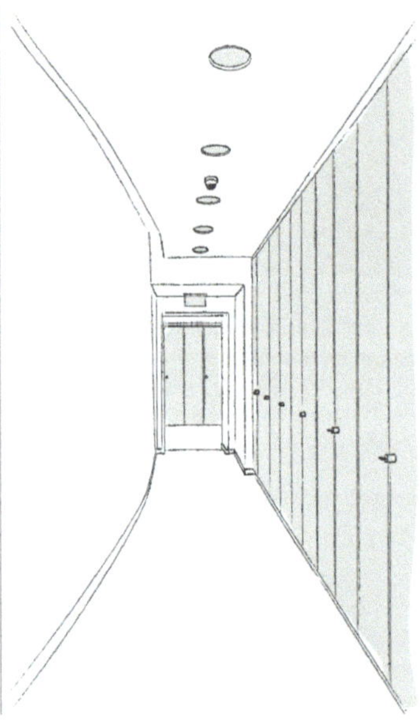

Eine Flurbeleuchtung ist geprägt von der **Orientierung im Raum.** Da Flure auch immer **Fluchtwegebereiche** sind, sind das **Rettungszeichen** und das Notlicht zur **Fluchtwegbeleuchtung** notwendig. Die **Präsenzerkennung** ist nicht nur im Hotel Standard, sondern aufgrund der höheren Frequentierung auch in anderen Gebäuden sinnvoll (z. B. in Einkaufspassagen und Bahnhofsbereichen). Zur Orientierung wird in den Hauptverkehrszonen bei Nichtnutzung ein Restlicht installiert. Das Beleuchtungsniveau ist dann noch so hoch zu wählen, dass der Raum erfahrbar bleibt. Eine effiziente, langlebige und für hohe Schalthäufigkeiten ausgelegte Beleuchtungslösung sollte angestrebt werden.

#### Normativ-lichttechnische Bedingungen

- **100 lx** und eine Gleichmäßigkeit von $g_1$ = **0,4** (kleinster Wert > 40 lx)
- 150 lx, wenn auch Fahrzeuge die Verkehrsfläche nutzen
- Blendung: UGR < 28

#### Planungsgrundlagen

| Flur | |
|---|---|
| Raumgeometrie | 20m x 2m x 3m |
| Wartungsfaktor | 0,8 |
| Reflexionsgrade zur Berechnung | 0,7 / 0,5 / 0,2 |
| Leuchtenauswahl | 3 Leuchten mit 20 Watt |
| **Ergebnis** | **< 1,5 W/m² bei 150 lux** |

Bild 10.7 Beispielplanungsdaten einer Flurbeleuchtung (Grafik: LED Institut)

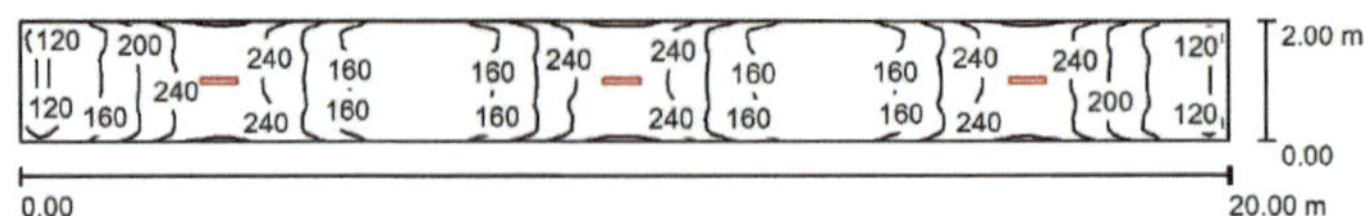


Bild 10.8 Beleuchtungsstärkeverteilung im Flur (Grafik: LED Institut)

### Gestalterische Grundlagen

Die Beleuchtung von Fluren hat nicht nur etwas mit der Beleuchtung der Gangzone zu tun. Erst die Beleuchtung der **raumbegrenzenden Flächen** macht den Raum erfahrbar. Das kann durch eine **breitstrahlende Lichtverteilung** der Leuchte oder durch einen hohen Indirektanteil gewährleistet werden. Pointieren kann man dies dann noch mit **Strahlern**, die Bilder und Exponate an der Wand akzentuieren. In Flurzonen werden aber auch Gäste begrüßt, weshalb eine **zentrale Leuchte** im Erschließungsbereich sinnvoll ist. Bei schmalen, langen Fluren ist die Wand zur visuellen Verbreiterung bedeutend heller zu erleuchten als die Decke. Eigene Wandleuchten, die indirektes Licht für den Raum und direktes Licht für die Flurzone bereitstellen, sind ebenfalls ein attraktives Lichtkonzept. Eine **Grundbeleuchtung von 10 %** bei Abwesenheit sollte noch vorhanden sein. **Überlappende Sensorbereiche** gewährleisten die Funktion in der gesamten Bewegungszone des Nutzers.

Beispiele für unterschiedliche Flurbeleuchtungslösungen zeigen die folgenden Bilder.

Quelle: Regent Lighting

Quelle: LEDVANCE

Quelle: Kreon GmbH,
Foto: Serge Brison

Quelle: Nimbus Group, Foto: Hans Jürgen Landes

Quelle: SLV GmbH

Bildautor: Werner Huthmacher

Quelle: Trilux

Quelle: SLV GmbH

Quelle: LEDVANCE

## 10.6.2 Planungsbeispiel Treppenhaus

### Grundlagen

Treppen zählen zu den sensiblen Verkehrsflächen gemäß DIN V 18599-10. Besonders gut ausgeleuchtete **Treppenstufen** und ausreichende Helligkeit sind die Grundlage für eine gefahrenfreie Nutzung. Da Blendung eine Herabsetzung der Sehleistung bedeutet, ist auf **Blendfreiheit** zu achten. Gleichmäßig ausgeleuchtete Treppen sorgen für einen **sicheren Auf- und Abstieg** [81]. Die Stufenkanten müssen gut sichtbar sein und sich von der Umgebung deutlich absetzen. **Falsche und irritierende Mehrfachschatten** müssen vermieden werden. Beim Betreten des Treppenhauses durch eine beliebige Tür muss man immer im **Erfassungsbereich eines Sensors** sein, um die Treppe sicher zu finden. Eine Mindesteinschaltdauer ist normativ nicht festgelegt, hier orientiert man sich am langsamsten Nutzer, der den Weg bewältigen oder während der **Einschaltdauer** zwei Geschosse schaffen sollte. In der professionellen Anwendung sind die Lichtschalter selbstleuchtend auszuführen. Eine effiziente, langlebige und für **hohe Schalthäufigkeiten** ausgelegte Beleuchtungslösung sollte angestrebt werden.

### Normativ-lichttechnische Bedingungen

Eine ausreichende Beleuchtung in Treppenhäusern liegt bei **150 lx** und einer Gleichmäßigkeit von $g_1$ = **0,4** (kleinster Wert > 40 lx) vor; Blendung: **UGR** = 25.

### Planungsgrundlagen

| **Treppenhaus** | | |
|---|---|---|
| Raumgeometrie | | 2 x 7m x 3m x 3m |
| Wartungsfaktor | | 0,8 |
| Reflexionsgrade zur Berechnung | | 0,7 / 0,5 / 0,2 |
| Leuchtenauswahl | 4 Leuchten mit 20 Watt | |
| **Ergebnis** | **< 1,5 W/m² bei 150 lux** | |

Bild 10.9 Beispielplanungsdaten einer Treppenhausbeleuchtung (Grafik: LED Institut)

### Gestalterische Grundlagen

Es ist gefährlicher, die Treppe hinunterzufallen als sie hinauf zu stolpern. Dies sollte man bei der Planung berücksichtigen. Der Einstieg in den Treppenabgang ist ein wichtiger Planungsbereich. Die richtige Wahl für die Treppenbeleuchtung sind Leuchten mit **breit strahlender** Lichtstärkeverteilung.

Eine typische Treppenbeleuchtung sind **Wandeinbauleuchten** oder leicht aufbauende **Anbauleuchten in Fußhöhe**, die mehrere Stufen (höchstens 3) beleuchten und der Wand einen Rhythmus geben. Aber auch **Wand- oder Deckenleuchten** parallel zum Treppenverlauf können die Treppe optimal ausleuchten. Leuchten, die an der Wand montiert werden, sollten nicht zu ausladend sein, damit der Nutzer nicht hängen bleibt. Unter leicht hervorstehenden Trittstufen können **LED-Lichtbänder** angebracht werden, um die Treppe optimal zu beleuchten. Das Licht darf aber nicht direkt in die Augen leuchten. Ein anderes gutes Konzept ist der **beleuchtete Handlauf** mit integrierten Lichtbändern. Hier ist auf **Qualität der LED-Bänder** zu achten, da solche Systeme nur schwer zu warten sind. Wenn Lichtbänder teilweise ausfallen, muss meistens alles ausgetauscht werden, da man die exakte Lichtfarbe und Helligkeit des gealterten Lichtbandes nicht mehr im Handel bekommt.

Eine Allgemeinbeleuchtung mit **Pendelleuchten im Luftraum** bei offenen Treppenhäusern, die in verschiedenen Höhen von der Decke abgependelt sind, ist eine weitere Art der Treppenbeleuchtung. Anwendungsbeispiele zu den Konzepten zeigen die folgenden Bilder.

Quelle: Kreon GmbH, Foto: Arne Jennard

Quelle: Licht Kunst Licht AG

Quelle: Regent Lighting

Quelle: Regent Lighting

Quelle: ERCO GmbH, https://www.erco.com, Foto: Frieder Blickle

Quelle: LEDVANCE

## 10.6.3 Planungsbeispiel WC

### Grundlagen

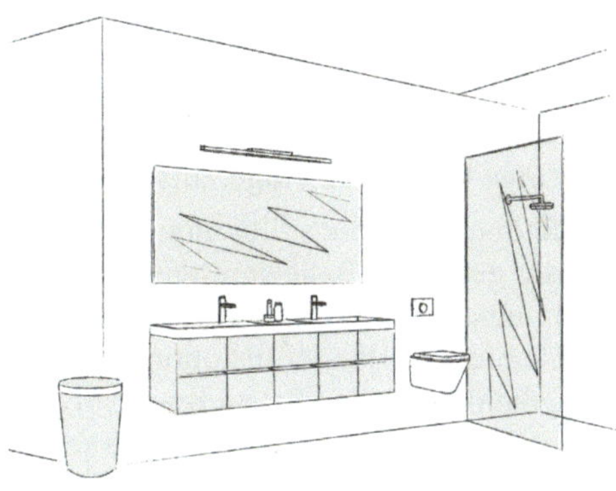

Üblicherweise hat man bei Standardtoiletten ein **raumbezogenes Beleuchtungskonzept** mit einer zentralen Leuchte, die in beide Kabinen leuchtet. Beim Betreten des Raumes muss die Person dann immer im **Erfassungsbereich eines Sensors** sein – auch wenn der Nutzer eine „längere Sitzung" hat. Eine effiziente, langlebige und für **hohe Schalthäufigkeiten** ausgelegte Beleuchtungslösung sollte angestrebt werden. Die Beleuchtung am Waschbecken und Spiegel sollte so erfolgen, dass Licht ins Gesicht fällt, ohne zu blenden. Es sollten keine dunklen Augenringe durch tiefstrahlende Downlights entstehen. Eine **natürliche Farbwiedergabe des Gesichtes** sollte sich ergeben. Hier ist eine höhere $R_9$ (Rotwiedergabe) von > 40 und $R_a$ > 85 erstrebenswert, dann kann man sich auch ordentlich schminken.

### Normativ-lichttechnische Bedingungen

200 lx und eine Gleichmäßigkeit von $g_1$ = **0,4** (kleinster Wert > 80 lx)

Blendung: UGR = 25

### Planungsgrundlagen

Am Beispiel eines 6 m x 6 m großen Raumes mit Waschmöglichkeit und einem Toilettenraum werden folgende Planungsergebnisse erzielt (**Bild 10.10**).

| **Toilettenraum** | | |
|---|---|---|
| Raumgeometrie | | 6m x 6m x 2,5m |
| Wartungsfaktor | | 0,8 |
| Reflexionsgrade zur Berechnung | | 0,7 / 0,5 / 0,2 |
| Leuchtenauswahl | 3 Downlight und 1 Spiegelleuchte | |
| **Ergebnis** | **< 1,5 W/m² bei 150 lux** | |

Bild 10.10 Beispielplanungsdaten eines Toilettenbereichs (Grafik: LED Institut)

### Gestalterische Grundlagen

Die Toiletten-Beleuchtung im Hotelzimmer oder privaten Bad stellt gestalterisch zunächst keine große Herausforderung dar. Die Farbwiedergabe der LED und die Ausleuchtung des Gesichts sollten so gut sein, dass **Schminken und Rasieren** sehr komfortabel möglich sind. Das Licht sollte so gerichtet sein, dass **keine Augenringe** unter dem Auge entstehen.

Die Badbeleuchtung sollte immer so gestaltet sein, dass ein **besonderes Ambiente** für die gepflegte Badewannensession mit einem Glas Prosecco möglich ist. Das heißt, eine **warme Lichtfarbe** bis 2 700 K – die kleinste Farbtemperatur, die man problemlos im Handel bekommen kann. Eine **dimmbare** Beleuchtung empfiehlt sich, damit man das Beleuchtungsniveau regulieren kann. Es sollte auch ein gewisses **indirektes Licht** vorhanden sein, um auch **vertikale Beleuchtungsstärken** zu ermöglichen.

Auch den nächtlichen **Gang zur Toilette** sollte man beachten, bei dem Licht nur zur Orientierung dient: Also wie komme ich hin ins Bad und zurück ins Schlafzimmer und das bitte nicht bei 1 000 lx Bürobeleuchtung? Da ein Bad in seiner Größe meistens sehr limitiert ist und die Möblierung immer viele Schubladen und Fächer hat, ist eine Beleuchtung mit guten Sehbedingungen in diesen Bereichen sehr wichtig. In Summe ergeben sich dadurch unterschiedliche Zonen im Bad. **Spiegelbereich**, **Toilette** und das **Waschbecken**, die **Möblierung**, **Badewanne** und **Dusche** sind die bevorzugten Planungsbereiche.

Die folgenden Bilder zeigen Beispiele von Beleuchtungslösungen im WC.

Quelle: Regent Lighting

Quelle: SLV GmbH

Quelle: Kreon GmbH,
Foto: Serge Brison

Quelle: LEDVANCE

Quelle: SLV GmbH

Quelle: Delta Light

## 10.6.4 Planungsbeispiel Office

### Grundlagen

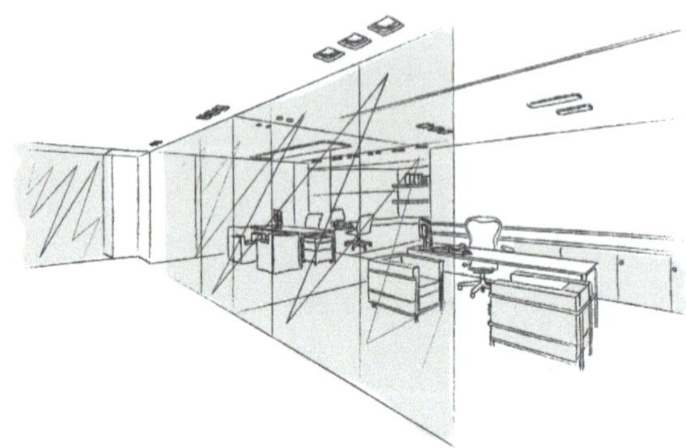

Die Beleuchtung eines Office-Bereichs stellt eine besondere Herausforderung dar. **Tageslicht** ist eine notwendige Bedingung für die Raumbeleuchtung. Hier muss zusätzlich ein gelungener Kompromiss zwischen **Allgemeinbeleuchtung, individueller Arbeitsplatzbeleuchtung** mit Bildschirmnutzung und **blendfreier** und **angenehmer Arbeitsatmosphäre** geschaffen werden. In der Planung unterscheidet man drei Beleuchtungskonzepte (DGUV 215):

- Raumbezogene Beleuchtung
- Arbeitsbereichsbezogene Beleuchtung
- Teilflächenbezogene Beleuchtung

Die Zonen in den Beleuchtungskonzepten werden in **Bereiche der Sehaufgabe**, den **Umgebungsbereich** und den **Hintergrundbereich** unterteilt. Für alle Arbeitsbereiche, dort wo die Sehaufgabe stattfindet, wird eine **Wartungsbeleuchtungsstärke** von mindestens 500 lx gefordert, dies in einer Höhe der Bewertungsfläche von 0,75 m. Büroarbeitsplätze sind heute fast immer **Bildschirmarbeitsplätze**, die im Sinne des Arbeitsschutzes und der Vermeidung von gesundheitlichen Risiken vom Gesetzgeber in Bezug auf Licht speziell definiert sind. Das Arbeiten am Bildschirm und an der Tastatur kann durch **Reflexionen** beeinträchtigt werden. Deshalb ist es notwendig, Leuchten so auszuwählen und anzuordnen, dass sich die **leuchtenden Flächen** nicht im Bildschirm und auf der Tastatur spiegeln. Je schwieriger die Sehaufgabe bei der zu verrichtenden Arbeit ist, umso stärker muss auf die Vermeidung von Direktblendung geachtet werden. Demzufolge wird ein **UGR-Wert unter 19** für diesen Planungsbereich festgelegt. Die Farbwiedergabe ist heute in der LED-Bürobeleuchtung durchgängig über 80. Der Rotwiedergabewert $R_9$ kann aber von Produkt zu Produkt unterschiedlich sein. In der Anwendung hat sich ein $R_9 > 50$ als gut herausgestellt.

Leuchtenreihen parallel zur Fensterfront sind übliche Konzepte im Büro. Einzelleuchten, die an den Arbeitszonen orientiert sind, stellen ein anderes Konzept der Beleuchtung dar. Bei einer raumbezogenen Beleuchtung muss eventuell eine flexible Anordnung der Arbeitsbereiche möglich sein, deshalb werden hier oft Stehleuchten eingesetzt.

### Normativ-lichttechnische Bedingungen

Eine ausreichende Beleuchtung im Office liegt vor, wenn

- am Arbeitsplatz **500 lx** und eine Gleichmäßigkeit von $g_1$ = **0,6** (kleinster Wert > 300 lx)
- im Umgebungsbereich 300 lx und eine Gleichmäßigkeit von $g_1$ = 0,4 (kleinster Wert > 120 lx) Blendung: UGR < 19 geplant wurden.

Der Arbeitsbereich am Schreibtisch ist der Bereich der Tischfläche und 1 m hinter dem Schreibtisch, sodass dieser Bereich mit ca. 160 cm Tischbreite und 180 cm Arbeitstiefe angegeben werden kann. Bei höheren Anforderungen an die Sehaufgabe werden auch Beleuchtungsniveaus von 750 lx und 1000 lx geplant (siehe DIN EN 12464-1).

### Planungsgrundlagen

Am Beispiel eines 70 m² großen Office wird aufgezeigt, wie eine technische Umsetzung beispielhaft aussehen kann, wenn auch eine Dimmbarkeit gewünscht wird.

| **Office** | |
|---|---|
| Raumgeometrie | 10m x 7m x 3m |
| Wartungsfaktor | 0,8 |
| Reflexionsgrade zur Berechnung | 0,7 / 0,5 / 0,2 |
| Leuchtenauswahl | 12 Anbauleuchten mit 28 Watt |
| **Ergebnis** | **< 5 W/m² bei 500 lux** |

Bild 10.11 Beispielplanungsdaten eines Office (Grafik: LED Institut)

### Gestalterische Grundlagen

Neben den normativ orientierten Beleuchtungskonzepten beschäftigt sich Beleuchtung auch mit vielen **psychologischen Effekten** im Zusammenleben der Menschen im Büro. So muss die Beleuchtung auch den teils schnellen, mobilen und kommunikativen Arbeitsprozessen dienen. **Vertikales Licht** in kommunikativen Bereichen ist hier wichtig, da Gesichter, Mimik und Gestik einfacher wahrnehmbar werden. In der Beleuchtungsplanung ist die Auseinandersetzung mit der Firma und ihrem **Status** wichtig, da auch die Identität und das **CI** (Corporate Identity) der Firma berücksichtigt werden müssen. In letzter Konsequenz muss die Beleuchtung eine **Atmosphäre** schaffen, die den Erwartungen und dem Anspruch des Bauherrn sowie der Nutzer entspricht.

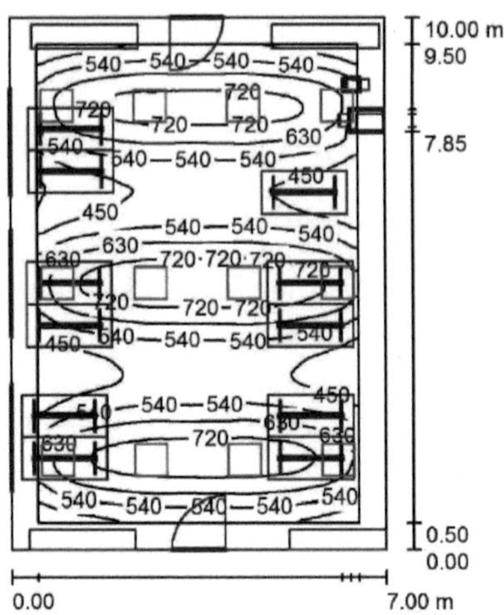


Bild 10.12 Lichtberechnung eines Office (Grafik: LED Institut)

Im Bürokonzept ist die **Privatheit** als ein menschliches Bedürfnis zu beachten. Mit einer Tischleuchte kann man Privatheit durch die Einflussnahme von Licht sehr einfach vermitteln.

Licht dient auch der **Orientierung**, insbesondere den Besuchern des Gebäudes. Mit Licht und Leuchten kann der **Raum strukturiert** und **gegliedert werden** und nicht nur gleichmäßig und hell erscheinen.

Da Eigentümer und Betreiber nicht immer identisch sind, sind die **Attraktivität** und die **Vermarktungsfähigkeit** einer Immobilienfläche zu berücksichtigen. Hier sind auch die **Wirtschaftlichkeit** und die Energieeinsparung mit der LED-Beleuchtung zu nennen. Die **smarten Beleuchtungssysteme** helfen zum Beispiel, die Auslastung der Räume sowie die Raum- und Personenkontrolle zu unterstützen. Die Verbrauchsoptimierung und die Bedienung von **Personalpräferenzen** sind weitere Vorteile dieser neuen Konzepte der Beleuchtung, das heißt, in der Bürowelt individuell definierbare Raumprogramme einerseits und automatisierte Lichtszenen andererseits zur Verfügung zu stellen.

Quelle: Delta Light

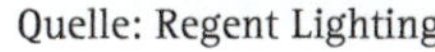

Quelle: Regent Lighting

Quelle: Nimbus Group, Foto: Zita Oberwalder

Quelle: Regent Lighting

Quelle: Delta Light

Quelle: Artemide

### 10.6.5 Planungsbeispiel Besprechungsraum

Grundlagen

Räume für die **Besprechung, Präsentation** und mit teils **repräsentativem Charakter** zählen normativ zu den Unterrichtsräumen. Diese Räume sollten eine **Grundbeleuchtung** für die allgemeine Nutzung haben. Es müssen die Tätigkeiten Lesen, Schreiben und Kommunikation bei der Planung berücksichtigt werden. Aber auch für einfaches Catering muss der Raum heutzutage funktionieren und dafür eine gute Farbwiedergabe aufweisen. Die Beleuchtung sollte in puncto **Multimediaanwendung** so komfortabel sein, dass der Raum nicht zu dunkel für die Teilnehmer oder zu hell für den Projektor ist. Je nach Nutzungssituation sollte das Licht **adaptiv, dimmbar** und einfach in der **Schaltbarkeit** auch für Personen, die den Raum das erste Mal nutzen, sein.

Normativ-lichttechnische Bedingungen

Eine ausreichende Beleuchtung in Besprechungsräumen liegt vor bei **500 lx** und einer Gleichmäßigkeit von $g_1$ **= 0,6** (kleinster Wert > 300 lx), Blendung: **UGR < 19**, mit der Möglichkeit der visuellen Kommunikation und vertikalen Beleuchtungsstärken von ca. 175 lx.

Planungsgrundlagen

| **Besprechungsraum** | | |
|---|---|---|
| Raumgeometrie | | 6m x 3m x 2,4m |
| Wartungsfaktor | | 0,8 |
| Reflexionsgrade zur Berechnung | | 0,7 / 0,5 / 0,2 |
| Leuchtenauswahl | 4 Büroleuchten mit 22 Watt | |
| **Ergebnis** | **< 5 W/m² bei 500 lux** | |

Bild 10.13 Beispielplanungsdaten eines Besprechungsraums (Grafik: LED Institut)

Quelle: Nimbus Group, Foto: AKIM photography, Achim Hehn

Quelle: SLV GmbH

Quelle: SLV GmbH

Quelle: SLV GmbH

Quelle: Trilux

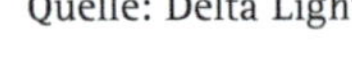
Quelle: Delta Light

Quelle: SLV GmbH

Quelle: Regent Lighting

## 10.6.6 Planungsbeispiel Wohnung

### Grundlagen

Licht ist die vierte Dimension der Architektur und schafft **Wohlbefinden, Gemütlichkeit, Entspannung** oder fördert die **Leistungsbereitschaft**. In der Lichtplanung muss der Planer in enger Partnerschaft mit dem Architekten und Bauherrn entscheiden, welche Funktionen der Raum in Bezug auf Licht hat. Er muss Steckdosen und Lichtauslässe für die **Allgemeinbeleuchtung** (meist eine zentrale Decken- oder Pendelleuchte), die **Akzentbeleuchtung**, zum Beispiel mit Spots und Strahlern, **Ambiente-Beleuchtung**, aber auch **Arbeitsplatzbeleuchtung** mit Tisch- oder Stehleuchte festlegen. Wandleuchten und die Leuchten im **Außenbereich** (Terrasse, Balkon) gehören ebenfalls dazu. In der **DIN 18015** – Elektrische Anlagen in Wohngebäuden sowie in den Ausstattungswerten der Fachgemeinschaft für effiziente Energieanwendung (HEA) – ist die Anzahl der Beleuchtungsauslässe für alle Räume des Wohngebäudes festgelegt. Die Baubeteiligten müssen nicht zuletzt auch die **Leuchten** auswählen, welche häufig eine dominante Rolle in der Innenarchitektur einnehmen, und die **Lichtwirkung** bewerten. Das Design der Leuchten und des Lichts bestimmen letztendlich auch die Qualität des Ambientes.

Durch die **LED und das Smart Lighting** sind neue Freiheiten in Sachen Atmosphäre und Steuerbarkeit dazugekommen. Die Dimension der LED ist sehr klein, und die Möglichkeiten des Einsatzes von Licht sind sehr groß geworden.

### Planungsgrundlagen

Grundlage jeder Lichtplanung ist die **Analyse des Bauprojekts**, der **Raumnutzung** und der Wirkung der **Innenarchitektur**. Aber auch spezielle Bedingungen und Besonderheiten sollten berücksichtigt werden. Jeder Bauherr hat eine eigene Meinung von gutem **Wohn- und Arbeitsstil**, die er im Laufe seines Lebens gesammelt hat. Aber auch der **kulturelle Hintergrund** des Bauherrn spielt bei der Auswahl des Lichtes und der Leuchten eine große Rolle.

Die einzelnen Beleuchtungsaufgaben bekommen in der Planung eine Zuordnung zu den entsprechenden Raumbereichen und Zeiträumen, wann sie genutzt werden. Daraus wird ein ganzheitliches Lichtkonzept erarbeitet. Es werden die **geeigneten Lichtverhältnisse** an einem bestimmten Ort und zu einer bestimmten Zeit definiert.

Quelle: ERCO GmbH, https://www.erco.com, Foto: Lukas Palik

Quelle: SLV GmbH

Quelle: Fischer & Honsel GmbH

Quelle: SLV GmbH

Quelle: SLV GmbH

Quelle: SLV GmbH

Quelle: Artemide

Quelle: SLV GmbH

Quelle: SLV GmbH

Quelle: SLV GmbH

Quelle: SLV GmbH

Foto: Frank Ockert für Nimbus Group

Quelle: SLV GmbH

Quelle: Fischer & Honsel GmbH

Quelle: Fischer & Honsel GmbH

Quelle: Delta Light

Quelle: Delta Light

Foto: Frank Ockert
für Nimbus Group

Quelle: SLV GmbH

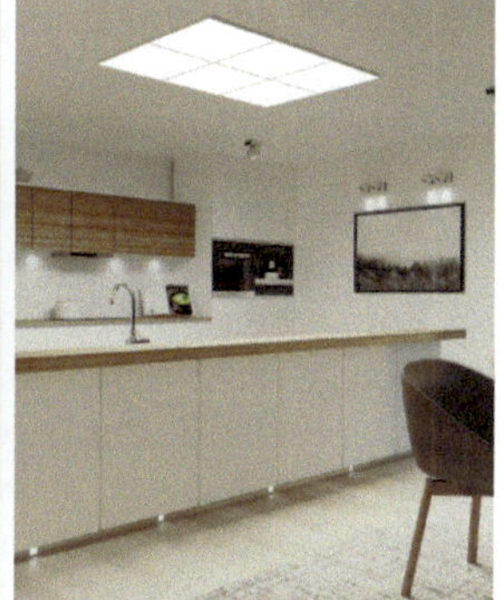

Quelle: SLV GmbH

Quelle: SLV GmbH

Quelle: SLV GmbH

Quelle: SLV GmbH

### 10.6.7 Planungsbeispiel Industriehalle

**Einführende Grundlagen**

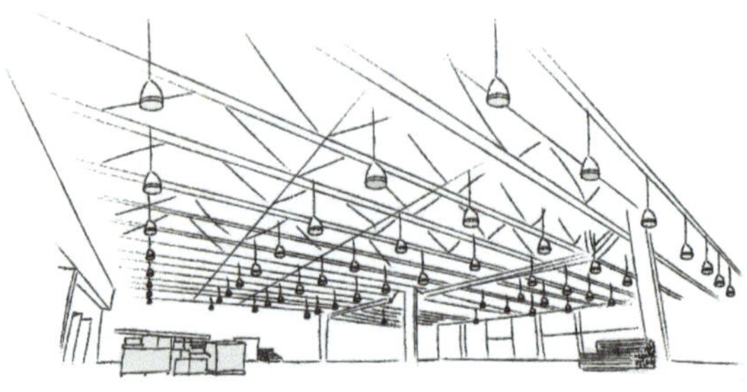

Grundsätzlich ist in der Industriehalle eine gleichmäßige homogene **Allgemeinbeleuchtung** sicherzustellen. Bei höheren Beleuchtungsniveaus steigt, durch viele wissenschaftliche Untersuchungen belegt, die Leistung der Mitarbeiter. Arbeitsunfälle und Fehlerquoten nehmen ab und die Beschäftigten fühlen sich weniger müde. Eine **Entblendung** der Leuchten für den sicheren Einsatz z. B. von Gabelstaplern sollte vorhanden sein. Bei Teilflächen mit Arbeiten am Bildschirm werden höhere Anforderungen an die Beleuchtungsqualität und das Beleuchtungsniveau gestellt (Bildschirmarbeitsplatznorm). Das Verhindern von störenden Reflexen durch die Leuchten am Bildschirmarbeitsplatz ist Pflicht. Durch die hohe tägliche Betriebszeit sind vor allem **langlebige** und **effiziente** LED-Lösungen einzusetzen.

Bei Lagerhallen sind zwischen den Regalen hohe **vertikale Beleuchtungsstärken** mit guter Gleichmäßigkeit nötig. Hier sind beispielsweise doppelt asymmetrisch tiefstrahlende Leuchten notwendig.

**Normativ-lichttechnische Bedingungen**

Eine ausreichende Beleuchtung von Industriehallen liegt bei mindestens 200 lx, einer Gleichmäßigkeit von 0,6 und UGR < 25 vor. In der DIN EN 12464-1 sind fast alle Tätigkeiten in Kombination mit den Raumarten und den lichttechnischen Anforderungen aufgelistet.

In speziellen Arbeitsbereichen werden, wie **Bild 10.14** zeigt, höhere Anforderungen an die Beleuchtung gestellt.

| Tätigkeit | Normative Vorgaben | | |
|---|---|---|---|
| | Wartungswert der Beleuchtungsstärke | UGR | Gleichmäßigkeit |
| grobe Montage | 300 lux | 25 | 0,6 |
| feine Montage | 750 lux | 19 | 0,6 |
| sehr feine Montage | 1000 lux | 16 | 0,7 |

**Bild 10.14** Normative Vorgaben für spezielle Arbeitsbereiche (Grafik: LED Institut)

## Planungsgrundlagen

Die technische Umsetzung zeigen **Bild 10.15** und **Bild 10.16** am Beispiel einer 1 250 $m^2$ großen Industriehalle.

| Industriehalle | | |
|---|---|---|
| Raumgeometrie | 50m x 25m x 8m | 50m x 25m x 8m |
| Wartungsfaktor | 0,8 | 0,8 |
| Reflexionsgrade zur Berechnung | 0,7 / 0,5 / 0,2 | 0,7 / 0,5 / 0,2 |
| Leuchtenauswahl | 136 Lichtbandleuchten mit 28 Watt | 48 Hallentiefstrahler mit 70 Watt |
| **Ergebnis** | **< 3 W/m² bei 300 lux** | **< 2,8 W/m² bei 300 lux** |

**Bild 10.15** Beispielplanungsdaten einer Industriehalle (Grafik: LED Institut)

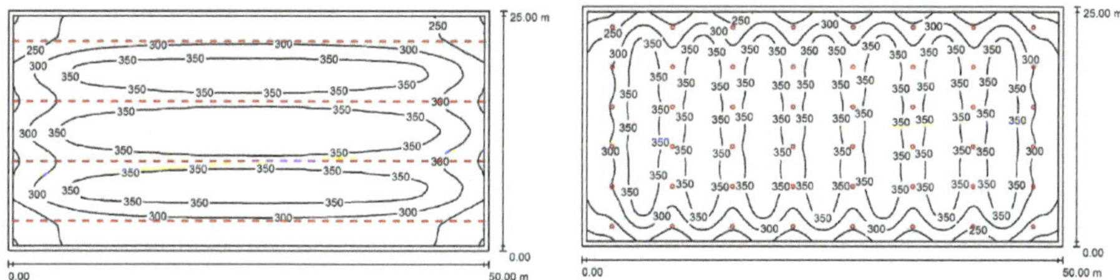


**Bild 10.16** Beleuchtungsstärkeverteilung Industriehalle (Grafik: LED Institut)

## Detaillierte Planungsinhalte

Für Industriehallen sind aufgrund der oft hohen Montagehöhe eine **einfache Wartung** und Montagefreundlichkeit anzustreben. Leicht zu **reinigende Leuchten** sowie Leuchten mit wenig Angriffsfläche bieten Schutz gegen Verschmutzung und tragen somit zu Sauberkeit und Sicherheit der Leuchten bei.

Falls in den Hallen eine Fahrzeugnutzung auftritt, müssen höhere Anforderungen im Planungsbereich erfüllt werden. Wie schon bei den Planungsgrundlagen in Bild 10.14 aufgezeigt, gelten je nach Anwendung geringere Ansprüche bei groben Arbeiten und hohe Ansprüche bei feinen Arbeiten. Die Lichtplanung sollte auch spezielle Lösungen für einzelne Arbeitsbereiche mit höheren Anforderungen bieten.

Durch den Mehrstundenbetrieb werden neben der standardmäßigen **Lebensdauer** von 50 000 Stunden in der Industrie auch bis zu 100 000 Stunden erforderlich, da die Betriebsstunden in Produktionsstätten vom Zweischicht- bis zum Dreischichtbetrieb zwischen 5 000 und 8 000 Stunden pro Jahr liegen. **Ausfälle** der Leuchten können zu hohen Ausfällen in der Produktion führen und somit immense Kosten verursachen. Die besonderen Bedingungen für SchichtarbeiterInnen sollten nicht unerwähnt bleiben, da eine Gesundheitsbelastung und ein Ausfall von Mitarbeitern im Schichtbetrieb gravierend sind und die Tätigkeit eine erhebliche Belastung des Mitarbeiters darstellt.

In der Industriebeleuchtung werden oft **hohe Anforderungen** an die Leuchten gestellt. So muss die LED-Leuchte bei hohem Staubaufkommen mindestens einen IP50-Schutz aufweisen. Die Beleuchtung muss den verschiedensten Umgebungsbedingungen standhalten, von extremen Temperaturen über Nässe, Staub und Erschütterungen bis hin zu diversen Chemikalien und Dämpfen (siehe auch Abschnitt 8.3). Gegebenenfalls müssen Leuchten höherer Schutzart, höherer Schlagfestigkeit, Leuchten mit erhöhtem Brandschutz oder explosionsgeschützte Leuchten eingesetzt werden.

## 10.7 Messen von Beleuchtungsanlagen

### 10.7.1 Messungsdurchführung

Die DIN 5035-6 befasst sich mit der Messung und Bewertung von fertiggestellten Innenbeleuchtungsanlagen. Für die Durchführung von Messungen sollte das **Beleuchtungsstärkemessgerät** mindestens der Klasse B angehören und ein aktuelles Kalibrierzertifikat (maximal 1 Jahr alt) haben. In dieser **Güteklasse** liegt der Gesamtfehler des Messgerätes bei ca. 10 %. Einschließlich der Messungenauigkeit der eigentlichen Messung ist ein Fehler von 15 % nicht unüblich.

Wenn eine Beleuchtungsanlage vermessen werden soll, so muss die LED-Leuchte mindestens 1 Stunde geleuchtet haben, damit der **stationäre Betrieb** gewährleistet ist. Hilfreich ist es, in kurzen Zeitabständen die Beleuchtungsstärke zu messen. Gibt es bei drei Messwerten noch eine Tendenz nach oben oder unten, muss abgewartet werden, bis die Leuchte im richtigen thermischen Arbeitspunkt ist. Gerade LED-Leuchten und Retrofitlampen brauchen Zeit, um **thermisch stabil** zu werden und den Lichtstrom konstant abzugeben. Die **Raumtemperatur** sollte ca. 25 °C betragen, da es einer LED-Leuchte bei kalten Bedingungen besser geht als bei 40 °C Raumtemperatur. Bei höheren Umgebungstemperaturen können der Lichtstrom der Leuchte und die Effizienz im Vergleich zu den Datenblattangaben nach unten abweichen. Falls diese Vorgaben nicht eingehalten werden können, so ist dies zu protokollieren.

Es ist zu beachten, dass kein **Fremdlicht** und **kein Tageslicht** vorhanden sein darf. Das bedeutet, Leuchten die nicht zur Messung gehören, auszuschalten und bei Tageslichteinfall nachts zu messen.

Der **Zustand der Anlage** sollte beschrieben werden, da die Verschmutzung der Anlage (Leuchte und Raum), das Alter und der Dimmzustand zur Beurteilung der Messergebnisse wichtig sind.

Ein Handy mit einer App ist kein Hilfsmittel zur Beleuchtungsstärkemessung, noch nicht einmal zur Orientierung, da hier Abweichungen zwischen den Messungen von −80 % bis +140 % zum Referenzwert vorkommen können. Da bekommt der Satz „Messen kommt von Mist" wieder ein Ausrufezeichen.

### 10.7.2 Messebene und Messraster definieren

Um das genaue **Messraster** für die zu bewertende Fläche zu ermitteln, kann mit einer exakten Formel gearbeitet werden [6]. Zu wenig Messpunkte heißt, dass die Gleichmäßigkeit und die Genauigkeit der Messung nicht ausreichend berücksichtigt werden. Zu viele Messpunkte bedeuten einen zu großen Aufwand

| Messfeldgröße | Rasterabstand zwischen Messpunkten |
|---|---|
| 1 m | 0,2 m |
| 5 m | 0,6 m |
| 10 m | 1 m |
| 50 m | 3 m |
| 100 m | 5 m |

**Bild 10.17** Messfeld (mit Messpunkten) und orientierende Messfeldgrößen (Grafik: LED Institut)

(siehe **Bild 10.17**). Die Messung wird mittig (blauer Stern im Bild) in der quadratischen Teilfläche durchgeführt.

Die **Messhöhe** beträgt 0,75 m bei der Messung auf dem Arbeitstisch und 0,03 m in einer Verkehrszone (Flur, Treppen und Podeste, Parkplätze). Hier wird die Höhe des Messkopfes mitberücksichtigt, da man bei 0 m Messhöhe an jedem Messpunkt den Boden aufmeißeln müsste. Weitere Messhöhen sind in Arbeitsstätten im sitzenden Bereich des Menschen 0,75 m und bei Sportstätten 0,03 m.

## 10.7.3 Protokoll

Ein Protokoll zur Beleuchtungsstärkemessung sollte neben den oben beschriebenen Daten immer so erstellt werden, dass der genaue **Bestand** beschrieben (Leuchten, Raum, Datum, Uhrzeit, Temperatur ...) ist und die Anlage **fotografisch** festgehalten wird (siehe Angaben aus **Bild 10.18**). Der Name der **Messperson** und seine **Unterschrift** bilden den Abschluss eines guten Messprotokolls.

- _ Bestandsaufnahme (Leuchte, Raum, Datum, Uhrzeit, ...) durchführen
- _ Messraster definieren
- _ Kalibrierzertifikat vorhanden und aktuell
- _ Zustand und Verschmutzung der Anlage (Leuchte und Raum) bewerten
- _ Protokoll erstellen
  - Eingebrannte Beleuchtungsanlage (> 1 Stunde)
  - Raumtemperatur ca. 25 °C
  - Stationärer Betrieb (3 Beleuchtungsstärkewerte messen)
- _ Fremdlichteinfluss bewerten
- _ Messung ohne Tageslicht durchführen

**Bild 10.18** Zusammenfassung einer Beleuchtungsstärkemessung (Gerät: LMT Lichtmesstechnik GmbH, Grafik: LED Institut)

## 10.8 Lichtverschmutzung

Lichtverschmutzung [75] bezeichnet die **Aufhellung des Nachthimmels** durch künstliche Lichtquellen, deren Licht in den Luftschichten der Erdatmosphäre gestreut wird (**Bild 10.19**).

**Bild 10.19** Lichtverschmutzung in Europa (Quelle: Reuters/NASA)

### 10.8.1 Entstehung der Lichtverschmutzung

Eine **fehlende Bündelung** des Lichts tritt oft bei Leuchten ohne Reflektoren, Linsen oder Leuchtengehäusebegrenzung auf. Das Licht wird somit nicht auf die Beleuchtungsaufgabe konzentriert, sondern in den Nachthimmel gestreut. Bei der Beleuchtung von Flächen, wie Fassaden und Gebäuden, kann durch die **Reflexion** eine hohe Lichtverschmutzung entstehen, deshalb sollte man Anstrahlungen im Ausmaß und der Dauer eher begrenzen. Aber auch bei korrekter Beleuchtung des beabsichtigten Bereichs entsteht ein Streulicht. Der nach oben abgestrahlte oder reflektierte Teil des Lichts wird dann in Schichten der Atmosphäre durch Partikel weiter gestreut. **Bild 10.20** zeigt die Lichtimmission und den Lichtsmog.

Die größten Verursacher von Lichtverschmutzung sind **Großstädte** und **Industrieanlagen. Straßenbeleuchtung, Gebäudeanstrahlungen, Leuchtreklamen** und **Flutlichtanlagen** tragen den maßgeblichen Anteil dazu bei.

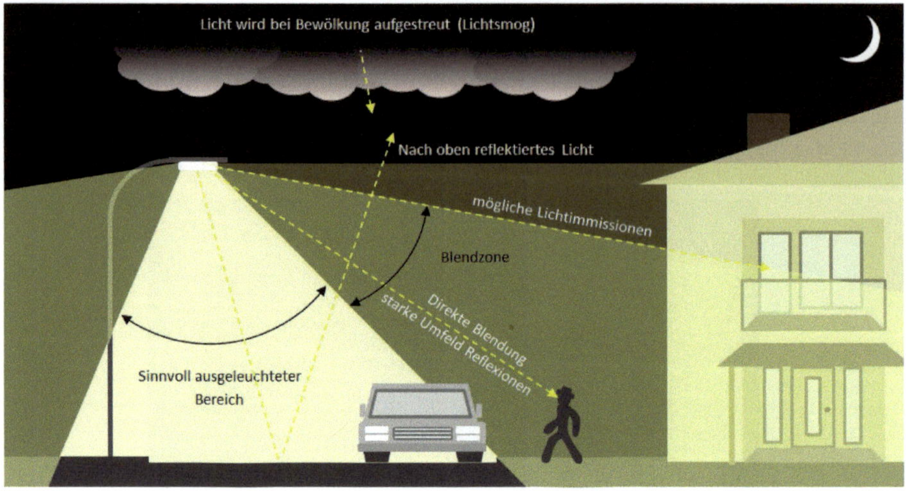


**Bild** 10.20 Lichtimmission von Straßenleuchten (Grafik: LED Institut)

## 10.8.2 Folgen für die Ökologie

Für Insekten hat die Lichtverschmutzung eine gravierende Auswirkung: Sie werden von **nahem UV-Licht** angezogen, verlieren in Folge die Orientierung und sterben. So sterben jede Nacht Milliarden von Insekten.

Insekten haben eine hohe Empfindlichkeit bei Wellenlängen von 350 bis 550 nm. Als Konsequenz für die Planung ist im Außenbereich eine warme Lichtfarbe der LED-Leuchten (**3 000 K**) zu bevorzugen Auch die übrige Tierwelt wird von der Lichtverschmutzung negativ beeinflusst. Beispielsweise beeinträchtigt nächtliches Kunstlicht die **Orientierung von Zugvögeln.**

## 10.8.3 Folgen für die Astronomie

Professionelle Astronomie stellt einen wichtigen Teil der physikalischen Grundlagenforschung dar. Durch die Lichtverschmutzung werden astronomische Beobachtungen stark beeinträchtigt, und je nach Standort sind bestimmte Himmelsbilder nicht mehr zu sehen.

### 10.8.4 Maßnahmen zur Verringerung der Lichtverschmutzung

- Prüfung der Notwendigkeit einer Leuchte
- Auswahl geeigneter Leuchten (Leuchtentyp, Lichtstrom und Lichtfarbe)
- Lichtverteilung für die Anwendung genau anpassen
- zeitlich angepasste Außenbeleuchtung (nach Bedarf angeschaltet)
- Straßenklasse und Frequentierung beachten
- nur gerichtete Beleuchtung und keine Kugelleuchten verwenden

Bild 10.21 Lichtverschmutzung unterschiedlicher Leuchtentypen (Grafik: LED Institut)

### 10.8.5 Vorteile der LED-Leuchte in Bezug auf die Lichtverschmutzung

Zur Verringerung der Lichtverschmutzung bietet die LED einige Vorteile. Das Spektrum der Lichtquelle kann im Voraus bestimmt werden, mittlerweile gibt es für ökologisch sensible Bereiche **spezielle LED-Lichtspektren.** Die LED ist ein Halbraumstrahler, weshalb schon ohne zusätzliche Optiken eine gerichtete Abstrahlung < 180° erreicht wird. Durch den kleinen Aufbau von LEDs lässt sich dann eine gute Bündelung des Lichts mit Optiken verwirklichen.

# 11 Richtlinien, Arbeitsschutz und Normen

## 11.1 Situation

### Richtlinien

Um die Bereitstellung elektrischer Betriebsmittel zur Verwendung innerhalb bestimmter Spannungsgrenzen zu regeln und die in Verkehr gebrachten Produkte sicher für den Verbraucher zu gestalten, hat die Europäische Union Richtlinien herausgegeben. Darüber hinaus werden in den Richtlinien auch **Stoffbestandteile**, **Energieeffizienz** (z. B. Glühlampen-Verbot) und **elektromagnetische Verträglichkeit** der EU geregelt. Diese Richtlinien müssen in nationale Gesetze überführt werden [63] [66] [67] [68] [69] [70] [71] [72] [73] [74] [75] [76] [77], wie folgendes **Bild 11.1** aufzeigt.

| Richtlinien der EU | Nationale Gesetzgebung |
|---|---|
| Produktsicherheitsrichtlinie (2001/95/EG) | Produktsicherheitsgesetz (ProdSG) |
| Niederspannungsrichtlinien (2014/35/EU) | 1. Verordnung zum GPSG |
| EMV-Richtlinie (2014/30/EU) | EMV-Gesetz (EMVG) |
| RoHS-Richtlinie (2011/65/EU) | Elektro- und Elektronikgeräte Stoff-Verordnung |
| Ökodesign-Richtlinie (2009/125/EG) | Gesetz über die umweltgerechte Gestaltung energieverbrauchsrelevanter Produkte |

**Bild 11.1** Allgemeine Richtlinien und deren Umsetzung in nationales Recht (Grafik: LED Institut)

### Arbeitsschutz

Die maßgebenden Grundlagen der Beleuchtung in Betrieben bilden die **arbeitsschutzrechtlichen Bestimmungen** und damit das **Arbeitsschutzgesetz** und die dazugehörende **Arbeitsstättenverordnung** (ASR A3.4). Aus der Gültigkeit des Arbeitsschutzgesetzes folgt die Verpflichtung zur Einhaltung der **Unfallverhütungsvorschriften** (DGUV 215). Die Einhaltung ist zwingend vorgeschrieben.

Weiterhin sind die Anforderungen an die Beleuchtung von Arbeitsstätten in Innenräumen unter Berücksichtigung der Sehleistung und des Sehkomforts (DIN EN 12464) in der Anwendung von Bedeutung.

## Normen für LED-Leuchten bezüglich Sicherheit und Performance

Normen dienen der Sicherheit von Menschen und Sachen und gehören zu den anerkannten Regeln der Beleuchtungstechnik [86]. Die Anwendung der Normen ist freiwillig und rechtlich nicht bindend, jedoch müssen sie, sobald sie in einem Vertrag oder Rechtsakt festgeschrieben sind, verbindlich angewendet werden [132]. Die Normen haben sich als **Stand der Technik** nicht nur in Europa, sondern auch in vielen Teilen der Welt etabliert.

Für die Beleuchtung in der Anwendung gelten folgende Normen, Richtlinien und Regeln [8] [9] [12] [14] [15] [16] [18] [71] [72] [73] [74] [94] [95] [96] [97] [98] [99] [100] (**Bild 11.2**).

| Normen und Richtlinien | Inhalt |
|---|---|
| DIN EN 12665 | Begriffe und allgemeine Anforderungen |
| ASR A3.4 | Künstliche Beleuchtung für Arbeitsplätze und Verkehrswege |
| DGUV 215-442 | DGUV - Beleuchtung im Büro (ehem. BGI 856) |
| DGUV 215-410 | DGUV - Bildschirm- und Büroarbeitsplätze |
| DIN EN 12464-1 | Licht und Beleuchtung - Beleuchtung von Arbeitsstätten |
| DIN EN 12464-X | Licht und Beleuchtung - weitere Anwendernormen (Innen) |
| DIN EN 1838 | Notbeleuchtung |
| DIN EN 13201 | Beleuchtung von Straßen |
| AMEV 2024 | Hinweise für die öffentliche Beleuchtung (Nummer 129) |
| DIN 5035-6 | Messung und Bewertung – künstliches Licht |
| DIN EN 12193 | Sportstättenbeleuchtung |
| DIN EN 15193 | Energetische Bewertung von Gebäuden |

Bild 11.2 Normen, Richtlinien und Regeln in der Anwendung (Grafik: LED Institut)

Der **Leuchtenhersteller** entwickelt, produziert und bringt Leuchten und Lampen in den Verkehr. Dazu muss er die einschlägigen Normen einhalten und eine Konformität mit der CE-Kennzeichnung erklären. Zu den allgemeinen Sicherheitsnormen [28] [30] [31] [32] [35] [37] [38] [39] [41] [42] [44] [45] zählen folgende Normen (**Bild 11.3**).

(Mehr zum Thema der photobiologischen Sicherheit in Abschnitt 9.3)

| Inhalt der Norm | Norm |
|---|---|
| Leuchten | DIN EN 60598 |
| Photobiologische Sicherheit | DIN EN 62471 |
| LED-Module für die Allgemeinbeleuchtung | DIN EN 62031 |
| Sicherheitsanforderung Vorschaltgeräte | DIN EN 61347 |
| Elektromagnetische Verträglichkeit (EMV) | DIN EN 61000 |
| Grenzwerte und Messverfahren für Funkstörungen von elektrischen Beleuchtungseinrichtungen | DIN EN 55015 |
| Einrichtungen für allgemeine Beleuchtungszwecke – EMV-Störfestigkeitsanforderungen | DIN EN 61547 |
| LED-Modulnorm – Arbeitsweise | DIN EN 62717 |
| Arbeitsweise von LED-Leuchten | DIN EN 62722 |
| Schutz gegen elektrischen Schlag – Anforderungen für Anlagen und Betriebsmittel | DIN EN 61140 |
| EMF – Exposition von Personen gegenüber elektromagnetischen Feldern | DIN EN 62493 |

Bild 11.3 Leuchtennormen (Grafik: LED Institut)

Das Produkt darf zudem den **Funkverkehr** [26] [27] nicht stören oder das Versorgungsnetz negativ beeinflussen, deshalb muss die Leuchte auch Normen hinsichtlich elektromagnetischer Verträglichkeit (EMV) [43] [52] [53] [54] [55] [56] [57] [58] [59] [60] [87] erfüllen (**Bild 11.4**).

| EMV (gelistete Normen) | Norm |
|---|---|
| EMV – Grenzwerte Funkstöreigenschaften | CISPR 15/EN 55015 |
| EMV – Störfestigkeitsanforderungen | IEC/EN 61547 |
| EMV – Grenzwerte Oberschwingungsströme | IEC/EN 61000-3-2 |
| EMV – Grenzwerte Spannungsschwankungen u. Flicker | IEC/EN 6100-3-3 |

**Bild 11.4** EMV-Normen (Grafik: LED Institut)

## 11.2 Funkanlagenrichtlinie RED

Da die LED-Leuchten mittlerweile mehr Daten senden oder empfangen, wird die Leuchte zur Funkanlage. Die **Funkanlagen-Richtlinie 2014/53/EU (Radio Equipment Directive – RED)** betrifft die Leuchte, wenn sie mehr als nur Leuchtkörper ist. Bei Verwendung von Leuchtenkomponenten, Betriebsgeräten, LED-Modulen, Sensoren oder Kommunikationskomponenten, die Daten senden und empfangen können (z. B. Bluetooth-, Zigbee-Modul), muss dem Produkt aufgrund dieser Funkanlagenrichtlinie die EU-Konformitätserklärung mit RED-Hinweis beigelegt werden. Ein Positionspapier des ZVEI gibt hier nähere Auskunft.

Für **Sonderlösungen** in diesem Bereich kann auch eine Baumusterprüfbescheinigung sinnvoll sein, da eine Gesamtprüfung sehr aufwendig sein kann. Wenn sich das entsprechende Piktogramm (**Bild 11.5**) auf der Verpackung der Leuchte befindet, bedeutet das nicht, dass die Gebrauchsanleitung besonders sexy ist, sondern dass das Produkt in den aufgeführten Ländern (DE steht hier für Deutschland) Beschränkungen in der Inbetriebnahme oder bezüglich der **Nutzungsgenehmigung** hat (EU-Durchführungsverordnung 2017/1354).

Bei vollständiger Konformitätserklärung des Herstellers ist das Produkt EMV-konform. Im Einsatz und in Bezug auf die Nutzung der Frequenzbänder ist das Produkt dann als in Ordnung einzustufen.

**Bild 11.5** Piktogramm zur Funkanlagenbeschränkung

# 12 Installationstechnik bei LED-Lampen und Leuchten

## 12.1 Elektrische Installation

In der elektrischen Installation von LED-Leuchten treten immer wieder typische Fehler auf, die auch in der konventionellen Technik bekannt sind. So ist das spannungsfreie Arbeiten zwar nicht neu, aber wegen des „hot plugging" auch in der LED-Technik zu beachten (Abschnitt 8.2.2). Das heißt, wenn die LED-Leuchte mit einem externen Betriebsgerät ausgestattet ist, wie z. B. bei Downlights üblich, darf die Leuchte oder das LED-Modul nicht mit dem Vorschaltgerät unter Spannung verbunden werden, außer der Hersteller gibt das Verfahren frei. Die Leerlaufspannung kann zum Anschlusszeitpunkt kurzzeitig für das LED-Modul bedeutend höher sein als erlaubt. Aufgrund der exponentialförmigen LED-Kennlinie entstehen hier sehr hohe Ströme am LED-Modul, die die LEDs kurz- oder langfristig schädigen.

Der sogenannte **Inrush Current** (Abschnitt 8.2.1) kann mit einer Vorschädigung der LED verbunden sein. Das sehr unterschiedliche Einschaltverhalten der Leuchten und EVGs in der Installation muss geprüft werden. Der Hersteller der Leuchten gibt hier einen Hinweis in der Montageanleitung. Bei Leuchten, die nicht in der Schutzkleinspannung betrieben werden (SELV, AC ≤ 50 V und DC ≤ 120 V), ist das Thema für den Monteur auch sicherheitsrelevant. Die maximale Belastung sowie die Dauerbelastung der **Leitungsschutzschalter** sind bei der elektrischen Installation zu berücksichtigen.

Eine **Reihen- oder Parallelschaltung** von EVGs ist aufgrund der Asymmetrie des Ausgangskreises nicht erlaubt, außer wenn sie ausdrücklich vom Hersteller freigegeben wurde (**Bild 12.1**).

Überhaupt sollten alle Komponenten im richtigen **Spannungsbereich** eingesetzt werden. Beim Konstantspannungsbetrieb von LED-Streifen mit 24 V zum Beispiel kommt es immer wieder vor, dass Leuchten für den Betrieb an 230 V angeschlossen werden oder Sekundär- mit Primärkreis des Vorschaltgerätes vertauscht wird.

Die Summe der Leistungen der LED-Leuchten muss immer kleiner sein als die Leistung des Vorschaltgerätes, um damit den **Überlastbetrieb** zu vermeiden. Auf die Angaben des Vorschaltgerätes ist hier zu achten.

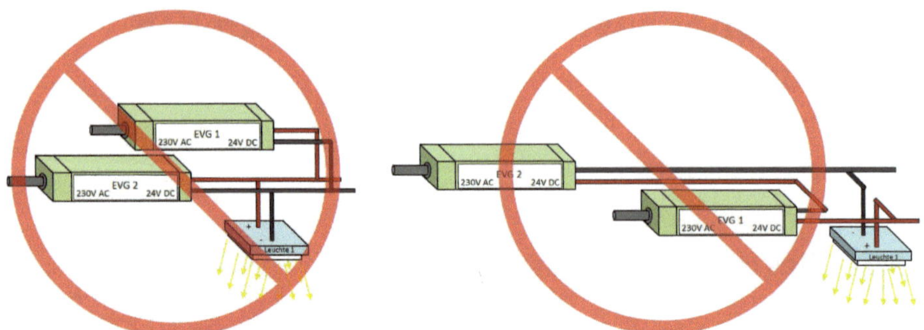


**Bild 12.1** Falsche Verschaltung von Vorschaltgeräten (Grafik: LED Institut)

Beim Einsatz von LED-Streifen ist ferner eine gewissenhafte Planung der **Stromeinkopplung** vorzunehmen. Zum Beispiel muss alle 5 m Streifenlänge eine neue Einspeisung in den LED-Streifen gelegt werden, da sonst die Leiterbahnen im Einkoppelbereich auf dem LED-Modul eine zu hohe Strombelastung bekommen. Es sind aber auch schon Lösungen auf dem Markt mit größeren Abständen der Stromeinkopplung. Der Spannungsfall über die Leitungslängen ist zwar überwiegend kleiner als bei Halogendrahtseilsystemen, kann bei großer Leistung aber auch bedeutend sein und muss bei der Planung berücksichtigt werden. Auch hier sind die Herstellerangaben zu beachten.

Aufgrund der teils niedrigen Leistungsfaktoren (< 25 W) im unteren Leistungsbereich der LED-Komponenten sollte auf eine ausreichende **Kompensation** [107] geachtet werden. Bei hoher Anzahl an LED-Komponenten im Strang kann die Blindleistung der LED-Leuchten sehr hoch ausfallen, dies kann dann vom Energieversorger dem Kunden in Rechnung gestellt werden.

Die **Schalthäufigkeit** für die LED ist eher als unkritisch zu bewerten, da LEDs auch beim Dimmen mit PWM mit hohen Frequenzen und damit sehr häufigen Ein-/Ausschaltvorgängen betrieben werden und dies keinen Einfluss auf die Lebensdauer hat. Aber auf die Lebensdauer der Vorschaltgeräte kann das häufige Schalten zum Beispiel bei der Treppenhausbeleuchtung negativen Einfluss haben.

Bei der Verschaltung von mehreren Leuchten miteinander müssen diese Leuchten herstellerseitig auch für eine **Durchgangsverdrahtung** vorgesehen sein. Das Gehäuse sollte dazu über zwei Einführungen verfügen, und die Abzweigklemmen, also die Verbindungsklemmen, müssen an der Leuchte befestigt sein. Die Klemmen müssen so ausgeführt sein, dass ein direktes Berühren aktiver Teile nicht möglich ist. Auch die entfernteste Leuchte muss die Mindestspannung von 207 V erreichen und der Spannungsfall von unter 4 % gewährleistet sein.

Leuchten sollten nur mit dem dafür bestimmten Vorschaltgerät betrieben werden, da Strom und Spannung bei vielen LED-Modulen für einen zuverlässigen Betrieb exakt definiert sind.

Zum Abschluss sei noch erwähnt, dass nach wie vor die Standardsicherheitsregeln beim Umgang mit elektrischen Geräten zu beachten sind.

## 12.2 Leuchtenmontage

### 12.2.1 Montageanleitung

In der Montageanleitung sind alle Informationen zur sachgemäßen Montage, zur Anschlusssituation, zum Betrieb des Produktes und zu möglichen Wartungsarbeiten enthalten. Diese muss der Lieferung beiliegen. Aber auch spezielle Sicherheitshinweise und Angaben zur Entsorgung müssen enthalten sein.

### 12.2.2 Probleme bei der Leuchtenmontage

#### Thermische Anforderungen

Durch die LED-Technik nehmen die thermischen Anforderungen der Leuchte einen neuen Stellenwert ein, da die Lebensdauer und die Performance des Produktes in direktem Zusammenhang zum thermischen Pfad der Leuchte stehen.

Wenn LED-Module zu **heiß** werden und das Umfeld nicht anzufassen ist, stimmt meistens etwas nicht mit dem Produkt oder die Installation ist nicht fehlerfrei. Es ist auf ausreichende **Konvektion** (Luftzirkulation) an der Leuchte laut Herstellerangaben zu achten. Wenn eine Ab- und Zuluft nicht gewährleistet ist, kann sich die Ausfallrate der Vorschaltgeräte und LED-Module erhöhen.

Einen wichtigen und für die Lebensdauer relevanten Aspekt stellt der komplette thermische Pfad dar. Dieser wird definiert von der LED über die Platine zum Gehäuse und an die Umgebung. Bei Leuchten ist der vom Hersteller angegebene **Konvektionsraum** zu beachten und einzuhalten. Die **Einbautiefe** aufgrund der Wärmeableitung ist zu berücksichtigen. Fehlt der notwendige Bauraum, können an der Leuchte irreparable Schäden entstehen, und die verbauten LEDs/LED-Module altern schneller oder fallen aufgrund von Überhitzung sogar komplett aus. Dies gilt insbesondere bei sämtlichen Einbauleuchten. Einige LED-Leuchten dürfen deshalb nicht mit einer Wärmedämmung abgedeckt werden. In der Montageanleitung findet man dann das entsprechende Bildzeichen (**Bild 12.2**).

**Bild 12.2** Bildzeichen – Leuchte nicht mit Wärmedämmung abdecken

Ferner muss zwischen Betriebsgerät und LED-Modul ein Abstand gemäß Montageanleitung eingehalten werden, der einerseits durch die Wärmeabgabe des LED-Moduls und andererseits durch den maximalen Abstand zwischen EVG und LED-Modul definiert ist.

Einige Leuchten sind aufgrund dieser Thematik mit einem **Temperaturmanagement** (siehe **Bild 12.3**) ausgeführt, sodass im Falle einer Überschreitung der maximalen Betriebstemperatur das Vorschaltgerät selbstständig den Strom der LED herunterregelt, also der thermischen Situation anpasst.

**Bild 12.3** Unterwasserleuchte mit Temperaturabschaltung (Foto: Wibre [links], LED Institut [rechts])

Auch bei Verwendung von LED-Streifen zum Beispiel in Möbeleinbauten muss der thermische Pfad bei der Installation unbedingt berücksichtigt werden. Oftmals erfolgt die Montage mittels doppelseitigem Klebeband. Hierbei wird allerdings nicht berücksichtigt, dass sich der Kleber aufgrund der Wärme durch die LEDs über die Zeit lösen kann und sich folglich der LED-Streifen komplett von dem eigentlichen Grundkörper löst und keine Wärmeableitung mehr gewährleistet ist. Deshalb ist ein vollflächiges Anbringen an einem geeigneten Untergrund zwingend notwendig.

Wenn möglich sollte vor der eigentlichen Installation der Leuchte, insbesondere bei LED-Streifen, aufgrund der baulich bedingten, sehr dicht folgenden hohen Anzahl an LEDs auf einzelne Farbunterschiede (Binning) der LEDs geachtet werden, und diese sollten geprüft werden. Denn sind die Leuchten/LED-Streifen erst einmal verbaut und sieht man danach erst deutlich die einzelnen Farbunterschiede, müssen mit erneutem Aufwand eine Demontage und Neumontage erfolgen. Die Ursachen für solche Farbunterschiede der LEDs können auf unterschiedlich verbaute Produktionschargen oder Binnings von LEDs seitens der Hersteller zurückzuführen sein. Deshalb wird dem Käufer auch empfohlen, aus einer Charge zu beziehen.

Bei LED-Streifen bietet es sich an, den Streifen seitlich ausgerichtet auf eine Wand strahlend auf Farbunterschiede zu bewerten. Alternativ hilft eine Streuscheibe, die zur Bewertung des Binnings über die LED gehalten wird (**Bild 12.4**). Mit dieser Technik können zusätzlich vor der Montage die LEDs auf unterschiedliche **Helligkeitsabstufungen** innerhalb eines Lichtstreifens geprüft werden.

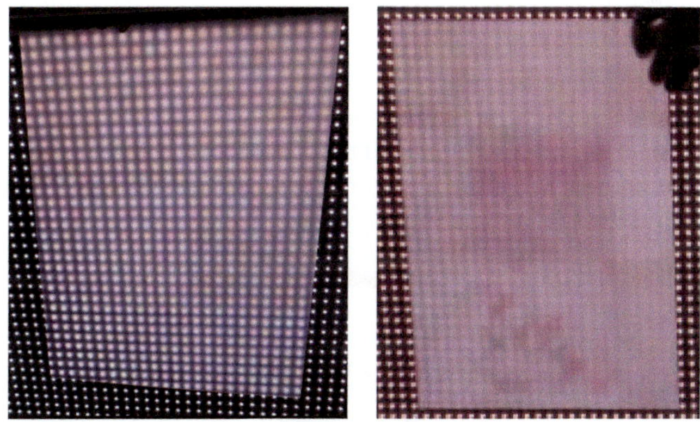

**Bild 12.4** Streuscheibe zur Binningbeurteilung an LED-Raster, rechts Binningfehler (Quelle: LED Institut)

Bei der Untersuchung der LEDs auf Farb- und Helligkeitsunterschiede sollte nicht direkt in die LED geschaut werden. Hier empfiehlt es sich, immer eine Laserschutzbrille zu tragen, um den Schutz der Augen vor Schädigung zu gewährleisten.

Um **Frühausfälle** von LEDs/LED-Modulen zu detektieren, sollte mittels Laserschutzbrille kontrolliert werden, ob alle LED-Chips noch leuchten (**Bild 12.5**). Fallen einzelne LEDs oder komplette Cluster aus, können hierdurch weitere LEDs/ LED-Module, aufgrund der resultierenden höheren „Bestromung“, beschädigt werden und schließlich zu einem erheblichen Lichtstromrückgang oder zum Totalausfall führen.

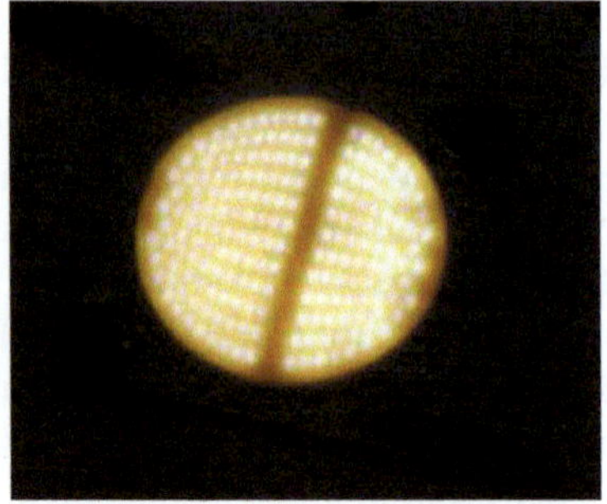

**Bild 12.5** COB-Modul ohne (links) und mit Chipausfällen (rechts) (Quelle: LED Institut)

Des Weiteren ist bei der Montage zu beachten, dass bei der Handhabung der LED-Module nicht direkt auf das Modul gefasst wird. Durch **elektrostatische Entladungen** in Form von sehr hohen Spannungsspitzen können einzelne LEDs zerstört werden. Auch eine mechanische Belastung der Komponenten unter dem Leuchtstoff kann eintreten.

Sollte sich das LED-Modul bei der Montage oder Demontage verklemmen, dürfen keine **spitzen Gegenstände** als Hilfsmittel eingesetzt werden. Auch sonstige mechanische Beanspruchungen sind dem LED-Modul gegenüber zu vermeiden. Platinen bestückt mit LEDs sind gegen direkte mechanische Beanspruchung empfindlich (**Bild 12.6**).

**Bild 12.6** Berühren des LED-Moduls verboten (Grafik: LED Institut)

Auf die Positionierung der Optiken ist zu achten, da schon geringe Abweichungen der LED zur **Optik** große Änderungen in der Lichtverteilung ausmachen können. Dies ist vor allem beim Einsatz von Linsen der Fall.

Staub- und **Schmutzablagerung** auf dem Kühlkörper führen in der Regel zur Beeinträchtigung der Kühlwirkung. Darauf sollte im laufenden Betrieb geachtet und eine Reinigung vorgenommen werden.

Das Flackern und überdurchschnittliche Brummen der Leuchte ist ebenfalls ein häufig wahrzunehmender Fehlerfall, insbesondere bei dimmbaren LED-Komponenten. Hier kann frühzeitiges Bewerten vor späteren Reklamationen schützen. Die Bewertung dieser Phänomene ist jedoch sehr subjektiv.

**Nachleuchten** einzelner LEDs nach dem Ausschalten der Beleuchtungsanlage kann als unkritisch betrachtet werden, da LED-Leuchten aufgrund des kapazitiven Ausgangs am Vorschaltgerät noch einen Reststrom bekommen können. Auch ein permanent auftretendes „Glimmen" der LED kann selten beobachtet werden, das auf eine ähnliche Ursache zurückzuführen ist.

## 12.3 Wartung und Austausch von LED-Modulen

### 12.3.1 Lampen- und Modulwechsel

Prinzipiell sind LED-Module nicht so einfach austauschbar wie es bisher bei konventionellen Lampen der Fall war, es sei denn, die Leuchte wurde dafür extra konzipiert. Die Nutzungsdauer der Leuchte ist nahezu gleichzusetzen mit der des LED-Moduls. Nur sehr wenige Hersteller bieten Austauschmodule für ihre LED-Leuchten an, da die Produktentwicklungszyklen sehr kurz sind. Ausnahmen sind die Retrofitlampen, die wie bisher einfach gewechselt werden können. Sie stellen nach wie vor eine gute und schnelle Lösung im Hinblick auf die Austauschbarkeit dar.

Es stellt sich die Frage, inwiefern eine Leuchte mit einer Betriebsdauer von 50 000 Stunden und mehr überhaupt austauschbare Module enthalten muss.

In Situationen des Dauerbetriebs (24/7) muss dies sicherlich berücksichtigt werden, da das Jahr 8 760 Stunden hat und nicht alle 6 Jahre neue Leuchten gekauft werden sollen. Aber bei 50 000 Stunden Lebensdauer der Leuchte ergibt sich im Office-Bereich mit 2 000 Betriebsstunden im Jahr eine Einsatzdauer von mehr als 25 Jahren. Im Zuge von allgemeinen Renovierungsmaßnahmen wird dann meist auch bei konventioneller Technik die komplette Leuchte ersetzt. Nachhaltig ist das natürlich nicht.

Eine Analogie ist hier zu den Mobiltelefonen zu sehen. Seit dem Einzug der Smartphones und einer stetigen Weiterentwicklung der Akkus ist ein einfacher und günstiger Akkutausch kaum mehr Bestandteil der Kaufargumentation beim Kunden. Ein Akkuwechsel wird heute seitens der Hersteller kaum mehr im Produkt implementiert. Der Verbraucher muss sich also langfristig daran gewöhnen, dass der Austausch von LED-Modulen bei Leuchten nicht mehr notwendig ist.

Zwar gibt es in der Lichtbranche Bestrebungen, z. B. durch das Zhaga Konsortium, allgemein gültige, standardisierte LED-Module einzuführen. Wirklich durchgesetzt hat sich diese seit über 13 Jahren bestehende Bestrebung bis dato allerdings nicht. Die LED-Technik ist noch sehr dynamisch, und die technische und gestalterische Freiheit mit dieser Lichtquelle möchte sich die Branche nicht nehmen lassen.

Ziel beim Einsatz von LED-Produkten sollte vielmehr eine geprüfte Qualität sein, damit es zu keinen signifikanten Ausfällen während der Lebensdauer kommt. Auch hier sei der Hinweis auf namhafte Hersteller von LEDs und Vorschaltgeräten gegeben. In professionellen Anwendungen werden Leuchten mit Lebensdauern von bis zu 100 000 Stunden angeboten (siehe Kapitel 8).

### 12.3.2 Austausch von LED-Modulen

Vereinzelt gibt es Hersteller, die wie schon erwähnt Austausch-Module für ihre Produkte anbieten. Bei manchen Anwendungen ist dies auch sinnvoll, beispielsweise bei Straßenleuchten, also da, wo die Gebrauchsdauer und die Standzeiten der Leuchten hoch sind. Ob die Verfügbarkeit der Austausch-Module auch nach vielen Jahren noch gewährleistet ist und zu welchem Preis, ist fraglich. Haben Sie schon einmal nach einem Ersatzakku für ein Siemens-S4-Handy gefragt?

Werden einzelne Module getauscht, muss zusätzlich noch auf eine ESD-gerechte Installation geachtet werden. Hierzu sollte man vor dem Berühren des LED-Moduls das Erdpotential berühren, um somit eine mögliche Potentialdifferenz auszugleichen. Das direkte Berühren der LEDs sollte unbedingt vermieden werden. Die Module sind stets an den Seitenrändern zu halten. Des Weiteren kommt hinzu, dass diese Module fast immer nur durch Fachpersonal ausgetauscht werden können und dies nur mit erhöhtem zeitlichen sowie finanziellen Aufwand.

Ein weiterer wichtiger Aspekt ist der thermische Pfad. Dieser muss nach dem Modulwechsel einwandfrei wiederhergestellt werden, beispielsweise bei Verwendung von Modulen mit Wärmeleitpaste. Wird diese nicht fachgerecht und vollflächig aufgetragen, kann die Lebensdauer des Austauschmoduls drastisch reduziert werden. Hierzu sollten die Herstellerinformationen dringend beachtet werden.

Wenn es zu einem vorzeitigen Austausch des Moduls kommt, ist das meistens sehr teuer bis unmöglich. Leuchten für den **Privatgebrauch** werden in der Praxis durch einen entsprechenden Hinweis, dass LED-Leuchtmittel fest verbaut und nicht austauschbar sind, gekennzeichnet [121]. Im Folgenden werden die möglichen Austauschszenarien im Markt beschrieben. Darüber sollten sich der Planer und Installateur in Bezug auf das eingesetzte Produkt informieren.

- **Austausch durch den Endnutzer**: Der Endnutzer ersetzt die eingesetzte Lampe, ggf. durch eine Retrofit-LED-Lampe, ohne Werkzeug und ohne jegliche elektrische Änderung der Leuchte direkt vor Ort.

- **Austausch durch eine Fachkraft** (am Einsatzort): Die Arbeiten sind einer Fachkraft vorbehalten, um
  - die Sicherheit der beteiligten Personen und Sachwerte zu wahren (Schutz gegen elektrischen Schlag),
  - die Module vor unsachgemäßer Behandlung und Beschädigung zu schützen (zum Beispiel ESD),
  - die **mechanische und thermische Verbindung** zwischen Leuchte und Modul wiederherzustellen.
- **Austausch durch den Hersteller** (im Werk): Wenn es der Hersteller anbietet, kann ein Austausch der LED-Module im Werk erfolgen.
- **Kein Austausch**: Die LED-Module sind in Leuchten fest verbaut, es ist kein Austausch vorgesehen oder mechanisch nicht möglich.

## 12.4 Entsorgung

LED-Lampen und Leuchten tragen prinzipiell zur Nachhaltigkeit bei. Zum einen sind sie energiesparend, zum anderen halten die Produkte sehr lange und müssen nicht schnell durch neue Produkte ersetzt werden. Die elektronischen Bauteile und Wertstoffe müssen separat wiederverwertet werden.

Die Lebensdauer der elektrischen Geräte ist sehr lang und damit die Rückläufe an LED-Beleuchtungskörpern gegenwärtig noch sehr gering (ca. 1 %). Deshalb stehen noch keine industriellen Prozesse zum Recycling zur Verfügung. LED-Lampen und Leuchten beinhalten mit der LED neue Materialkomponenten, die auch sehr werthaltig sein können. Die LEDs enthalten in geringen Mengen Seltene Erden (u. a. Indium, Gallium, Lutetium) und wertvolle Materialien wie Gold (Bonddraht) und Silber (Leadframe). Die LED-Retrofitlampen werden momentan in der Entsorgung wie Energiesparlampen behandelt und dürfen nicht über den Restmüll (Haushaltsmüll) entsorgt werden.

Für die Marktteilnehmer der Beleuchtungsbranche sind die fachgerechte Entsorgung und die Finanzierung nach dem Elektro- und Elektronikgesetz (ElektroG) Pflicht. Dieses Gesetz regelt hierzulande allgemein die Entsorgung von Elektroaltgeräten. Das Gesetz schreibt unter anderem vor, wie Leuchten und Lampen richtig und möglichst umweltverträglich nach ihrer Lebensdauer entsorgt werden müssen. Davon betroffen sind Hersteller, Importeure, Vertreiber sowie entsorgungspflichtige Besitzer. Hierbei werden die Elektrogeräte in verschiedene Produktgruppen (hier Beleuchtungskörper) aufgeteilt.

Ist die LED fest in das Gerät eingebaut und ist der Hauptzweck die Lichterzeugung, so handelt es sich um eine **LED-Leuchte**. Leuchten mit fest verbauten LEDs werden zusammen mit Elektrokleingeräten gesammelt. Am Wertstoffhof ist eine Leuchte < 50 cm ein Elektrokleingerät, bei Leuchten > 50 cm ist es ein Produkt der Sammelgruppe Elektrogroßgerät.

Hat das LED-Produkt einen Sockel für eine Standardfassung (z. B. E27, E14, GU10) und ist werkzeuglos austauschbar, so handelt es sich um eine LED-Lampe (Retrofitlampe). Diese Altlampen in haushaltsüblichen Mengen werden von lokalen Sammelstellen wie Wertstoffhöfen oder Schadstoffmobilen entgegengenommen. Diese sind seit dem 1.8.2013 bei der Stiftung EAR in die Gruppe **Sonstige Lampen** eingeordnet. Aber auch immer mehr Händler und Handwerksbetriebe nehmen die Altlampen und Leuchten von Verbrauchern entgegen und bieten somit solche Kleinmengensammelstellen an. Viele Elektro-Fachgroßhändler haben sich einem Rücknahmesystem angeschlossen und nehmen die Altlampen und Leuchten kostenlos zurück.

### Wie werden Leuchten entsorgt und wer ist verantwortlich?

Bei Altgeräten, die nicht aus privaten Haushalten stammen und als **Neugeräte vor dem August 2005** in Verkehr gebracht wurden, ist der Besitzer zur Entsorgung verpflichtet. Laut dem Gesetz sind dies vor allem technische Leuchten aus Verwaltung, Industrie, Handel und Gewerbe sowie die Nicht-Wohnraum-Leuchten vom Verbraucher, die eigenständig zu entsorgen sind. Das entsprechende Zeichen (**Bild 12.7**) gibt dies auf der Leuchte an.

Jeder Hersteller ist verpflichtet, für Altgeräte, **die als Neugeräte nach dem 13.8.2005** in Verkehr gebracht wurden, ab diesem Zeitpunkt eine zumutbare Möglichkeit zur Rückgabe zu schaffen und die Altgeräte zu entsorgen. Diese Leuchten sind mit der durchgestrichenen Mülltonne und einem schwarzen Balken gekennzeichnet (**Bild 12.8**). Sie sind entweder selbst über lokale Sammelstellen oder über Entsorgungsfirmen wie oben beschrieben zurückzugeben.

**Bild 12.7** Altes Bildzeichen auf der Leuchte für die Entsorgung

**Bild 12.8** Bildzeichen für nach 2005 in Verkehr gebrachte Leuchten

Auch Großmengensammelstellen (grüne Dreiecke) bieten gewerblichen Besitzern, insbesondere dem E-Handwerk, zumutbare Rückgabemöglichkeiten (Bild 12.9 und Bild 12.10).

Rücknahmesystem
von LED Lampen (Retrofitlampen)
Wer:
Privat & Kleingewerbe
Anzahl: < 50 Stk.
(haushaltsübliche Mengen)
Wo:
An KLEINMENGEN-SAMMELSTELLEN bei kommunalen Wertstoffhöfen oder im Handel
Wer:
Gewerblich
Anzahl: > 50 Stk.
Wo:
An über 350 GROSS-MENGENSAMMEL-STELLEN
Wer:
Großverbraucher & Industrie
Anzahl: ca. 5000 Stk.
(1 Tonne/Jahr)
Wo:
Behälterstellung vor Ort und Abholung

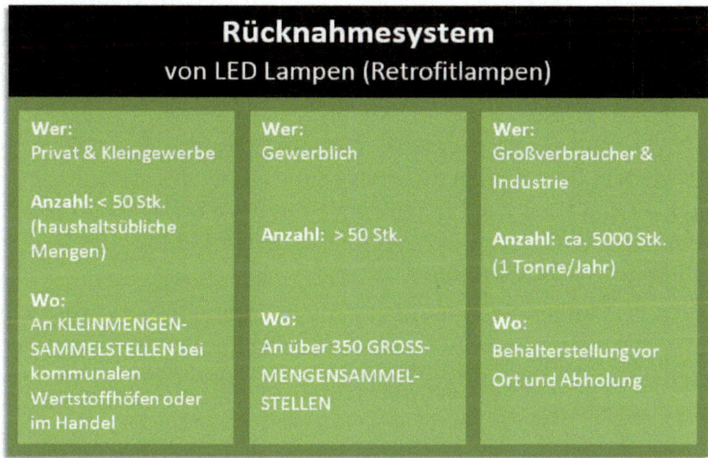

Bild 12.9 Entsorgung von Lampen per Rücknahmesystem (Grafik: LED Institut)

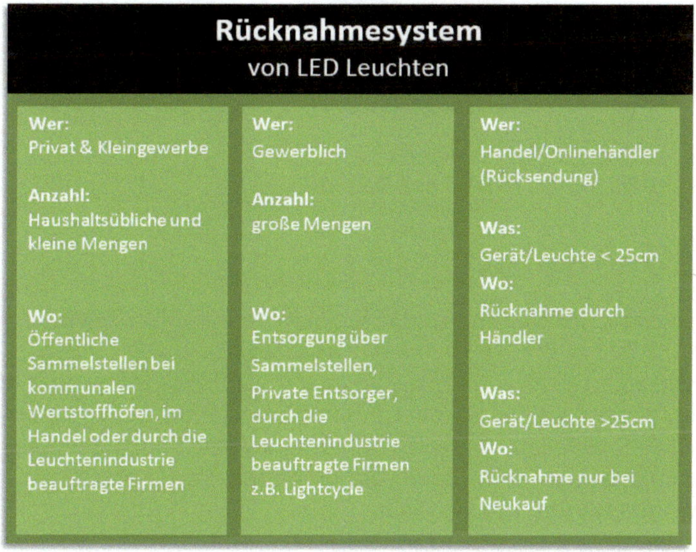
Rücknahmesystem
von LED Leuchten
Wer:
Privat & Kleingewerbe
Anzahl:
Haushaltsübliche und kleine Mengen
Wo:
Öffentliche Sammelstellen bei kommunalen Wertstoffhöfen, im Handel oder durch die Leuchtenindustrie beauftragte Firmen
Wer:
Gewerblich
Anzahl:
große Mengen
Wo:
Entsorgung über Sammelstellen, Private Entsorger, durch die Leuchtenindustrie beauftragte Firmen z.B. Lightcycle
Wer:
Handel/Onlinehändler (Rücksendung)
Was:
Gerät/Leuchte < 25cm
Wo:
Rücknahme durch Händler
Was:
Gerät/Leuchte >25cm
Wo:
Rücknahme nur bei Neukauf

Bild 12.10 Entsorgung von Leuchten per Rücknahmesystem (Grafik: LED Institut)

Lightcycle organisiert die Erfüllung der umfangreichen Pflichten bei der Entsorgung wie die Registrierung, Sammlung, Rücknahme und Entsorgung. Sie bieten eine Sammelstellenübersicht unter https://www.lightcycle.de/verbraucher/sammelstellensuche.html. Entsorgungsfirmen wie interseroh und lightcycle haben bundesweit einige 1000 Sammelstellen. Dadurch sichern sie den privaten und gewerblichen Verbrauchern eine flächendeckende Rückgabemöglichkeit.

## Recycling

Durch das Trennen der Komponenten der Produkte können Sekundärstoffe wiederverwendet werden. Derzeit liegt die Verwertungsquote des eingesetzten Materials in LED-Lampen und Leuchten für den Recyclingprozess bei 50 bis 60 %, abhängig von den eingesetzten Materialien und dem Kunststoffanteil. Der Gesetzgeber ist bestrebt, diesen Anteil zu erhöhen.

Im Gegensatz zu den als Energiesparlampen bekannten Fluoreszenzlampen enthalten LEDs kein giftiges Schwermetall (Quecksilber). Dafür bestehen sie aus mehr Materialkomponenten (**Bild 12.11**). Für das Recycling ist eine sortenreine Trennung entscheidend.

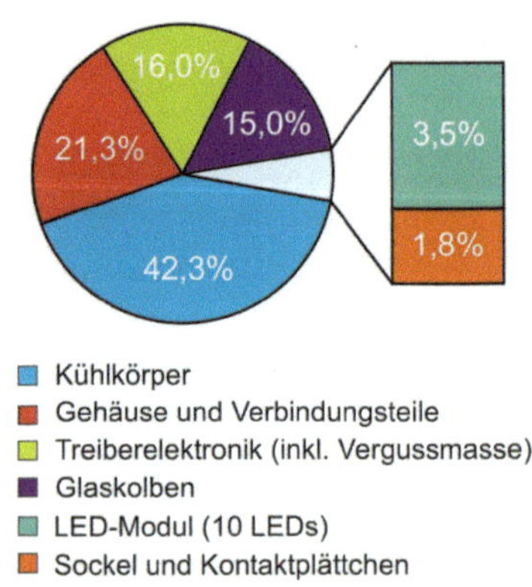


**Bild 12.11** Massenanteile einer Retrofitlampe (Copyright: Fraunhofer-Projektgruppe IWKS)

Mithilfe der elektrohydraulischen Zerkleinerung (EHZ) wurde die Möglichkeit untersucht, Retrofitlampen effizient in ihre Einzelkomponenten zu zerlegen und die Materialien nach den für den Recycler relevanten Fraktionen Metall, Kunststoff, Glas und Elektronikschrott zu sortieren (**Bild 12.12**). Auch die LEDs lösten sich durch die EHZ von den Platinen.

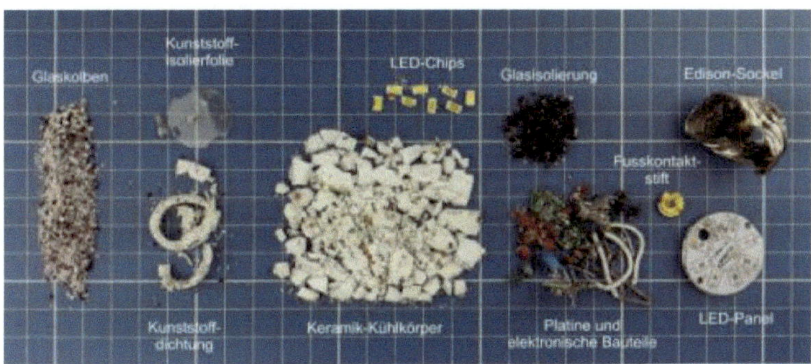


Bild 12.12 Material- und Komponentenfraktionen einer LED-Retrofitlampe (Copyright: Fraunhofer-Projektgruppe IWKS)

# 13 Intelligente LED-Beleuchtung

## 13.1 Human Centric Lighting

Licht dient dem Menschen nicht nur zum Sehen und Erkennen der Umwelt, sondern hat auch Funktionen für das Wohlbefinden, für den Komfort und die Gesunderhaltung. Gerade durch die Entwicklung des Smart Lighting lässt sich der Komfort sehr einfach verbessern. Unter Human Centric Lighting (HCL) wird eine Beleuchtungsanlage nun so geplant, dass die Leuchten die Lichtfarbe (Spektrum) und das Beleuchtungsniveau im Tagesverlauf verändern, so wie wir dies auch vom Tageslicht her kennen. Als Ergebnis erreicht man die Verbesserung der Lebensbedingungen für das Zusammenleben und die Erhöhung der Produktivität im Arbeitsprozess.

## 13.2 Smart Lighting und IoT

Eine LED ist ein elektronisches Bauteil der LED-Leuchte und damit ein Elektronikprodukt. LED-Produkte werden also deutlich intelligenter und zunehmend in die **IT-Umgebung** integriert. Diese Veränderung ist getrieben durch das **IoT (Internet of Things)** und die Etablierung von **Industrie 4.0** in der professionellen Beleuchtung. Der Nutzen liegt in der Verbesserung des **Komforts** und der **Kosteneinsparung.** Die Elektronikfunktionen – speziell Vernetzung und Sensorik – werden starken Einfluss auf die zukünftige Entwicklung nehmen. Für eine **einfache Installation** ohne aufwendige Programmierung und Verkabelung (zumindest für die Steuerung) stellt die **intelligente, kabellose Leuchte** den nächsten und logischen Schritt in der Beleuchtungstechnik dar. Eine intelligente Beleuchtungssteuerung wird damit günstig, einfach zu **installieren, einzurichten** und zu **bedienen** sein.

### Smarte Vernetzung – Funktechnologien

Der smarte Datenaustausch der Leuchten spielt im „Internet of Things" eine wichtige Rolle. Das Internet der Dinge verknüpft die **reale Welt** noch stärker mit der **digitalen.** Immer mehr Geräte (**Devices**) sammeln Daten sowie Informationen und sollen durch eine Vernetzung untereinander einen größtmöglichen Nutzen für den Menschen erbringen [127] [128]. Smartphones, Fernseher, Leuchten und Fitnessarmbänder sind nur einige Beispiele von vernetzten Geräten (IoT-Devices), welche mit Smarthome-Devices wie Sonos und Alexa interagieren, das Leben einfacher gestalten und neue Möglichkeiten bieten. Der große Unterschied zum herkömmlichen Internet besteht in der Aufnahme der Daten durch die Geräte selbst anstelle des Einpflegens der Informationen durch den Menschen. Die **Sensorik**, die Verarbeitung der Informationen und die **Aktorik** werden von den Geräten oder **Netzwerkkomponenten** automatisch übernommen und ins Netz gegeben.

Diese Technologie ermöglicht eine komplette Vernetzung von fast allen Bestandteilen der Haushalte und der Industrie. Hierzu sind aber Funktechnologien und Standards nötig, um die Daten und Informationen zu übertragen und auszutauschen. In Bezug auf die Anwendung in der Leuchte haben sich verschiedene Technologien auf dem Markt schon etabliert. Beispielsweise greift Philips Hue auf verschiedene Protokolle zurück, und auch LEDVANCE Smart+ arbeitet mit ZigBee, WLAN und Bluetooth.

**Bluetooth** und **WLAN** sind die wohl bekanntesten Standards, welche heutzutage in allen Multimediageräten wie Computern, Handys oder Fernsehern zur allgemeinen Vernetzung verwendet werden. Jedes Mobiltelefon oder Tablet greift bereits seit Jahrzehnten auf diese beiden Funkstandards zurück. Währenddessen werden **ZigBee** und **EnOcean** aufgrund der niedrigen Systemleistung (Low Power) oft als Schalter oder Sensor eingesetzt. Bei der Installation von Leuchten ist aufgrund der ähnlichen Struktur nur auf einige Punkte zu achten. Die **Reichweite** und die **Anzahl** der Leuchten pro Netzwerk unterscheiden sich von Standard zu Standard und wirken sich somit auf den Installationsort aus. ZigBee und EnOcean ermöglichen einen theoretisch **wartungsfreien Betrieb** und sind für schwer zugängliche Stellen gut geeignet. Eine Nachricht (Information oder ein Kommando) kann nur in eine Richtung erfolgen, zum Beispiel vom Schalter zur Leuchte. Die Komponenten mit **„Harvesting“** benötigen keinen zusätzlichen Stromanschluss und vereinfachen eine Installation von Leuchten (Nachrüstung) im Vergleich zu Bluetooth und WiFi. Harvesting bedeutet, dass beispielsweise ein mechanisches Betätigen des Schalters, resultierend aus einer kinetischen Bewegung, Druck oder Vibration sowie Licht- und Temperaturunterschiede innerhalb des Gerätes in eine Energie umgewandelt werden, die ausreicht, um eine Nachricht zu versenden. Für eine Nachrüstung oder Nachinstallation ist dies ein wesentlicher Vorteil.

## 13.3 Aufbau eines Leuchtennetzwerks

Ein smartes Leuchtennetzwerk besteht mehr oder weniger aus kabelgebundenen und kabellosen („wireless") **Leuchten**, **Aktoren** (Schalter), **Sensoren** (Präsenzmelder), aus einem **WiFi-Accesspoint**, **Server**, intelligenten persönlichen **Sprachassistenten** sowie der **Cloud**, wie folgendes Bild zeigt (**Bild 13.1**).

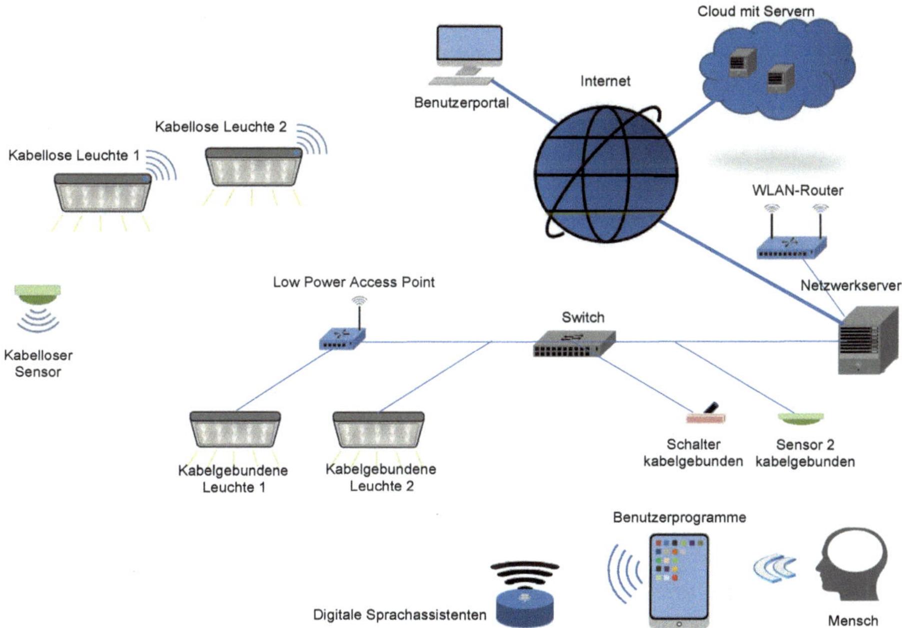


**Bild 13.1** Leuchtennetzwerk (Grafik: LED Institut)

Das Gesamtnetzwerk ist aber deutlich größer, da unter anderem auch Fernseher, Smartwatch und Jalousien **Devices** darstellen, die mit dem Leuchtensystem interagieren sollen. Ferner zeigt es sich, dass die Komponenten alle unterschiedliche Standards nutzen und über **Gateways** miteinander Daten austauschen bzw. kommunizieren. Dem Kunden ist die dahinterstehende Technik fast immer egal, da in erster Linie die Funktionalität des Gerätes im Vordergrund steht. Wie dies im Detail bei den jeweiligen Technologien dann technisch gelöst wird, ist hierbei weniger von Bedeutung.

### 13.3.1 Welche Netzwerke gibt es?

#### Bluetooth

Bluetooth ist eine Adhoc-Netzwerktechnologie, das heißt, die Geräte untereinander sind selbsttätig aufbauend vernetzt. Sie dient zum einfachen Datenaustausch über **kurze Entfernungen**. Bluetooth ist vor allem auf kurze Distanzen und auf besonders einfaches **Pairing** der Geräte spezialisiert. Mit Bluetooth ausgerüstete Geräte weisen einen kleinen Mikrochip mit einer Sende- und Empfangseinheit auf. Zur Identifikation erhält jedes Gerät eine 48-Bit lange **Seriennummer**, damit es eindeutig innerhalb des Netzwerks identifiziert werden kann. Die Bluetooth-Geräte werden in Klassen eingeteilt, welche die **Reichweite** und den **Energieverbrauch** definieren. In der Bluetooth-Klasse 3 wird mit nur 10 m Reichweite im Freiraum ein sehr geringer Energieverbrauch erreicht, was zum Beispiel für Smartwatches und andere mobile Geräte relevant ist und natürlich sehr gut für Leuchten geeignet ist. Bei der Bluetooth-5-Version sind Reichweiten von bis zu 200 m möglich. Es lassen sich parallel Verbindungen mit mehr als zwei Geräten herstellen. In einem Netzwerk, welches als Stern-Topologie realisiert wurde, ist allerdings nur eine begrenzte Geräteanzahl möglich.

#### ZigBee

ZigBee wird in **Sensornetzwerken**, der **Hausautomation** und vor allem in der Lichttechnik eingesetzt. Die Vorteile sind die einfache Anwendung, **Flexibilität** sowie die **Energieeffizienz**. Im Gegensatz zu Bluetooth verwalten die Endgeräte das **Netzwerk** autark. Nach einer initialen Einbindung in ein Netzwerk treten die Geräte diesen immer wieder selbstständig bei, auch bei Verbindungsabbruch. Der größte Vorteil gegenüber anderen Funktechnologien ist der sehr **geringe Energieverbrauch**. So lassen sich die Geräte Monate bis Jahre ohne großen Energieeintrag betreiben. Die Geräte kommunizieren jedoch ausschließlich mit einem **Router**. Für LED-Leuchten im Privatbereich eignet sich ZigBee gut, da hier ein möglichst niedriger Energieverbrauch bei für den Hausgebrauch niedriger Reichweite angestrebt wird.

#### WLAN

**WLAN (Wireless Local Area Network)** ist in vielen Ländern auch unter **WiFi** bekannt und stellt ein lokales Funknetz zu Verfügung, welches hauptsächlich von Smartphones, Tablets und PCs genutzt wird. Es zeichnet sich vor allem durch eine **hohe Datenrate** und **Sendeleistung** aus. Nach den neuesten Standards sind bis zu 10 Gbit/s möglich. Heute wird in der Regel das Modulationsverfahren

OFDM (Orthogonal Frequency-Division Multiplexing) verwendet. Dieses Verfahren unterteilt den Datenstrom in kleine Teildatenströme, welche anschließend mit einem klassischen Modulationsverfahren wie der Quadraturmodulation verändert werden. Mit diesem Verfahren wird gewährleistet, dass sich die Teildatenströme nicht gegenseitig beeinflussen. Durch eine Störung oder auch durch destruktive Interferenzen werden somit die Teildatenströme verringert, was allerdings nur zu einer unwesentlichen Verringerung des Gesamtdatenstroms führt. Eine **sichere Kommunikation** der Leuchten ist deshalb möglich.

Der Funkstandard kann entweder im Infrastruktur- oder Ad-hoc-Modus betrieben werden. Im Infrastruktur-Modus koordiniert ein WLAN-Router oder ein sogenannter Access Point den Datenverkehr. Für die direkte Kommunikation der WLAN-Clients wird der Ad-hoc-Modus verwendet. Dieser bietet eine hohe Schnelligkeit und ein vergleichsweise leichtes Einrichten. Allerdings ist die Reichweite stark limitiert. **Netzwerkname** bzw. SSID (Service Set Identifier) werden zyklisch ausgestrahlt. Dies vereinfacht das Auffinden des Netzwerks beim ersten initialen Einrichten.

Leuchten können entweder direkt per WLAN angesteuert werden, oder es wird ein zusätzlicher Low Power Access Point dazwischengeschaltet. Dieser bildet direkt per EnOcean oder ZigBee mit den Leuchten ein Netzwerk und ist an den WLAN-Router angeschlossen.

### EnOcean

Dieser Standard bietet eine **energieautarke** Funklösung für smarte Geräte. Die Energie, welche zur Übertragung der Daten nötig ist, wird über **Harvesting** gewonnen. Sensoren und Schalter können so beispielsweise ohne Batterie oder Stromanschluss, also autark verwendet werden. EnOcean ermöglicht so einen **wartungsarmen**, sehr flexiblen Betrieb der Endgeräte in der **Nachinstallation** im Gebäude. Genau wie bei der WiFi-Technologie können zum einen der Infrastruktur-Modus oder auch der Ad-hoc-Modus angewendet werden. Aufgrund der Unidirektionalität (nur Senden oder nur Empfangen) der meisten Geräte und der sehr **geringen Datenmengen**, welche EnOcean versenden kann, bietet sich diese Technologie vor allem für einfache Sensorik an. Auch die **Reichweite** ist aufgrund der niedrigen Energie beschränkt, lässt sich jedoch mit **Repeatern** im Netzwerk erhöhen, um somit auch eine größere Gebäudefläche abdecken zu können. In der Beleuchtung ist EnOcean vor allem in Bezug auf Sensorik und Steuerung relevant. So können **energieautarke Schalter** sowie **Tageslichtsensoren** mit Leuchten kombiniert werden, um diese manuell oder beispielsweise anhand der Beleuchtungswerte zu steuern und zu dimmen.

**Bild 13.2** zeigt in der Gegenüberstellung die Unterschiede der Funkstandards.

| | Bluetooth 5 | Wifi HaLow | ZigBee 3.0 | EnOcean |
|---|---|---|---|---|
| Standard | IEEE 802.15.1 | IEEE 802.11 | IEEE 802.15.4 | IEC 14543-3-10 |
| **Topologie** | **Piconet (Star)** | **Star** | **Mesh, Star, Tree** | **P2P, Star** |
| IPv6 | Ja | Ja | ZigBee IP | ./. |
| Frequenzband | 2.4 GHz | 900 MHz; 2.4 GHz; 5 GHz | 868/915 MHz, 2.4 GHz | 868 MHz/315 MHz |
| Datenrate | <= 2 Mbit/s | > 5 Gbit/s [n] | <= 250 Kbit/s | <= 125 Kbit/s |
| **Reichweite** | **<= 200 m(40m in building)** | **<= 250 m / 70 m** | **<= 300 m** | **<= 300 m / 30 m** |
| Verbrauch | sehr niedrig (<100mW) | hoch | sehr niedrig/autark | sehr niedrig/autark |
| Wakeup time | <= 6 ms | <= 3 s | < 30 ms | < 10 ms |
| Batterielaufzeit | Wochen bis Monate | Stunden | Monate bis Jahre | theoretisch unbegrenzt |
| Sicherheit | AES 128/AES-256 | SSID/ WEP; WPA; WPA2 | AES 128 | Option |
| **Knotenpunkte** | **<8** | 32 | 2^16 | 2^32 |

**Bild 13.2** Gegenüberstellung der technologischen Eigenschaften [128] [129]

Durch die Vernetzung der Leuchten, die starke Einbindung in Datennetze und die sehr große Anzahl an sonstigen Devices, die mit den Leuchten Daten austauschen, verändert sich das **Geschäftsmodell** der Leuchtenhersteller, der **Elektroinstallateure** und der **gesamten Elektrobranche**. Der **Preisverfall** der einzelnen Komponenten führt dazu, dass zunehmend Geräte mit solchen IoT-Komponenten ausgestattet werden.

### 13.3.2 DC-Netze und PoE-Leuchtensystem (Power over Ethernet)

DC-Netze als Niedervoltnetze, in denen Daten und Versorgung zusammen über einen Kabelstrang vernetzt sind, und PoE-Lösungen (Power over Ethernet) werden als Insellösungen im Markt schon angeboten. Grundlage bildet die IEEE 802.3aT in ihrer aktualisierten Version von 2009. Hier werden der Datentransport und die Versorgung der Leuchte gemeinsam über Patchkabel gewährleistet (CAT5-, CAT6-Kabel ...).

Die momentanen Grenzen der Technik sind der höhere **Verkabelungsaufwand** durch eine **Sternverkabelung** und der finanzielle **Mehraufwand** durch die Switches, welche benötigt werden. Die **Leistung** der Leuchten darf momentan 25 W nicht überschreiten (das sogenannte PoE+ mit max. 30 W Speiseleistung), es gibt aber bereits Lösungen mit bis zu 60 W Speiseleistung (sog. High PoE), welche aber nicht IEEE-konform sind und dementsprechend zu Problemen führen können.

Die meisten Büroleuchten haben eine Leistungsaufnahme von 20 bis 50 W. Der Vorteil der PoE-Variante ist eine einfache Plug-and-Play-Lösung mit Betrieb bei sicherer Schutzkleinspannung. Die Systeme lassen sich dann einfach ohne fachliche Kenntnisse ins IT-Netzwerk integrieren. Die Standardisierung hierzu ist in vollem Gange.

### 13.3.3 Basisstation

Je nach verwendetem System ist zwischen den Devices und einem digitalen Sprachassistenten noch eine zusätzliche **Basisstation** notwendig, wie beispielsweise eines der folgenden Geräte:

- Belkin WeMo
- AVM Fritz Dect
- Apple HomeKit
- Qivicon Home Base
- Gigaset elements
- Homee Brain Cube (plattformunabhängig, ZigBee, Z-Wave, EnOcean)
- Homematic IP
- Livisi Smarthome
- Gira, Busch-Jaeger (kabelgebunden)

## 13.4 Sensor und Aktoren der Beleuchtung – Mehrwert Leuchte

Die wichtigsten technologischen Eigenschaften von LED-Leuchten sind mittlerweile die Sensorik und die Netzwerkfähigkeit über drahtlose Verbindungstechnik. Zu den gängigen und meist genutzten Sensoren gehören die **Tageslichtsensoren** und die **Präsenzmelder** (detektieren Personen), denn da, wo genug Licht ist, brauchen wir meistens kein zusätzliches Kunstlicht. Wenn wir Räume verlassen und vergessen, das Licht auszuschalten, helfen Präsenzmelder, Energie zu sparen. Aber auch Sensoren für **Temperatur, Wärmeverteilung, Rauch** und **Geräusche** finden zunehmend Einzug in die Beleuchtung. Der hohe **Verdrahtungsaufwand** und die **Programmierung** entfallen, wenn smarte kabellose LED-Leuchten eingesetzt werden. **Apps** und Programme übernehmen die einfache Bereitstellung und Bedienbarkeit der Leuchten. Die Vorteile der vernetzten Leuchten sind sehr zahlreich. So können beispielsweise Betriebskosten durch Anpassung an das Nutzungsverhalten reduziert werden. Die Optimierung des Verhaltens der Leuchte wird auch verwendet, um den Komfort – zum Beispiel am Arbeitsplatz – für die Arbeitnehmer zu erhöhen. Die Vernetzung von Leuchten liefert viele zusätzliche Daten, die zur Auswertung und zur weiteren Vernetzung beitragen können. Es wird hierdurch ein komplettes Monitoring ermöglicht, was ein Beobachten, Warten und

Optimieren als Dienstleistung beinhalten kann. Die Vernetzung dient der Erhöhung der Sicherheit in Form einer möglichen Zutrittsüberwachung. Systeme, die nicht auf permanente Netzwerkanbindung oder auf ständige Updates angewiesen sind und schnelle Reaktionszeiten kennen, sollten allerdings bevorzugt werden.

## 13.5 Digitale Assistenten und Leuchtensteuerung

Die digitalen Sprachassistenten spielen gerade im Privatbereich eine nicht zu ignorierende Technologierolle. Leuchten werden über Low-Power-Funkschnittstellen wie Zigbee, EnOcean oder Z-Wave mit einer **Basisstation** verbunden und diese über einen **Router** mit dem IoT vernetzt. Die Verbindung zur **Cloud** muss hergestellt und freigegeben werden. Die Steuerung kann dann über intelligente Sprachassistenten oder über das Smartphone erfolgen. Zurzeit existieren viele sogenannte **Sprachassistenten** auf dem Markt. Die Sprachassistenten sind immer auf **Hersteller von Devices** angewiesen, da Google & Co. keine eigenen Sensoren, Aktoren und Leuchten herstellen, sondern lediglich das Steuerungssystem und das Back-End bereitstellen. So fertigt beispielsweise Gigaset die Alarmsysteme, Kameras und Sensoren mit den jeweiligen Schnittstellen. Über Google Home lassen sich diese Devices dann beispielsweise steuern. Das einfachste Smart-Home-System zeigt **Bild 13.3**.

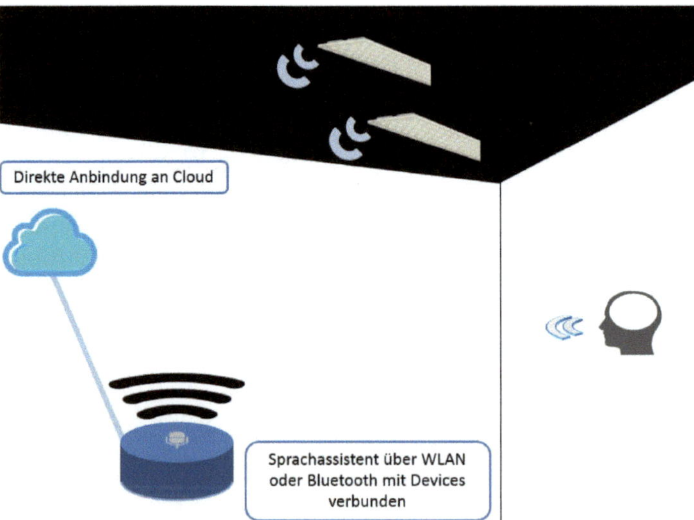


**Bild 13.3** Verwendung eines Sprachassistenten (Grafik: LED Institut)

Moderne **Steuersysteme (Bild 13.4)** sind neben den Sprachassistenten auch Smartphones, PCs oder auch Smart-TVs und Spielekonsolen.

Durch unterschiedlich genutzte Schnittstellen wie Bluetooth, ZigBee oder EnOcean muss die Kompatibilität zum WLAN also zwischen den Devices und den Sprachassistenten/Basisstationen geregelt werden. Hierzu werden **Gateways** eingesetzt, die für die Anbindung an den Router das WLAN nutzen, wie aus **Bild 13.5** zu entnehmen ist.

Es muss eine enge Abstimmung zwischen den Geräten und dem Sprachassistenten erfolgen, dennoch gibt es teilweise immer noch verschiedene **Fehlerbilder** in den Installationen. Dies führt unter anderem bei LED-Leuchten in Kombination mit einem Sprachassistenten, welche mit einer Bridge laut Hersteller einwandfrei funktionieren sollte, teilweise zu Fehlern und Abstürzen. Beispielsweise werden Leuchten nicht erkannt, oder nach einem Update machen sie nicht mehr das, was sie sollten.

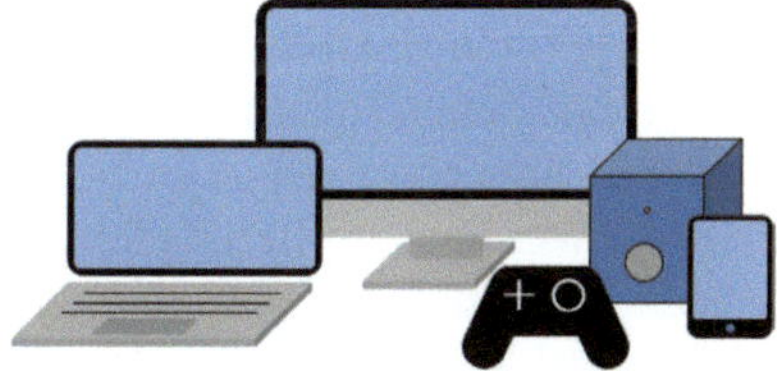

Bild 13.4 Die heute etablierten Steuersysteme (Grafik: LED Institut)

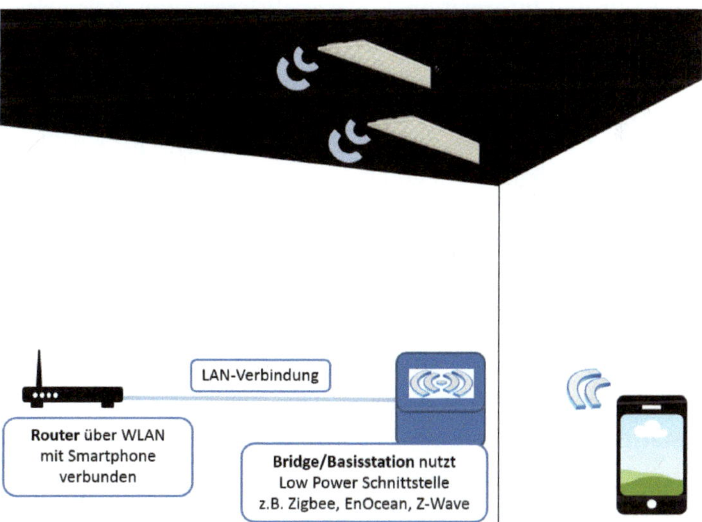


Bild 13.5 Verwendung einer Bridge und eines Smartphones zur Steuerung (Grafik: LED Institut)

Den größten Marktanteil bezüglich Sprachassistenten erreicht im Moment Amazons Alexa (2023). Google Home bietet zwar den derzeit größten Datensatz und bekommt durch Googles Dienste einen starken Rückhalt. Alexa von Amazon ist allerdings vor allem durch den zeitlichen Vorsprung mit mehr **Skills** und Kooperationen ausgestattet. Die Fähigkeiten, die man einem Sprachassistenten verleiht, werden als Skills bezeichnet. Die derzeit führenden Sprachassistenten (2023) zeigt **Bild 13.6**.

| Sprachassistent | Gerät | Hersteller |
|---|---|---|
| Alexa | Amazon Echo | AMAZON |
| Now | Google Home | GOOGLE |
| Siri | HomePod | APPLE |
| Cortana | Invoke | MICROSOFT, HARMAN/KARDON |

**Bild 13.6** Auswahl aktueller Sprachassistenten (Grafik: LED Institut)

## Apps und Skills

Für die Sprachassistenten sind je nach Hersteller mehr oder weniger verschiedene Skills (Fähigkeiten) verfügbar, mit denen Informationen abgerufen oder Aktionen ausgeführt werden können. Ein **Sprachbefehl**, zum Beispiel „Alexa Tischleuchte AN“, muss richtig interpretiert werden, um den Befehl dementsprechend richtig an die Tischleuchte zu senden. Mit einer App sind dann verschiedene Befehle und Skills auszuführen oder Informationen abrufbar.

Die Befehle sind somit in verschiedene Kataloge unterteilt, damit jeder Nutzer die Auswahl an Skills und Informationen personalisieren kann. Beispielsweise kann ein herkömmliches oder ein vegetarisches Kochbuch in den Assistenten geladen werden und je nach Wahl herkömmliche oder vegetarische Gerichte vorschlagen.

In Bezug auf Licht sind für einen Heimanwender völlig andere Lichtszenen (**„Use Cases“**) interessant als für Gewerbetreibende, beispielsweise ein Shopbetreiber, welcher seine Waren möglichst in gutem Licht und somit attraktiv für den Kunden erscheinen lassen will. Nachteile dieser Entwicklungen sind die möglicherweise erhöhten **Standby-Verluste** der gesamten Steuerungstechnik, die **Verwundbarkeit des Datennetzwerks** und die **Datenhoheit**.

Folgend ist eine Übersicht über typische Sprachbefehle aufgelistet:

- Alexa, schalte das Licht im Flur an
- Alexa, Stehleuchte auf 50 % dimmen
- Alexa, starte Nachtlicht für 40 Sekunden
- Alexa, schalte das Licht in der Küche an
- Alexa, Abendlicht im Wohnzimmer an
- Alexa, starte Nachtlicht

## 13.6 Serviceleistung – Geschäftsmodelle des Elektroinstallateurs und anderer

Durch den Wandel der Leuchten von einfachen physischen Produkten zu wartungsfreien digitalen Elektronikkomponenten verändert sich auch die hierfür nötige **Serviceleistung** des **Leuchtenherstellers**, des **Installateurs** und des **Facility Managers**. Wo früher vor allem die Montage und die mechanische Wartung der Leuchte im Vordergrund standen, muss heute auch die **digitale Infrastruktur** installiert und instand gehalten werden. Leuchten müssen in das jeweilige Netzwerk **eingepflegt** und mit den richtigen Einstellungen bzw. Parametern versehen werden. Die zuverlässige Steuerung muss gewährleistet werden, und es müssen beispielsweise (Sicherheits-) **Updates** aufgespielt werden können, um die Funktionstüchtigkeit zu sichern oder die Datensicherheit zu gewährleisten. Die Aufgaben des Technikers in dieser Branche werden sich grundlegend verändern, und der Fokus muss in Bezug auf das vorhandene Wissen geändert sowie erweitert werden. Neue Normen und Standards werden dann benötigt.

Neben der **IT-Einbindung** in das Netzwerk sind weitere Arbeiten notwendig. Je nach Anwendung muss der **Systemintegrator** die Definition und Abstimmung von Lichtszenen („Use Cases") beispielsweise in Verbindung mit einem Skill des Sprachassistenten durchführen. Ein einfaches Beispiel für einen „Use Case" mit Verwendung von Sensorik und Aktorik wäre die Beleuchtung eines Aufenthaltsraumes. In Abwesenheit von Personen sollen die Leuchten auf 10 % gedimmt werden. Man unterscheidet dann noch die Abhängigkeit von der Tageszeit. In der Mittagspause werden 70 % Helligkeit benötigt und bei Pausen am späten Nachmittag sowie bei Eintritt der Dunkelheit 100 % Helligkeit. In der Nachtschicht kann der Nutzer des Aufenthaltsraumes über „Alexa, starte den Skill Nachtlicht" die Beleuchtung auf angenehmes Licht einstellen.

### Light as a Service

Aufgrund der neuen Installationsmöglichkeiten durch die kabellose Konnektivität und der intelligenten Funktionen der Leuchten ergeben sich **Serviceleistungen** und damit **Geschäftsmodelle** für die Elektrofachkräfte und andere am Bau Beteiligte. Ein großes Stichwort in der Branche ist hier **„Light as a Service"**. Wo früher nach der Installation der Leuchten das Projekt beendet war, wird heute das Servicespektrum stark erweitert.

Die physikalische Installation selbst vereinfacht sich zwar, da Kabel und Verkabelung bis auf die Versorgung weitestgehend wegfallen. Allerdings muss das Device im vorhandenen Netzwerk **registriert** und **eingebunden** werden. Weiterhin muss eine softwareseitige Anpassung an die Anwendung und den Benutzer erfolgen.

Je nach Tageszeit und Nutzung des jeweiligen Raumes wird eine andere Lichtszene (**Use Case**) benötigt. Ein gewisser Anteil an IT-Kenntnissen muss somit vorhanden sein. Durch die Wandlung vom reinen Leuchtenprodukt zum „Light as a Service" gewinnt die Instandhaltung der Beleuchtungslösung immens an Bedeutung. Hier lassen sich die Dienstleistungen in direkten, präventiven und optimierenden Support unterteilen.

**Direkter Support** bedeutet vor allem die Reaktion auf Fehler und die Behebung dieser. So können beispielsweise Fehler beim Zugriff der Benutzer auf die Leuchte auftreten oder Lichtszenen fehlerhaft sein. Hier muss der Servicedienstleister die Qualität der Beleuchtungslösung immer wieder optimieren und rekalibrieren.

**Präventiver Support** ist nötig, um das Auftreten von Fehlerfällen möglichst zu verhindern. Dazu gehört ein regelmäßiger Check der Hardware, Serviceupdates oder Anpassungen der Lichtszenen und Sensoren. Anpassungen können durch Veränderung der äußeren Einflüsse notwendig werden.

**Optimierender Support** verwendet die gesammelten Nutzungsdaten über die Laufzeit und kann Energieeinsparungen einbringen oder die Effizienz der Leuchten und der Lichtszenen erhöhen. Hier geht es auch um die Optimierung anderer Technikbereiche wie der Jalousie oder der Heizung. Aber auch externe Informationen wie das Verkehrsaufkommen und das Beleuchtungsniveau werden in der Außenbeleuchtung gekoppelt und optimiert.

Durch die digitalen Aufgabenstellungen für den Elektrotechniker lassen sich im Beleuchtungsprojekt ein neuer Projektablauf und dazugehörige Kompetenzen skizzieren.

Beleuchtungsprojektlablauf und Kompetenzen zeigt Bild 13.7.

**Beleuchtungsprojektablauf Smart Lighting**

1. **Planung** der Beleuchtungsanlage durch Elektro- und Lichtplanungsfirmen (u.a. auch Architekten, Hersteller)
2. **Installation** der Hardware durch Elektrofachkräfte mit einfachen Netzwerkkenntnissen
3. Systemintegratoren für die **Inbetriebnahme** (Einbindung in Netzwerk, Apps, Skills, Use Cases, Sicherheit, Datenmanagement...) mit IT-Kenntnissen
4. Technische **Wartung und Service** für den Betrieb durch speziell geschulte Elektrofachkräfte/Informatiker
5. **Reparatur** durch Elektrofachkräfte, die physikalische Komponenten instand setzt und einfache Netzwerkkenntnisse besitzt
6. **Automatisierter neuer digitaler Service** für Monitoring, Optimierung, Mehrwert und Security durch IT-Mitarbeiter (Dienstleistung)

Bild 13.7 Beleuchtungsprojektablauf (Grafik: LED Institut)

## 13.7 Sicherheit – Connected Lighting Security

Das Vernetzen von Leuchten bringt Herausforderungen für die Sicherheit mit sich: Sowohl das Produkt selbst als auch die damit verbundenen Devices (Geräte) müssen miteinander kommunizieren können, ohne zwangsweise das notwendige Wireless-System (Bluetooth, ZigBee) zu berücksichtigen. Andererseits muss das LED-Leuchtensystem gegen **Internet-Angriffe** und Übernahmen geschützt werden. Deshalb haben Produktentwickler und -manager die **Schnittstelle** zu anderen Komponenten im Netz neu anzugehen, auch um **Haftungsrisiken** auszuschließen. In der Installation bedeutet dies auf der einen Seite die **Datenhoheit** und **Privatsphäre** des Betreibers, auf der anderen Seite die Belange des **Betriebsrates** zum Schutz der Mitarbeiter zu berücksichtigen.

Viele Hersteller verlassen sich dabei lediglich auf die Materialkomponenten. Vielmehr zählt jedoch die **Prüfung** des möglichen technischen Versagens oder des Fehlverhaltens der Leuchten. Auch das Erschleichen von Identitäten und Funktionen tritt als Problem in Erscheinung. Geräte der Gebäudeautomation, die über das „Internet der Dinge" verbunden sind, können gekapert, zu einem ferngesteuerten Bot-Netz (Gruppe automatisierter Computerprogramme) zusammengeschlossen und damit **Cyberangriffe** gestartet werden. Durch spezielle Sicherheitsprogramme lassen sich Rechner, die durch Bot-Netze gekapert werden könnten, schützen. Im Internet der Dinge gehören die Wahl geeigneter **Kennwörter**, zum Beispiel für Router, Netzwerke und vernetzte Geräte, sowie die **Verifikation** der Identität zu den essentiellen Schutzmaßnahmen. Viele solcher Sicherheitsstandards und -merkmale sind ohne Weiteres verfügbar.

In Summe sind die Kernrisiken bei smarten LED-Leuchten die

- Änderung des Verhaltens der Leuchte durch nicht autorisierte Personen und Systeme,
- Änderung der Daten der Leuchte, zum Beispiel der Konfiguration oder des Logins (Identitätsdiebstahl),
- Änderung des Systems der Leuchte im Netz, das heißt, eine Veränderung der Datenhoheit und der Öffentlichkeit,
- Datendiebstahl.

Falls der Installateur, Nutzer oder verantwortliche Betreiber in diesen Bereichen ungewöhnliche Änderungen entdeckt, ist es ratsam, die Fehlerquelle schnellstmöglich ausfindig zu machen. **Updates, Ersatz der Daten** und neue **Rechtevergabe** zählen zu den ersten Hilfestellungen bei solchen Fällen. Eine **Neuinstallation** oder **Konfiguration** ist der letzte Schritt, der noch notwendig sein kann. Es hat sich gezeigt, dass oft innerbetriebliche Personen oder ehemalige Mitarbeiter zu den sogenannten Cyberkriminellen gehören. Die Autorisierung jener Personengruppen, die keinen Zugriff mehr haben sollen, muss also in jedem Fall zuverlässig aufgehoben werden.

Um dem Gesamtthema Herr zu werden gilt es, entsprechende **Kompetenzen** aufzubauen, denn die Cybersicherheit ist nicht auf die Markteinführung einer LED-Leuchte beschränkt, sondern sie muss während deren Lebensdauer über Updates auf einem hohen Niveau gehalten werden. Über solche „Produkte mit Sicherheit“ hinaus tragen die Hersteller **Verantwortung** für andere Infrastrukturbereiche: In einem ganzheitlichen Facility Management ist die Lichtsteuerung mit Heizung, Lüftung, Klima- und Jalousiesteuerung verbunden, was abgestimmte Lösungen bei Hard- und Software sowie bei der Datenübertragung erfordert.

Die Daten von Smart-Home-Produkten erlauben wiederum Rückschlüsse, wer wann und wie in einem Raum aktiv ist oder ob ein Gebäudebereich zu einer bestimmten Zeit ungenutzt ist. Dies gilt es ebenfalls zu berücksichtigen.

# 14 Auswahl von LED-Leuchten

## 14.1 Einleitung

Durch den Wandel der Technologie haben sich für den Kunden neue Problemstellungen in Bezug auf das Produkt ergeben. Die **Schwerpunkte** in der Bewertung unterscheiden sich etwas gegenüber konventionellen Leuchten, da zum Beispiel die **Effizienz** der Leuchte, die **Lebensdauer** und die **Lichtqualität** der einzelnen Produkte sehr unterschiedlich ausfallen und sich dies auch weiterhin noch ändern wird.

Bei Reklamationen, welche im LED Institut Dr. Slabke bearbeitet und abgewickelt werden, fallen häufig **Konstruktions-** und **Herstellungsfehler** auf. Die Wahl von falschen oder minderwertigen Komponenten (LEDs und LED-Betriebsgeräte), zu gering dimensionierte Kühlelemente, fehlerhaftes Thermomanagement oder ESD-Schäden, welche bereits in der Fertigung entstanden sind, sind häufige Ursachen für Beanstandungen – nicht selten entstehen dadurch gerichtliche Auseinandersetzungen.

Bei der Auswahl der Leuchten ist es von Vorteil, auf **qualifizierte Hersteller** mit einem hohen Maß an Know-how in der LED-Technik zu vertrauen, da auch Amateure mit Sinn für schnelles Geldverdienen auf den Markt drängen.

Die mit allen Projektbeteiligten abgestimmte **Bewertungsmatrix** [124] [125] ergibt sich aus den **Anforderungen** an das Produkt für den speziellen **Planungsraum**. Neben den **Kosten**, der **Energieeffizienz**, der subjektiven **Lichtwahrnehmung**, dem **Leuchtendesign** und der **Montagefreundlichkeit** ist vor allem die **Qualität** des Produkts von besonderer Bedeutung.

Im Projekt sollte je nach Schwerpunkt und Zielrichtung eine **Bewertungsmatrix** aufgestellt werden. Die folgende Checkliste in **Bild 14.1** liefert wichtige erste Prüfkriterien. Beim Leuchtenhersteller sollte man bestimmte Bewertungsmerkmale schriftlich einfordern und sich diese gegebenenfalls in der **Garantie** verankern lassen.

## 14.2 Entscheidungshilfe und Qualitätsmerkmale

**Bewertungsschwerpunkte können sein:**

- Performance (Leistungsaufnahme und Effizienz)
- Design und Ästhetik
- Preis
- Technische Produktqualität
  - Leuchtentechnik, Ausführung und Verarbeitung
  - Lichttechnische und planerische Performance
  - Elektrischer Pfad
  - Thermische Bewertung
  - Zuverlässigkeit und Lebensdauer
- Montage, Service und Wartung
- Produktbezogene Datenqualität, Normenkonformität
- Hersteller und Zuliefererqualität

Bild 14.1 Checkliste zur Bewertung

**1. Performance des Produktes (2024) – grober Richtwert**
Die Effizienz der Leuchte für die Produktion > 160 lm/W mit L70 B20 40.000 Stunden.
Die Effizienz der Leuchte für den Wohnraum > 120 lm/W mit L70 B50 20.000 Stunden.
Effizienz bei 35 °C Umgebungstemperatur > 140 lm/W. Für unterschiedliche Anwendungen können auch niedrigere Effizienzen erreicht werden.

**2. Leistung**
Bei der Auswahl der Leuchte muss die Anschlussleistung der Leuchte für die jeweilige Sehaufgabe berücksichtigt werden. Eine möglichst niedrige Leistung pro qm, die für die Beleuchtungsaufgabe benötigt wird, ist anzustreben, z. B. < 5 W/m² bei 500 Lux.

**3. Verlustleistung**
Die Verlustleistung gibt die Differenz zwischen aufgenommener und abgegebener Leistung an. Wie viel Leistung beispielsweise das Vorschaltgerät der LED zur Verfügung stellt im Verhältnis zu der Leistung, die das Gerät aufnimmt, ist dann der Wirkungsgrad, z. B. > 93 %.

**4. Stand-by**
Bei der Smart-Lighting-Technologie werden Leuchten, Sensoren oder andere Devices nie zu 100 % abgeschaltet. Diesen Stand-by-Verlust sollte man sich anschauen. Verlustleistung Stand-by < 0,5 W (Zukunft: IoT Device < 0,1 W)

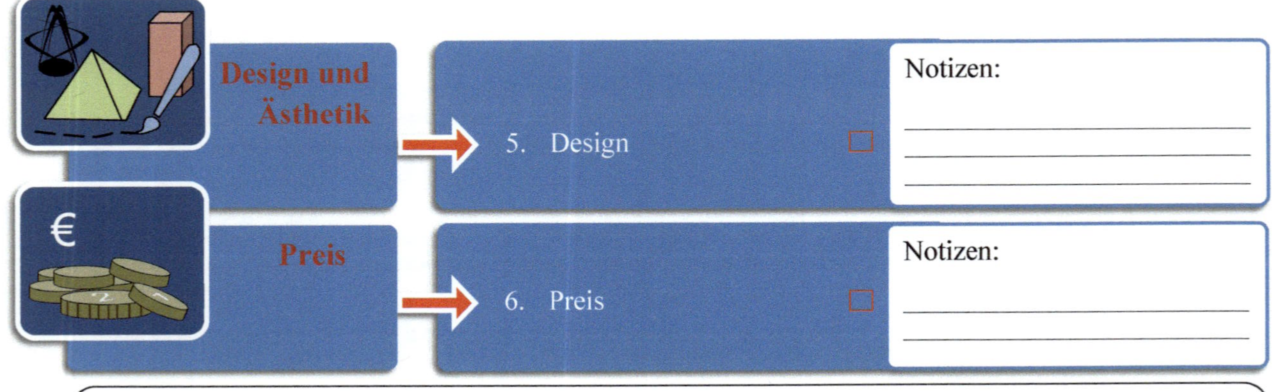


**5. Design**

Das richtige Designkonzept im Raum ist ein entscheidender Faktor, um konzentriert zu arbeiten und sich wohl zu fühlen. Die psychologischen, physiologischen, emotionalen, gesellschaftlichen und kulturellen Einflüsse auf das Lichtbedürfnis der Menschen sind im Designbereich zu berücksichtigen. Dem Bauherrn, dem Architekturentwurf und dem städtebaulichen Kontext, dem Ort und seinem kulturellen Hintergrund und dem Anwender muss die Beleuchtung dabei Nutzen bringen. Durch eine Abstimmung mit Bauherrn und Architektur ist für jeden Raum, entsprechend seiner Funktion, eine Atmosphäre festzulegen. Normative Rahmenbedingungen helfen bei der Planung, Beleuchtungsniveau und Teile der Lichtqualität zu definieren. Die Planung mit Licht muss zu einer Akzeptanz des Nutzers in Bezug auf Atmosphäre, Kommunikation, Privatheit, Ergonomie, Bedürfnisse, Orientierung in Raum und Zeit, Vertrautheit und Abwechslung führen.

Folgende Designaufgaben müssen betrachtet werden:

- Architektur und Gebäude (Tageslicht, Erschließung, Funktion, …)
- Raum und Möblierung (Raumgliederung, Muster, Anordnung, …)
- Leuchte (Gestalt, Proportion, Material, Oberfläche, Farbe, …)
- Licht (Lichtverteilung, Lichtfarbe, Reflexion, Lichtrichtung, …)

**6. Preis**

Der Preis von LED-Leuchten ist heute marktkonform. Aber auch Qualität hat ihren Preis. Wer billig kauft, kauft oft zweimal. Aber neben dem Anschaffungspreis sind Betriebs- und Wartungskosten ebenfalls zu berücksichtigen. Ein wichtiger Ansatz für die Planung ist die Optimierung der Anzahl der Leuchten für die Erfüllung der Sehaufgabe.

**1. Verarbeitung**
Bei der Auswahl der Leuchte oder Komponente kann die Verarbeitung des Produktes ein Indiz für die Qualität des Systems sein. Dem Hersteller sollte die Robustheit und Langlebigkeit des Produktes wichtig sein. Hochwertige Komponenten führen zu langlebigen Produkten (z. B. hochwertige Beschichtung, Aludruckgussgehäuse, wechselbare Standardkomponenten, hochwertige LED-Module und EVGs ...).

**2. Gewicht**
Das Gewicht sollte so bemessen sein, dass eine einfache Installation des Produktes möglich ist. Auf Straßenleuchten und Leuchten mit hoher Anschlussleistung sollte sich ein besonderes Augenmerk richten.

**3. Insektendichtigkeit**
Der Verzicht auf unnötige Löcher und Schlitze macht die Leuchte insektendicht, denn nach längerer Betriebsdauer sammeln sich teilweise viele tote Insekten im Inneren, was der Effizienz, dem Aussehen und der Ökologie schadet.

**4. LED, LED-Modul und EVG-Qualität**
Mit qualitativ hochwertigen LEDs und Vorschaltgeräten namhafter Hersteller wird die angegebene Performance gut erreicht. Eine Liste der LED-Hersteller zur Orientierung findet sich im ersten Kapitel.

**5. Gebrauchstauglichkeit**
Eine Leuchte sollte benutzerfreundlich sein, einfach zu bedienen sein und das richtige Licht abgeben, dies bei effektiver Leistung. Wie gut das Produkt in der Anwendung ist, zeigt sich in einer Funktionsprüfung und der Haltbarkeit des Produktes. Ersatzteilbeschaffung innerhalb der ersten 10 Jahre sollte in der industriellen Anwendung möglich sein.

**6. Beleuchtungsniveau**
Die mittlere Beleuchtungsstärke muss durch die Leuchten im Bereich der Sehaufgabe nach normativen Vorgaben erreicht werden. Die Reflexionseigenschaften der Umgebung nehmen einen großen Einfluss auf die zu erzielenden Werte. Beispielsweise hat eine weiße Wand einen Reflexionsgrad von ca. 85 % oder ein dunkler Boden von ca. 10 %. Je schwieriger die Sehaufgabe, umso höher muss die Beleuchtungsstärke sein. Orientierung gibt die **DIN EN 12464** und die Arbeitsstättenrichtlinie ASR 3.4.

**7. Lichtverteilung**
Lassen Sie sich eine Lichtstärkeverteilungskurve (Eulumdat-Datei) geben. Eine Bemusterung der Leuchte ist hilfreich, um die Wirkungsweise und die Qualität des Lichtes zu beurteilen (gleichzeitig kann die Montagefreundlichkeit bewertet werden). Auf ausreichende Ausleuchtung und Gleichmäßigkeit $g_1$ nach **DIN EN 12464** achten (Werte liegen zwischen 0,5 bis 0,7).

**8. Lichtfarbe**
Je nach Anwendung gilt es, die passende Lichtfarbe zu wählen. Gängige Lichtfarben sind **3000 K** für warm-weißes Licht und **4000 K** für neutral-weißes Licht, auch hier geben die Normen Hinweise.

**9. Farbwiedergabe**

Die Farbwiedergabe beschreibt, wie natürlich die Farben unter dem Einfluss des Lichtes wiedergegeben werden. Die Angabe erfolgt mittels Farbwiedergabeindex $R_a$ (CRI). Je höher der Wert, desto besser die Farbwiedergabe. Bei Werten über 90 spricht man von ausgezeichneter Farbwiedergabe. Der Standard ist $R_a > 80$.

**10. Farbtoleranz**

Der Toleranzbereich wird in MacAdam-Ellipsen angegeben. Je kleiner die Zahl der MacAdam-Ellipse, desto kleiner ist die wahrnehmbare Abweichung der Farborte der LEDs untereinander. Mittlerweile sind LEDs erhältlich, die innerhalb von 2 MacAdam-Ellipsen liegen und in Leuchten eingesetzt werden.

**11. Entblendung**

Die Blendung bedeutet zu große Helligkeitswerte im Sehbereich des Menschen. Aufgrund der hohen Helligkeit der LED muss bei LED-Leuchten besonders auf eine Entblendung geachtet werden. Beachten sollte man Reflexionen an Oberflächen und große Helligkeiten der leuchtenden Fläche der Leuchte. Gute Parameter für das Büro sind eine Rundumentblendung $L < 1500$ cd/m² und UGR < 19 / Industrie UGR < 22 und $L < 3000$ cd/m².

**12. Besondere technische Bedingungen**

Leuchten werden auch in Bereichen mit hoher Feuchtigkeit, großer Verschmutzung, hohen Temperaturen, bei der Lebensmittelherstellung, im explosionsgeschützten Bereich und bei rauen Umgebungsbedingungen eingesetzt. In diesen Anwendungsbereichen kann es an die Grenzbereiche der LED gehen. Hier sollte man Sonderleuchten verwenden und mit Spezialplanern zusammenarbeiten, um eine zuverlässige Lösung zu realisieren.

**13. Netzsicherheit**
LED-Leuchten sind keine rein ohmschen Verbraucher, sondern beeinflussen das Versorgungsnetz teils erheblich.

**14. EVG-Schutzmechanismen und Qualität**
Das Vorschaltgerät sollte integrierte Schutzmechanismen wie den Schutz gegen elektrischen Schlag und thermische Überlast im Falle einer Fehlfunktion bieten. Ein geeigneter Transienten- und Überlastschutz sollte im Gerät vorhanden sein. Lebensdauer des EVGs > 50.000 Stunden mit Ausfallraten < 10 %.

**15. Einschaltverhalten**
Anzahl der LED-Leuchten an einpoligem Leitungsschutzschalter berücksichtigen (Datenblattangabe des Herstellers).
Anlaufstrom < 20 A

**16. Leistungsfaktor**
LED-Leuchten mit einer Leistungsaufnahme ab 25 Watt haben einen Blindstromanteil von maximal 10 % (> 0,9). Werte > 0,95 sind durchaus üblich. Achten Sie bei kleinerer Leistungsaufnahme des Produktes auf einen hohen Leistungsfaktor.

**17. Schaltstabilität**
Die Anzahl der Schaltzyklen sollte je nach Anwendung (Treppenhaus mit hohen Schaltzyklen) berücksichtigt werden.

**18. Dimmqualität**
Produkte müssen auch dimmbar ausgeführt und für den verwendeten Dimmer vom Leuchtenhersteller freigegeben sein. Auf Brummen und Flackern des Produktes bei allen Dimmzuständen prüfen.

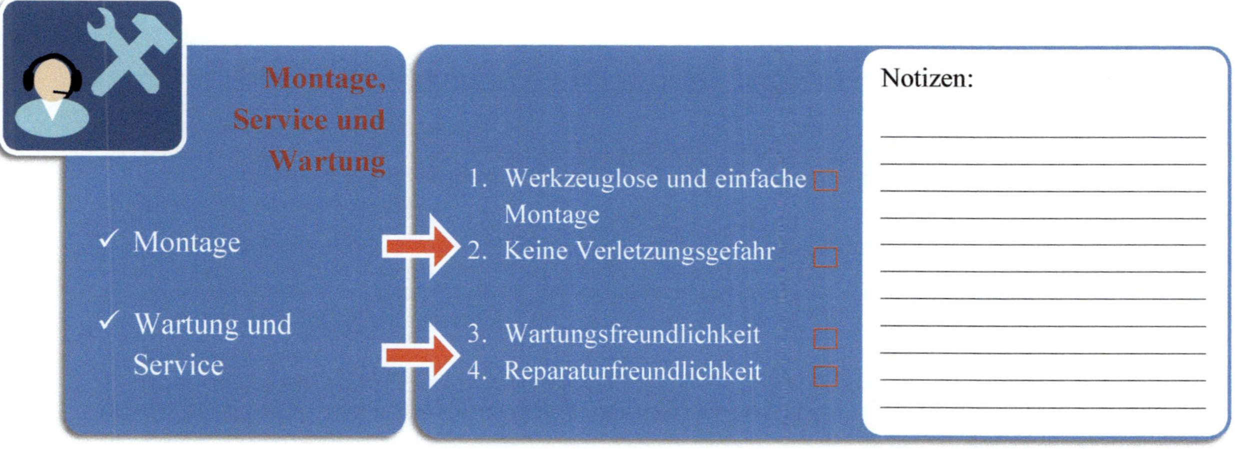


**1. Werkzeuglose und einfache Montage**

Installation kostet Zeit und Geld, deshalb sollte eine Montage einfach und nahezu werkzeuglos (wenige und einheitliche Schrauben) durchführbar sein. Dem Produkt muss eine verständliche Montageanleitung beiliegen.

**2. Keine Verletzungsgefahr**

Die Leuchte darf keine scharfen Kanten und muss entgratete Metallteile aufweisen. Eine Abschlussscheibe aus Sicherheitsglas trägt zur Sicherheit bei Bruch bei. Die Oberflächen der Leuchte sollten mit der Hand ohne Verbrennungen berührbar sein.

**3. Wartungsfreundlichkeit**

Viele LED-Leuchten sind Einwegleuchten, bei hohen Standzeiten kann aber ein Modul- oder Vorschaltgerätewechsel nötig werden. Hier sollte man auf Leuchten setzen, deren Tausch einfach und ohne hohe Kosten möglich ist.

**4. Reparaturfreundlichkeit**

Das Produkt sollte durch eine Einzelperson vor Ort leicht demontierbar sein. Klären Sie, welche Person mit welcher Kompetenz das Produkt reparieren kann. Eine Ersatzteilverfügbarkeit und Nachlieferzeit von mindestens 10 Jahren sollte geprüft werden. Heute kommen vorwiegend Einwegleuchten zum Einsatz.

**1. Normenkonformität**

Das Produkt muss eine aktuelle und vollständige CE-Erklärung haben. Hierzu zählen die Leuchtennorm DIN EN 60598, EMV, RoHS, REACH, Single Lighting Regulation, Modul- und Performancenormen, Sicherheitsnorm für Vorschaltgeräte und weitere.

**2. Produktbeschreibung und Hersteller**

Die Produktbeschreibung muss vollständig und verständlich sein. LEDs und das Vorschaltgerät sollten von namhaften Herstellern kommen. Eine deutschsprachige Dokumentation mit Wartungs- und Montageplan und ein aktuelles Datenblatt müssen zur Verfügung stehen.

**3. Lichtverteilungsmessungen**

Für das Produkt sollte eine Lichtstärkeverteilungsmessung durchgeführt worden sein, die dann mit einer Eulumdat-Datei in Planungsprogrammen verwendet werden kann. Die Übertragbarkeit auf unterschiedliche Farbtemperaturen, Leistungen und Lichtverteilungen sollte gewährleistet sein.

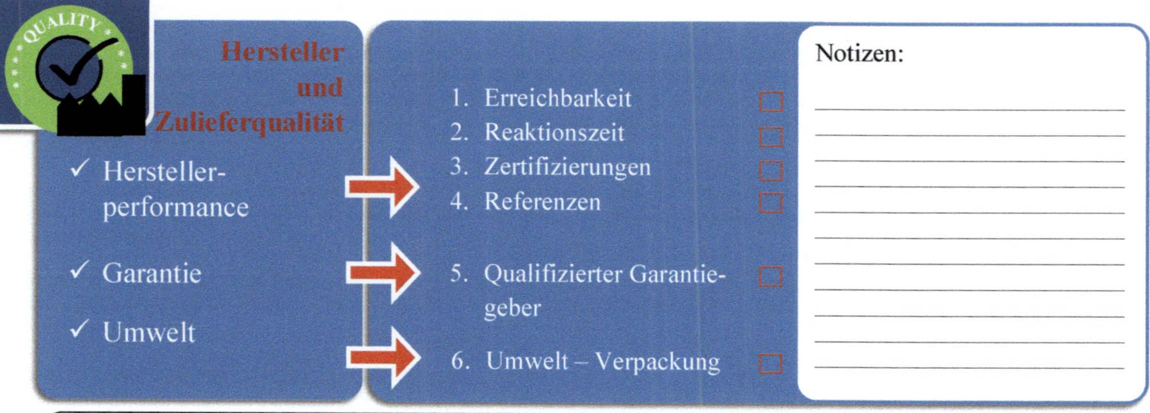


**1. Erreichbarkeit**
Bietet der Zulieferer ausreichend Möglichkeiten für die Kontaktaufnahme? Sind genügend Service-Mitarbeiter vorhanden?

**2. Reaktionszeit**
Wie schnell kann der Hersteller auf Anfragen antworten? Wie lange dauert eine Bearbeitung der Problemstellung?

**3. Zertifizierungen**
Hat der Hersteller Zertifikate für seine Produkte? Sind diese nicht vorhanden, muss man dem Hersteller vertrauen. ENEC-, GS-, VDE-, EMV-, TÜV-Zeichen und LM-80-Daten der LED zeigen z. B. die Sicherheit und Zuverlässigkeit des Produktes an.

**4. Referenzen**
Auch Referenzen dienen der Bewertung der Zuverlässigkeit des Zulieferers. Durch eine Kontaktaufnahme zu anderen Projektpartnern lassen sich die Angaben des Herstellers grob validieren.

**5. Qualifizierte Garantiegeber**
Sind die Garantiebedingungen plausibel? Der Zulieferer sollte die überwiegende Produktion in der EU haben. Vor allem sehr kleine Hersteller, Zulieferer und Importfirmen sollten aufgrund der Komplexität des Produktes kritisch betrachtet werden.

**6. Umwelt – Verpackung**
Eine einfache Demontierbarkeit und Wertstofftrennung sind anzustreben. Verwendung von einfach gestalteter Verpackung mit so wenig Material wie möglich.

**1. Energieverbrauch:**
Geringer Energieverbrauch in kWh/Jahr pro Planungsbereich.

**2. Wartungsfreundlichkeit:**
Wartungsfreundlichkeit bedeutet: Öffnen, Warten und Schließen der Leuchte mit geringem Aufwand und in einem überschaubaren Zeitrahmen. Es ist entscheidend, ob dies mit wenig oder ohne Werkzeug erfolgen kann und wie groß der Aufwand für die Arbeit generell ist.

**3. Beleuchtungsstärke:**
Beleuchtungsstärken nach DIN EN 13201 einhalten. Der Nachweis der Beleuchtungsstärke kann mittels lichttechnischer Berechnungen erfolgen. Unter Umständen bietet es sich an, dass die Werte später durch eine Messung im Feld überprüft werden.

**4. Gleichmäßigkeit nach DIN EN13201:**
Damit die Sehaufgabe, auch als „Fahraufgabe“ bezeichnet, erfüllt wird, ist eine gleichmäßige Helligkeitsverteilung wichtig. Dunkle Tarnzonen sind zu vermeiden. Diese Dunkelzonen entstehen durch zu wenig Lichtpunkte. Die Gesamtgleichmäßigkeit $U_0$ der Beleuchtungsstärke ist der Quotient aus der minimalen und der mittleren Beleuchtungsstärke. Für die Gleichmäßigkeit der Leuchtdichte wird die Gesamtgleichmäßigkeit $U_0$ als Verhältnis der minimalen zur mittleren Leuchtdichte auf der Fahrbahn berechnet. Für Verkehrswege ist die Längsgleichmäßigkeit $U_l$, sie ist das Verhältnis von minimaler zu maximaler Leuchtdichte auf der Beobachterlinie der Mitte des Fahrstreifens, wichtig. Je höher der Wert ist, umso mehr nimmt der Nutzer diese Gleichmäßigkeit wahr.

**Blendung:**
Blendung kann die Sehleistung des Nutzers erheblich stören. Ein sicheres Wahrnehmen und Erkennen von Details ist dann nicht mehr möglich. Physiologische Blendung führt zu einer Abnahme der Sehleistung durch Streulicht im Auge, diese muss durch gute Beleuchtung begrenzt werden. In der Straßenbeleuchtung wird die Blendungsbewertung mittels Kraftfahrer mit vorgegebener Blickrichtung bewertet. Die prozentuale Schwellenwerterhöhung TI (threshold increment) wird dann als Bewertungsgröße für die Blendung herangezogen, siehe hierzu DIN EN 13201. Für eine stark befahrene Straße wird eine Schwellenwerterhöhung TI bis 10 % und für weniger stark befahrene Straßen ein TI von 15 % als akzeptabel festgelegt.

**Farbtemperatur:**
Die Farbe des Lichts wird in Kelvin angegeben. Niedrige Farbtemperaturen (< 3.000 K) werden als angenehm empfunden. Je höher die Farbtemperatur, desto besser die Sehleistung. Niedrige Farbtemperaturen bewirken eine weniger schädliche Wirkung auf die Orientierungsfähigkeit der Insekten im Außenraum.

**Farbwiedergabe:**
Die Farbwiedergabe zeigt die Qualität der farblichen Wiedergabe von Objekten durch das LED-Licht an. In der Außenbeleuchtung spielt diese Eigenschaft eine geringere Rolle als in der Innenbeleuchtung. Trotzdem sind Planungsbereiche, wo sich Menschen länger aufhalten, besonders zu betrachten. Dies sind zum Beispiel Plätze, Kneipen- und Cafebereiche, Flaniermeilen und repräsentative Räume.

**Bewertungsgruppe zum Design:**
Ein Auftraggeber kann die Akzeptanz eines Designs oft am einfachsten durch eine neutrale Bewertungskommission ermitteln, die dann in einer anonymen Abstimmung eine Bewertung durchführt.

# 15 Ausblick

## 15.1 Dezentrale Energieversorgung

Neue Konzepte bezüglich des Themas moderner **dezentraler Energieversorgung** und -gewinnung, gerade durch die Photovoltaikanlagen, entwickeln sich. Da die Umwandlung von der sehr kleinen Spannung der Solarzelle auf 230 V des Stromnetzes und danach die Umwandlung zu der sehr kleinen Betriebsspannung der LED wieder herunter sehr verlustreich ist, werden sich **Niederspannungssysteme** im 24-V- oder 48-V-Bereich in naher Zukunft möglicherweise etablieren. Wir haben im Haushalt sehr viele Verbraucher, die intern in diesem Bereich arbeiten (Smartphone, Rasierer, Tablets, viele Küchenkleingeräte wie Babyphone, Uhren, Fitnessarmbänder, Waage, Zahnbürste, Audiogeräte uvm.). Das LED-Modul in der Leuchte arbeitet ebenso in diesem Spannungsbereich. Der Preis der Leuchte könnte sich dadurch wesentlich verringern und damit die Marktdurchdringung beschleunigen.

## 15.2 Digitaler Wandel

Der digitale Wandel verändert die Beleuchtungsbranche nochmals extrem nachhaltig. Die Vernetzung, die über die Verkabelung meist aufwendig und teuer ist, wird über die **Wireless-Netzwerkfähigkeit** der Leuchten stark vereinfacht. Das führt dann dazu, dass **Licht und Daten** der Leuchte gleich wichtig werden und die Leuchte im Beleuchtungssektor in Zukunft nicht mehr als reiner Beleuchtungskörper die zentrale Rolle spielt.

Aktuell sind die treibenden Kräfte im Lichtmarkt die **Steuerung**, die **Sensorik**, die **Vernetzung** und die **Datenaufbereitung** und **-nutzung**. Der rein physische Leuchtenkörper bildet dabei die unterste Stufe der Wertschöpfungskette. Es stehen zunehmend die Datenhoheit, die Datensicherheit und die Gebrauchstauglichkeit im Zentrum der Betrachtung, so wie unsere persönlichen Daten im Internet im Zentrum der Aktivitäten stehen. Die Menschen und die Art der Nutzung der Leuchte werden stark vom digitalen Wandel betroffen sein. Innerhalb nur weniger Jahre wird die digitale LED-Beleuchtungstechnik auch durch viele internationale Player den Markt verändern, wie sie dies gerade auch bei Smartwatches tut.

Um diesen Umbruch zu verstehen, muss man sich den Themen **Industrie 4.0** und **Smart Building (IoT)** stellen. Die immense Vernetzung der Millionen von IoT-Devices kann nur **kabellos** funktionieren. Deshalb werden funkbasierte Leuchten zum Standard werden, wenn die Sicherheit wie beim Handy gewährleistet ist.

In diesem Umbruch müssen die etablierten mittelständischen Leuchtenfirmen wettbewerbsfähig bleiben. Dies wird nur über **Know-how** und technologische Aufrüstung funktionieren, ansonsten sind sie wie bei den Produkten Fernseher, Fotoapparat und Telefon trotz hoher Kompetenz zum Scheitern verurteilt. Eine Investition in Hardware und Software ist unausweichlich.

Alle relevanten Prozesse der Steuerung und Regelung der Leuchten werden digitalisiert und Sensoren und Aktoren massiv in das Beleuchtungssystem integriert. Analog geschieht dies heute schon im **Auto** mit einer Vielzahl von Aktoren, Sensoren, Netzwerkkomponenten und Kameras.

Ähnlich wie im Auto verändert sich der Hardwareanteil am Produkt zu einem **starken Softwareanteil.** 1981 lag der Softwareanteil im Fahrzeug bei ca. 30 000 **„Lines of Code"** (Programmzeilen). Wenn man im Fahrzeug die vielen Kamerasysteme, Sensoren, das Entertainment und die Vernetzung des Autos für Informationen anschaut, so wird der **Softwareanteil** weiter extrem zunehmen (heute liegt dieser bei ca. 50 bis 100 Millionen Lines of Code). Analog ist die Entwicklung in der Leuchte zu sehen. Bei der Glühlampe war der Softwareanteil noch null, durch die LED wurden im Vorschaltgerät zuerst die Stromeinstellung und die Arbeitsweise, dann die zusätzlichen Abläufe (CLO) „digitalisiert". Nun nimmt zum Beispiel durch die Bluetoothfähigkeit eines EVGs der Softwareanteil weiter zu. Über eine mögliche Übertragung von Daten über das Licht (**LiFi**) wird die Leuchte vielleicht zur großen Datensammel- und Verteilerstelle, aber das ist für die Allgemeinbeleuchtung noch Zukunftsmusik.

Folgende **Sensoren** und **Aktoren** spielen in der Beleuchtung eine wichtige Rolle:

- Tageslichtsensoren
- Präsenzsensoren
- Temperatur-, Wasser-, Rauch-, Luftqualitätssensoren
- Licht- und Farbsensoren
- Kamerasysteme
- Schnittstellensensoren und -aktoren zu anderen Gewerken
- Schalt- und Dimmaktoren
- Allgemeine Aktoren anderer Gewerke im Gebäude (Jalousie, Heizung, Rauchmelder, Temperatur, ...)
- Digitale Aktoren aus dem Internet

- Digitale Assistenten im Gebäude
- IoT-Devices
- Smartphones, Tablets und Computer

## 15.3 Branchenveränderung und Neue Player

Es hat einen guten Grund, warum auch Konzerne wie Google, Amazon, IBM, Bosch, Apple oder Cisco jetzt ein Auge auf den Lichtmarkt geworfen haben. Am Ende wird es um die **Datenhoheit** und die **IT-Komponenten** gehen. In jedem Innen- und Außenraum sind Leuchten das einzige flächendeckend verbreitete Produkt, das am Stromnetz hängt. Durch deren Vernetzung entstehen – neben der reinen Beleuchtungsfunktion – ganz neue Funktionen.

Mögliche **disruptive Geschäftsmodelle** der Beleuchtung werden nochmals zu gewaltigen Veränderungen führen. Dies sind Konzepte, die den Verkauf des Produktes Leuchte nicht mehr vorsehen, sondern nur noch auf Daten und Services basieren. Die Leuchten werden dann eher **verliehen, verschenkt** oder über ein **Abonnement** gegenfinanziert. Die heutige Geschäftsbeziehung der Leuchtenhersteller zu ihren Kunden wird dann zerstört.

Drei entscheidende Entwicklungen flankieren diese gesellschaftliche Veränderung. Die **bargeldlose** Gesellschaft, die **digitale Abrechnung** auch zwischen Geräten (mithilfe einer digitalen Währung, z. B. IOTA) und die **Blockchaintechnologie**. Aufgrund des Komfortgewinns des Nutzers durch diese Entwicklung wird die Technologie nicht aufzuhalten sein. Aber sie wird einhergehen mit schwerwiegenden Folgen für die **persönliche Freiheit** und Anonymität.

**Architektur und Design** werden weiter die Zukunft der Beleuchtung bestimmen. Licht wird schlussendlich für den Komfort und das Wohlbefinden des Menschen gemacht.

## 15.4 Künstliche Intelligenz

Mit der Einführung von Tools der künstlichen Intelligenz zur **Text-Generierung** wurde der Einfluss auf die Beleuchtungsbranche schnell sichtbar. Einerseits kann man sich mit dem Programm der künstlichen Intelligenz unterhalten und schnell Fragen klären. Andererseits soll die künstliche Intelligenz Prozesse in der Produktion und Verwaltung optimieren, aber auch die Schnittstelle zwischen Nutzern und Beleuchtung komfortabler machen. Heutige Programme zur Text-Generierung wurden mit einer großen Menge an Texten trainiert, um die Art und Weise zu verstehen, wie Menschen schreiben und sprechen. Hierbei flossen auch Inhalte der Beleuchtungsbranche ein (**Bild 15.1**), wie eigene Fragen an den **Chat-Bot** ergaben.

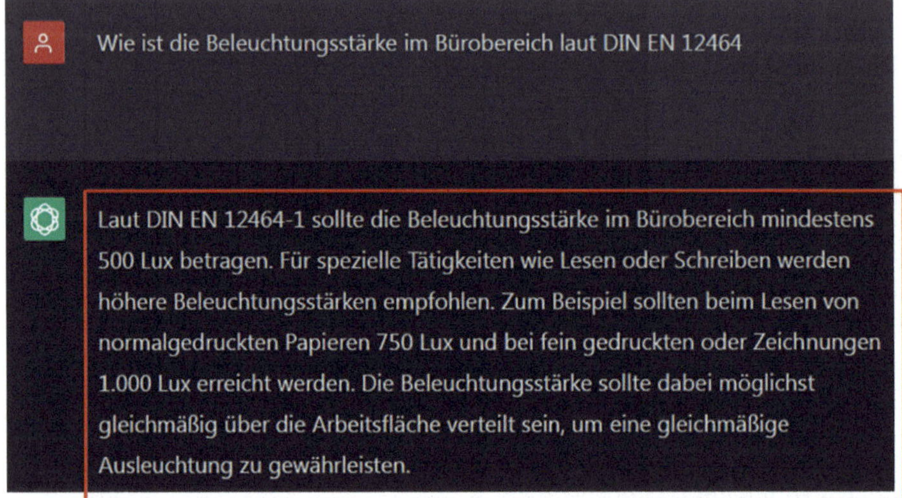


**Bild 15.1** Frage an die KI und Antwort

Die Antwort ist oberflächlich richtig und mit 500 Lux Beleuchtungsstärke lässt sich nach DIN EN 12464-1 ein Bildschirmarbeitsplatz normativ richtig beleuchten. Aber in dem folgenden Satz zeigt sich die erste Ungenauigkeit. Die KI schreibt: „... sollte beim Lesen von normalgedruckten Papieren 750 Lux und bei fein gedruckten oder Zeichnungen 1 000 Lux erreicht werden ...“. Die Antwort ist unklar bis unrichtig, da ein höheres Beleuchtungsniveau nicht abhängig von der Druckart ist, sondern von der Komplexität der Sehaufgabe für den Nutzer.

Einschränkend zu diesen KI-Tools, die teils kostenlos genutzt werden können, muss man erwähnen, das es sich bei KI-Bots oft um das Ergebnis einer öffentlich zugänglichen Forschung handelt.

Der Chat-Bot kann eine Vielzahl von Fragen beantworten, kann Vorschläge machen und ganze Aufsätze recherchieren und schreiben. Seine Fähigkeiten werden deshalb mittlerweile in zahlreichen Berufen eingesetzt, sodass sich viele Jobs stark verändern beziehungsweise überflüssig werden. Trotzdem sollte jedem bewusst sein, dass der Chat-Bot gelegentlich inkorrekte Informationen generiert.

Die **Qualität der Antworten** des Chat-Bots reichen von treffenden Antworten bis hin zur Vermittlung von gefährlichem Halbwissen. Dies ist insbesondere dann kritisch zu sehen, wenn die generierten Antworten unreflektiert verwendet werden und mangels Quellenangaben die Korrektheit der Antwort auf Plausibilität nicht zu prüfen oder einzuordnen ist.

Durch vielfache Prüfung des Tools zeigt sich, dass auch die fachspezifischen Antworten durch die Übersetzung ins Deutsche an Qualität verlieren können (Bild 15.2).

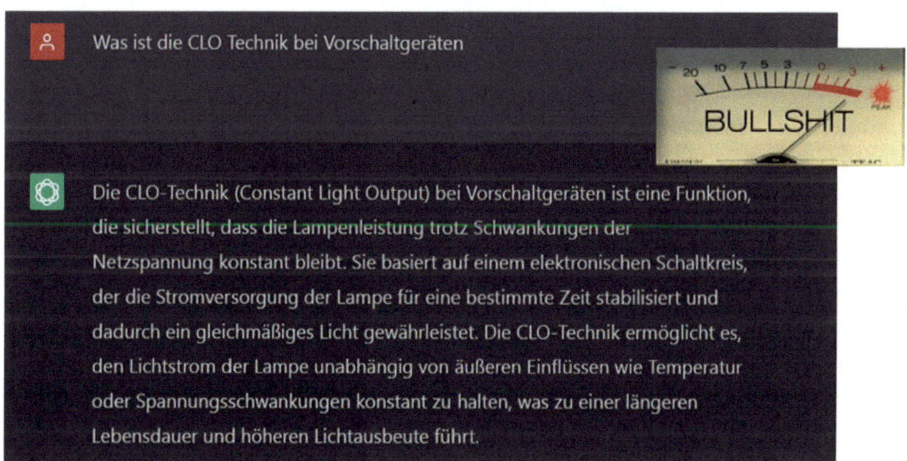


**Bild 15.2** Frage an die KI und Antwort

Die Frage zur CLO-Technik bei LED-Leuchten führt dann schnell zu fehlerbehaftetem Wissenstransfer. So schreibt die KI, dass „die CLO-Technik ... sicherstellt, dass die Lampenleistung trotz Schwankungen der Netzspannung konstant bleibt“. Die Lampenleistung wird hier aber nicht konstant gehalten, sondern der Leuchtenlichtstrom. Und leider hat die Schwankung der Netzspannung nichts mit der Funktion der CLO-Technik zu tun, sondern durch die CLO-Technik wird die Degradation des LED-Lichtstroms kompensiert. Fernerhin soll nach der Meinung von KI „... die Stromversorgung der Lampe für eine bestimmte Zeit stabilisiert und dadurch ein gleichmäßiges Licht gewährleistet“ werden. Richtig ist, dass man den Lichtstrom „stabilisiert“ und eine konstante Lichtstromabgabe gewährleistet wird. Die Ausführung „... unabhängig von äußeren Einflüssen wie Temperatur oder Spannungsschwankungen konstant zu halten ...“ ist fehlerhaft, da man die Degradation (indirekt auch die Verschmutzung) kompensiert und die Lichtleistung konstant bleibt. Die Antwort „... führt zu ... höheren Lichtausbeuten“ ist ebenfalls falsch, da die Funktion von CLO zu mehr Energieeffizienz der Beleuchtungsanlage über die Zeit führt.

Der **fachliche Diskurs** über KI wird sich verändern, wenn die KI stärker genutzt wird und wissenschaftliche Richtungen stärker durch Tools geprägt werden. Es ist davon auszugehen, dass sich die Qualität der Antworten signifikant verbessern wird.

In vielen administrativen Bereichen wird KI genutzt, so zum Beispiel um Warenbestände zu managen und dabei Faktoren wie regionale Feiertage oder spezielle Bedarfe zu antizipieren und in die Bedarfsprognose einfließen zu lassen.

Zu den abschätzbaren **Folgen für die Lichtbranche** zählen automatisierte Online-Schulungen, einfache automatisiert erstellte Publikationen bis hin zu wissenschaftlichen Beiträgen ohne menschliches Zutun. Die automatisierte Textgenerierung für Dokumentationen und Datenblätter ist ebenfalls zu nennen. Aber auch Werbung und Content fürs Internet wird ohne menschliches Zutun durch KI produziert und publiziert. Mit der KI werden dann Berufe, wie bereits erwähnt, in der Verwaltung und in der Administration teils überflüssig, Marketingabteilungen werden erheblich reduziert werden. In der Diskussion stehen auch der Wegfall von Steuerfachangestellten, Finanzanalysten, Webdesignern, Journalisten und Autoren.

Bereits heute werden **KI-generierte Bilder** in der Werbung und in der Architektur verwendet, um schnell einfaches und anschauliches Bildmaterial zur Hand zu haben. Ein KI-Bildgenerator (engl. „AI Image Generator“ oder „AI Art Generator“) ist ein Online-Tool oder eine Software, die mithilfe von künstlicher Intelligenz Bilder erzeugt. Dabei werden Smartphone-Kameras und überlagerte 3D-Bilder verwendet, um darzustellen, wie ein Objekt in einem Raum aussehen würde. Die Qualität heutiger KI-Bildgeneratoren ist mittlerweile beeindruckend gut. Innerhalb der letzten Jahre hat die Technologie enorme Fortschritte gemacht, sodass KI-generierte Bilder kaum noch von echten Fotos zu unterscheiden sind.

### Vorteile der KI

1. Die KI ist in der Lage, **menschenähnliche Antworten** zu formulieren. Für alle, die mit Sprache arbeiten, kann das Programm so **Inspiration für Texte** sein oder diese vorformulieren. Darüber hinaus erstellt die KI auf Wunsch **sinnvolle Gliederungen und Zwischenüberschriften.**
2. Die Anwendungsgebiete sind vielfältig und da kein Mensch für das Beantworten von Fragen persönlich zur Verfügung stehen muss, ist die Software theoretisch rund um die Uhr, also **24/7 verfügbar.**
3. Die KI kann Unternehmen dabei unterstützen, **Kundenanfragen zu beantworten** und große **Datenmengen zu verarbeiten.** In Zeiten des Fachkräftemangels ein enormer Vorteil.
4. Der Chat-Bot passt sich seinem Gegenüber an. Dazu muss nicht ein spezieller Hinweis erfolgen. Anhand der eingegebenen Sprache, Satzstellung und In-

terpunktion schließt die KI auf den Nutzer und gibt **individuelle Antworten.** Das **erhöht die Zufriedenheit** bei demjenigen, der das Programm nutzt.
5. Die KI **berücksichtigt** auch **den Kontext**, etwas, das bislang oft fehlte und andere Text-KIs nur bedingt bewerkstelligen konnten.
6. Die KI-Programme können bereits jetzt **viele Sprachen** sprechen.
7. **Personal- und Ressourceneinsparung**

Nachteile der KI

1. **Datenqualität:** Die KI ist nicht in der Lage zu beurteilen, wie gut die Texte und Daten sind, mit der sie trainiert wurde. Fehler können so wiederholt werden und zum Allgemeingut werden. Nicht alles, was die KI als Wahrheit ausgibt, ist wahr. Es fehlt jede Prüfinstanz. Und wenn sie auch für ausführende Aktionen verantwortlich ist, können echte Katastrophen entstehen. So könnte die KI zum Beispiel ein zu niedriges Beleuchtungsniveau vorschlagen, es dann einstellen lassen, was dann zu Unfällen führt.
2. **Verzerrungen:** Die Antworten des Programms können **unvollständig** sein und Gruppen von Menschen **benachteiligen.** Diese Verzerrungen kann die KI zunächst nicht erkennen.
3. **Abhängigkeiten von der KI:** Wer sich zu stark auf die Technik verlässt, wird abhängig davon und verlernt möglicherweise wichtige kognitive Fähigkeiten. Bestes Beispiel dafür ist die Unfähigkeit vieler Menschen, ohne Navigationssystem den Weg zu finden.
4. **Keine Emotionen:** Da die KI eine Maschine ist, kann sie auf menschliche Emotionen nicht reagieren und gibt möglicherweise verletzende oder unpassende Antworten.
5. **Keine Kreativität:** Das Spiel mit der Sprache und der Kreativität im Design beherrscht die KI bislang nicht. Humorvolle Texte oder Prosa kann man von Bots also nicht erwarten.
6. **Die Personaleinsparung und die disruptive Technik** (bestehende Produkte oder bestehende Dienstleistungen werden ersetzt oder vollständig vom Markt verdrängt) können zu einem gesellschaftlichen Problem werden.
7. **Datenschutz:** Die KI-Systeme greifen, umso mehr sie genutzt werden, massiv in die Lebenswirklichkeit der Menschen ein, sammeln Daten und können natürlich mit diesen Daten Nutzerprofile erstellen, die Menschen angreifbar machen und das Wahrnehmungskonzept massiv verzerren.
8. **Ressourcen:** Um die KI zu trainieren und jederzeit für viele Menschen nutzbar zu machen, werden enorme Rechenkapazitäten und damit Ressourcen benötigt.

9. **Quellen:** Aktuell geben die KI-Programme nicht an, woher die Kern-Informationen stammen. Quellenangaben, wie sie in wissenschaftlichen Artikeln Standard sind und auch in journalistischen Texten häufig vorkommen, fehlen. Fachwissen und Erfahrung zeigen für den Bereich der Beleuchtung, dass Wikipedia, Normen und Branchenmitteilungen momentane Quellen der KI sind.

Aber wie bei der Einführung von Robotern in der Fertigung und der Automatisierung im Produktionsablauf wird einerseits diese Entwicklungsrichtung nicht aufzuhalten sein, andererseits wird der qualifizierte Mensch immer benötigt werden. Personaleinsparung bei Berufen mit bestimmten Tätigkeiten, auch qualifiziertere Tätigkeiten, wird unvermeidlich sein.

## 15.5 Analytics für Beleuchtung

**Apps, Skills und Use Cases** für die Beleuchtung gehören zum Kern der smarten LED-Beleuchtung. Individuelle Nutzerbedürfnisse zu befriedigen, datenbasierte **Serviceleistungen** zu nutzen und letztendlich auch **Energie** im Gebäude zu sparen, sind die treibenden Kräfte. Grundlagen des Zusammenspiels aus Daten der Leuchten, dem Nutzerverhalten und den Informationen der Aktoren ist die **Analyse** und **Weiterverarbeitung der Daten**. Wie beim Internet ist die Sammlung von Daten und deren Auswertung bezüglich des Verhaltens der Nutzer notwendig. Sie dient dann zur Optimierung des Leuchtenverhaltens und zur besseren **Vernetzung** mit Ereignissen von Sensoren, Aktoren und Daten aus der physischen und der virtuellen Welt des Internets. Das ist die Aufgabenstellung der Leuchtenbranche, die ohne fremde Hilfe kaum zu bewerkstelligen ist. Noch hat die Branche keine einheitliche Strategie zu diesem Thema, und viele globale Firmen mit mehr IT-Kenntnissen werden versuchen, die Daten der Leuchte zu bekommen und sie für sich nutzbar zu machen.

Wenn wir als Nutzer nicht „aufpassen“, kann die **totale Überwachung** unseres Verhaltens mit seinen Präsenz- und Verhaltensinformationen über Leuchten entstehen und das in allen Räumen der Welt. Das Buch „1984“ von George **Orwell** bekommt dadurch nochmals eine hohe Relevanz. Denn wie beim Internet und den verwendeten Apps weiß leider keiner, wo die Daten gespeichert und verwendet werden. Wem diese Daten letztendlich gehören, wer sie sonst noch nutzt und wer sich für die Steuerung vielleicht sonst noch verantwortlich fühlt, ist unklar.

Die digitale Verarbeitung der gesammelten Daten, welche für die **zweite Revolution** verantwortlich ist, bringt also auch erhebliche Gefahren. Eine Kontrolle, welche seiner Informationen von Sensoren gesammelt und genutzt werden, ist für den Konsumenten nicht mehr möglich. Dies ist heute mit dem Internet schon der Fall, oder wissen Sie, wer alles weiß, dass Sie bei Amazon Handschellen und eine Reitpeitsche gekauft haben? Und was er mit dieser Information vorhat?

Konnte vorher beispielsweise die Webcam einfach weggeräumt, die Kamera am Monitor abgeklebt werden, bleibt die Kamera in der Leuchte in Zukunft fest im Raum integriert und kann permanent Daten sammeln und weitergeben. Der Nutzer ist zwangsweise hilflos ausgeliefert und muss auf den Hersteller oder auf die zuständigen Institutionen und die Datenschützer vertrauen [**The Circle**].

**Die Zukunft des Lichts basiert auf der Zukunft Ihrer Daten.**

Dr.-Ing. Uwe Slabke

Safety first!

# Literaturverzeichnis


[1] DIN EN 1838 Angewandte Lichttechnik – Notbeleuchtung

[2] DIN EN 12464-1 Licht und Beleuchtung – Beleuchtung von Arbeitsstätten – Teil 1: Arbeitsstätten in Innenräumen

[3] DIN EN 12464-1 Beiblatt 1 Licht und Beleuchtung – Beleuchtung von Arbeitsstätten – Teil 1: Arbeitsstätten in Innenräumen; Beiblatt 1: Beleuchtungskonzepte für künstliche Beleuchtung

[4] DIN 5035 Beleuchtung mit künstlichem Licht

[5] DIN 5035-3 Beleuchtung mit künstlichem Licht – Teil 3: Beleuchtung im Gesundheitswesen

[6] DIN 5035-6 Beleuchtung mit künstlichem Licht – Teil 6: Messung und Bewertung

[7] DIN EN 12464-1 Licht und Beleuchtung – Beleuchtung von Arbeitsstätten – Teil 1: Arbeitsstätten in Innenräumen

[8] DIN EN 12193 Licht und Beleuchtung – Sportstättenbeleuchtung

[9] DIN/TS 67600 Ergänzende Kriterien für die Lichtplanung und Lichtanwendung im Hinblick auf nichtvisuelle Wirkungen von Licht

[10] DIN EN 13201-1 Straßenbeleuchtung – Teil 1: Auswahl der Beleuchtungsklassen

[11] DIN 5031 Strahlungsphysik im optischen Bereich und Lichttechnik

[12] DIN EN 12665 Licht und Beleuchtung – Grundlegende Begriffe und Kriterien für die Festlegung von Anforderungen an die Beleuchtung

[13] DIN 67517 Lichttechnik – Anforderungen an die Qualifikation des Lichttechnikers – Innenbeleuchtung

[14] Arbeitsschutzgesetz – ArbSchG 1996-08, zuletzt geändert 2023-05 Arbeitsstättenverordnung – ArbStättV, 2004-08, zuletzt geändert 2024-03 Arbeitsstättenregel – ASR A3.4 Beleuchtung und Sichtverbindung, 2023-05

[15] Beleuchtung im Büro – DGUV Information 215-442, 2009-06

[16] Bildschirm- und Büroarbeitsplätze – DGUV-Information 215-410, 2015-09

[17] Blendung – Theoretischer Hintergrund – IFA Institut für Arbeitsschutz der DGUV, 2010-05 – Grundsatzpapier zur Rolle der Normung im betrieblichen Arbeitsschutz – Bekanntmachung durch Bundesministerium für Arbeit und Soziales v. 24.11.2014 im GMBl 2015 Seite 2 [Nr. 1]
Beleuchtung und LED-Beleuchtung – Hinweise für die Innenraumbeleuchtung mit künstlichem Licht in öffentlichen Gebäuden

[18] https://www.amev-online.de/AMEVInhalt/Planen/Elektrotechnik/Beleuchtung/Beleuchtung_2023_Stand_06-24.pdf

[19] licht.wissen 12 Lichtmanagement – https://www.licht.de

[20] licht.wissen 09 Sanierung in Gewerbe, Handel und Verwaltung – https://www.licht.de

[21] licht.wissen 20 Nachhaltige Beleuchtung – https://www.licht.de
Planungssicherheit in der LED-Beleuchtung – ZVEI

[22] DIN EN ISO 14644 Reinräume und zugehörige Reinraumbereiche – Teil 1: Klassifizierung der Luftreinheit anhand der Partikelkonzentration

[23] VDI 2083: Reinraumtechnik

[24] DIN EN 62504Allgemeinbeleuchtung – Licht emittierende Dioden (LED) Produkte und verwandte Ausrüstung – Begriffe und Definitionen

[25] DIN EN 62776; VDE 0715-16 Zweiseitig gesockelte LED-Lampen als Ersatz (Retrofit) für zweiseitig gesockelte Leuchtstofflampen – Sicherheitsanforderungen

[26] DIN EN IEC 55015; VDE 0875-15-1 Grenzwerte und Messverfahren für Funkstörungen von elektrischen Beleuchtungseinrichtungen und ähnlichen Elektrogeräten

[27] DIN EN 62612LED-Lampen mit eingebautem Vorschaltgerät für Allgemeinbeleuchtung mit Versorgungsspannungen > 50 V – Anforderungen an die Arbeitsweise

[28] DIN EN 61347-2-13; VDE 0712-43 Geräte für Lampen – Teil 2-13: Besondere Anforderungen an gleich- oder wechselstromversorgte elektronische Betriebsgeräte für LED-Module

[29] DIN EN 50678 VDE 0701 Allgemeines Verfahren zur Überprüfung der Wirksamkeit der Schutzmaßnahmen von Elektrogeräten nach der Reparatur
DIN EN 50699 VDE 0702 Wiederholungsprüfung für elektrische Geräte

[30] DIN EN 62386-101; VDE 0712-0-101 Digital adressierbare Schnittstelle für die Beleuchtung – Teil 101: Allgemeine Anforderungen – Systemkomponenten

[31] DIN EN IEC 60598-1; VDE 0711-1 Leuchten – Teil 1: Allgemeine Anforderungen und Prüfungen

[32] DIN EN 60598-2-6; VDE 0711-206 Leuchten – Teil 2: Besondere Anforderungen; Hauptabschnitt 6: Leuchten mit eingebauten Transformatoren für Glühlampen

[33] DIN VDE 0100-410; VDE 0100-410 Errichten von Niederspannungsanlagen – Teil 4-41: Schutzmaßnahmen – Schutz gegen elektrischen Schlag

[34] DIN VDE 0100-559; VDE 0100-559 Errichten von Niederspannungsanlagen – Teil 5-559: Auswahl und Errichtung elektrischer Betriebsmittel – Leuchten und Beleuchtungsanlagen

[35] DIN EN 60598-2-24; VDE 0711-2-24 Leuchten – Teil 2-24: Besondere Anforderungen – Leuchten mit begrenzter Oberflächentemperatur

[36] DIN VDE 0100-510; VDE 0100-510 Errichten von Niederspannungsanlagen – Teil 5-51: Auswahl und Errichtung elektrischer Betriebsmittel – Allgemeine Bestimmungen

[37] IEC 62722-2-1:2014 Luminaire performance - Part 2-1: Particular requirements for LED luminaires

[38] DIN EN 61140; VDE 0140-1 Schutz gegen elektrischen Schlag - Gemeinsame Anforderungen für Anlagen und Betriebsmittel

[39] DIN EN IEC 60664-1; VDE 0110-1 Isolationskoordination für Betriebsmittel in Niederspannungs-Stromversorgungssystemen - Teil 1: Grundsätze, Anforderungen und Prüfungen

[40] DIN VDE 0100-443; VDE 0100-443 Errichten von Niederspannungsanlagen - Teil 4-44: Schutzmaßnahmen - Schutz bei Störspannungen und elektromagnetischen Störgrößen - Abschnitt 443: Schutz bei transienten Überspannungen infolge atmosphärischer Einflüsse oder von Schaltvorgängen

[41] DIN EN 62031; VDE 0715-5 LED-Module für Allgemeinbeleuchtung - Sicherheitsanforderungen

[42] DIN EN 61347-1; VDE 0712-30 Geräte für Lampen - Teil 1: Allgemeine und Sicherheitsanforderungen

[43] DIN EN 62262; VDE 0470-100 Schutzarten durch Gehäuse für elektrische Betriebsmittel (Ausrüstung) gegen äußere mechanische Beanspruchungen (IK-Code)

[44] DIN EN 62717 LED-Module für die Allgemeinbeleuchtung - Anforderungen an die Arbeitsweise

[45] DIN EN 62722-1 Arbeitsweise von Leuchten - Teil 1: Allgemeine Anforderungen

[46] DIN EN 62722-2-1 Arbeitsweise von Leuchten - Teil 2-1: Besondere Anforderungen an LED-Leuchten

[47] CIE 121 Photometrie und Goniophotometrie von Leuchten

[48] CIE 97 Leitfaden zur Wartung von elektrischen Beleuchtungsanlagen im Innenraum

[49] CIE 154 Wartung von Außenbeleuchtungsanlagen

[50] DIN EN 13032-4 Licht und Beleuchtung - Messung und Darstellung photometrischer Daten von Lampen und Leuchten - Teil 4: LED-Lampen, -Module und -Leuchten

[51] DIN EN 13032-1 Licht und Beleuchtung - Messung und Darstellung photometrischer Daten von Lampen und Leuchten - Teil 1: Messung und Datenformat

[52] DIN EN IEC 61547; VDE 0875-15-2 Einrichtungen für allgemeine Beleuchtungszwecke - EMV-Störfestigkeitsanforderungen

[53] DIN EN IEC 61547 VDE 0875-15-2 Einrichtungen für allgemeine Beleuchtungszwecke - EMV-Störfestigkeitsanforderungen

[54] DIN EN IEC 61000-3-2; VDE 0838-2 Elektromagnetische Verträglichkeit (EMV) - Teil 3-2: Grenzwerte - Grenzwerte für Oberschwingungsströme (Geräte-Eingangsstrom ≤ 16 A je Leiter)

[55] DIN EN 61000-3-3; VDE 0838-3 Elektromagnetische Verträglichkeit (EMV) – Teil 3-3: Grenzwerte – Begrenzung von Span-nungsänderungen, Spannungsschwankungen und Flicker in öffentlichen Nieder-spannungs-Versorgungsnetzen für Geräte mit einem Bemessungsstrom ≤ 16 A je Leiter, die keiner Sonderanschlussbedingung unterliegen

[56] PD CISPR/TR 30-2 Test method on electromagnetic emissions. Electronic control gear for discharge lamps excluding fluorescent lamps

[57] PD CISPR/TR 30-1Test method on electromagnetic emissions. Electronic control gear for single- and double-capped fluorescent lamps

[58] PD CISPR/TR 30-2 Test method on electromagnetic emissions – Part 2: Electronic control gear for discharge lamps excluding fluorescent lamps

[59] PD/IEC TR 61547-1 Equipment for general lighting purposes. EMC immunity requirements. Objective light flickermeter and voltage fluctuation immunity test method

[60] DIN EN 61000-4-15; VDE 0847-4-15 Elektromagnetische Verträglichkeit (EMV) – Teil 4-15: Prüf- und Messverfahren – Flickermeter – Funktionsbeschreibung und Auslegungsspezifikation

[61] IES LM-80-08 Approved Method for Measuring Lumen Maintenance of LED Light Sources, Sep. 2008

[62] IES LM-79-19 Approved Method: Electrical and Photometric Measurements of Solid-State Lighting Products

[63] ErP-Richtlinie 2009/125/EG des Europäischen Parlaments und des Rates vom 21. Oktober 2009 zur Schaffung eines Rahmens für die Festlegung von Anforderungen an die umweltgerechte Gestaltung energieverbrauchsrelevanter Produkte

[64] TM-30-15

[65] TM-21-11 Projecting Long Term Lumen Maintenance of LED Light Sources

[66] Produktsicherheitsrichtlinie 2001/95/EG des Europäischen Parlaments und des Rates vom 3. Dezember 2001 über die allgemeine Produktsicherheit

[67] Niederspannungsrichtlinie 2014/35/EU des Europäischen Parlaments und des Rates vom 26. Februar 2014 zur Harmonisierung der Rechtsvorschriften der Mitgliedstaaten über die Bereitstellung elektrischer Betriebsmittel zur Verwendung innerhalb bestimmter Spannungsgrenzen auf dem Markt (Neufassung)

[68] EMV-Richtlinie 2014/30/EU des Europäischen Parlaments und des Rates vom 26. Februar 2014 zur Harmonisierung der Rechtsvorschriften der Mitgliedstaaten über die elektromagnetische Verträglichkeit (Neufassung)

[69] RoHS-Richtlinie 2011/65/EU des Europäischen Parlaments und des Rates vom 8. Juni 2011 zur Beschränkung der Verwendung bestimmter gefährlicher Stoffe in Elektro- und Elektronikgeräten (Neufassung)

[70] DIN EN 60529; VDE 0470-1 Schutzarten durch Gehäuse (IP-Code)

[71] DIN EN 62471-5; VDE 0837-471-5 Photobiologische Sicherheit von Lampen und Lampensystemen – Teil 5: Photobiologische Sicherheit von Lampensystemen für Bildprojektoren

[72] ASR A3.4 Beleuchtung 2011, zuletzt geändert 2014

[73] DGUV Information 215-210: Natürliche und künstliche Beleuchtung von Arbeitsstätten

[74] DGUV Information 215-211: Tageslicht am Arbeitsplatz – leistungsfördernd und gesund (früher BGI 7007)

[75] DGUV Information 215-442: Beleuchtung im Büro – Teil 1: Hilfen für die Planung der künstlichen Beleuchtung in Büroräumen, Teil 2: Planungsbeispiele (früher BGI 856)

## LiTG, Deutsche Lichttechnische Gesellschaft e. V., LiTG-Schriften

[76] Publikation Nr. 12.3: Messung und Berechnung von Lichtimmissionen künstlicher Lichtquellen (2011)

[77] Publikation Nr. 18: Verfahren zur Berechnung von horizontalen Beleuchtungsstärkeverteilungen in Innenräumen (1999)

[78] Publikation Nr. 20: Das UGR-Verfahren zur Bewertung der Direktblendung der künstlichen Beleuchtung in Innenräumen (1999)

[79] Publikation Nr. 32: Beurteilung der photobiologischen Sicherheit von Lampen und Leuchten (2011)

[80] Publikation Nr. 28: Farbwiedergabe für moderne Lichtquellen (2013)

## Fachbücher

[81] Kramer, H.; von Lom, W.: Licht. Köln, Verlagsgesellschaft R. Müller, 2002

[82] Brandi, U.; Geissmar-Brandi, C.: Lichtbuch. Basel, Birkhäuser Verlag für Architektur, 2001

[83] Baer, R.; Barfuß, M.; Seifert D.: Beleuchtungstechnik – Grundlagen. Hrsgb. von LiTG Deutsche Lichttechnik Gesellschaft e. V. München: Huss-Medien, 2016

[84] Hentschel, H.-J.: Licht und Beleuchtung. München, Heidelberg: Hüthig, 2001.

[85] Kaiser, J.-G.; Wittig, N.: Industriebeleuchtung. Band 1 und 2: Grundlagen – Normen – Vorschriften Errichtungsbestimmungen. München, Heidelberg: Hüthig & Pflaum, 2015

[86] Vorschriften für das Inverkehrbringen von: ZVEI Bestell-Nr.: ZSG-66010

[87] licht.forum 56 – Sicherheitsbeleuchtung für Arbeitsstätten, Herausgeber: licht.de – Fördergemeinschaft Gutes Licht, Lyoner Straße 9, 60528 Frankfurt am Main, https://www.licht.de, E-Mail: licht.de@zvei.org

[88] Elektromagnetische Felder (EMF) von Leuchten Erscheinungsdatum: 01.03.2011 Herausgeber: ZVEI, Positionspapier 11/02: Beurteilung von Beleuchtungseinrichtungen bezüglich der Exposition von Personen gegenüber elektromagnetischen Feldern

## Allgemeines

[89] Cree XLamp® LEDs Chemical Compatibility, support, document, https://www.cree-led.com/products/leds/xlamp/

[90] Khanh, T. Q.; Bodrogi, P.; Vinh, T. Q.; Brückner, S.: Farbwiedergabe von konventionellen und Halbleiter-Lichtquellen. München: Pflaum Verlag, 2013.

[91] Internationale Beleuchtungskommission (CIE), Colrimetry, 3rd Edition, Publ. CIE 015:2004.

[92] MacAdam, D. L.: Visual sensitivities to color differences in Daylight. In: Journal Optical Society of America, 1942, S. 247-273

[93] DIN EN 62707-1 LED-Binning – Teil 1: Allgemeine Anforderungen und Weißfelder für Fahrzeuganwendungen

[94] Internationale Beleuchtungskommission (CIE), ILV: International Lighting Vocabulary (Internationales Wörterbuch der Lichttechnik), 3rd Edition, 1970.

[95] Gesetz über die Durchführung von Maßnahmen des Arbeitsschutzes zur Verbesserung der Sicherheit und des Gesundheitsschutzes der Beschäftigten bei der Arbeit (Arbeitsschutzgesetz – ArbSchG) vom 07. August 1996 (BGBl. I S. 1 246) zuletzt geändert 2023-05

[96] Verordnung über Arbeitsstätten (Arbeitsstättenverordnung – ArbStättV) vom 12. August 2004 (BGBl. I S. 2 179) zuletzt geändert 2024-03

[97] Erste Verordnung zum Produktsicherheitsgesetz (Verordnung über elektrische Betriebsmittel – 1. ProdSV) vom 7. März 2016, zuletzt geändert 2021-07

[98] Leitlinien zur Arbeitsstättenverordnung – LV 40 – vom 12.08.2004 in der Fassung vom März 2009, Länderausschuss für Arbeitsschutz und Sicherheitstechnik (LASI)

[99] ASR A3.4 Ausgabe April 2011 zuletzt geändert GMBl 2014 Nr. 13 vom 10. April 2014, S. 287 Technische Regeln für Arbeitsstätten; Beleuchtung

[100] ASR A3.4/3 Ausgabe Juni 2009 zuletzt geändert GMBl 2014, S. 287 Technische Regeln für Arbeitsstätten; Sicherheitsbeleuchtung, optische Sicherheitssysteme

[101] DGUV Information 215-442 (bisher BGI 856) Beleuchtung im Büro – Hilfen für die Planung der künstlichen Beleuchtung in Büroräumen, Ausgabe 2020, Schriftenreihe Prävention, Deutsche Gesetzliche Unfallversicherung Berlin

[102] https://www.zvei.org/presse-medien/publikationen/leitfaden-planungssicherheit-in-der-led-beleuchtung-3-ausgabe

[103] Kenner, M.: Oberschwingungen und Netzrückwirkungen von LED – Beleuchtungen. Basel: Vortrag LED Forum 2018, 2018

[104] https://www.docs.lighting.philips.com/en_gb/oem/download/assets/20160615_Xitanium-Outdoor-LED-drivers.pdf

[105] Appert, C.: Herausforderungen der Anlaufströme bei LED. Basel: Vortrag LED Forum 2018, 2018

[106] IEEE 1789-2015 – IEEE Recommended Practices for Modulating Current in High-Brightness LEDs for Mitigating Health Risks to Viewers

[107] Cichowski, R. R.: VDE-Schriftenreihe Normen verständlich – Kenngrößen für die Elektrofachkraft; VDE Verlag, 2017

[108] Hösl, A.; Ayx, R.; Busch, H.-W.: Die vorschriftsmäßige Elektroinstallation, Wohnungsbau – Gewerbe – Industrie, VDE Verlag, 2016

[109] Kiefer, G.; Schmolke, H.: VDE 0100 und die Praxis – Wegweiser für Anfänger und Profis, VDE Verlag, 2017

[110] Schauer, K.; Aicher, W.: Planung elektrischer Anlagen – Berechnungen, Formeln und Tabellen gemäß HOAI, 5. Auflage (03/2017)

[111] Khanh, T. Q.; Bodrogi, P.; Vinh, Q. T.; Winkler, H.: LED Lighting – Technology and Perception. WILEY-VCH, 2014

[112] Krückeberg, J.: Hochleistungs LEDs in der Praxix – Grundlagen, Ansteuerung, Allgemeine Beleichtung mit LEDs, LEDs im Automobil (2007)

[113] Ishii, M.: Lighting Horizons (2001)

[114] Neumann, D.: Architektur der Nacht (2002)

[115] Wilhide, E.: Licht – Die Kunst der richtigen Beleuchtung (1999)

[116] Storey, S.: Lichtdesign für Innenräume und Gärten (2002)

[117] Schwarz, M.: Licht und Raum – Elektrisches Licht in der Kunst des 20. Jahrhunderts (1998)

[118] Schricker, R.: Licht – Raum Raum – Licht – Die Inszenierung der Räume mit Licht – Planungsleitfaden (1994)

[119] Kress-Adams, H.: Lichträume – Integrale Lichtlösungen von Kress & Adams/Light spaces – integrals solutions by Kress & Adams (2003)

[120] WWF Pro-Futura – Just, S.: Reflexionen, Licht – Medium der Zukunft (2000)

[121] AT&S Austria Technologie & Systemtechnik AG, Herr Ferdinand Lutschounig, VDI Lebensdauerkonferenz (Juli 2017)

[122] ZVEI (Information): Zur Austauschbarkeit von LED-Lichtquellen (Mai 2017)

[123] VdS (Zusammenarbeit zwischen Mitarbeitern der GDV, BGHM und VdS): Berührungslose Temperaturmessung (Thermografie) – (03/2011)

[124] Lighting Europe: Evaluating performance of LED based luminaires (01/2018)

[125] ZVEI – Zentralverband Elektrotechnik- und Elektronikindustrie e. V.: Arbeits- und Entscheidungshilfe zur Auswahl von LED-Leuchten Checkliste für Kommunen und Entscheider (07/2012)

[126] LightingEurope: Evaluating performance of LED based luminaires – Guidance Paper: https://www.lightingeurope.org/images/publications/general/LightingEurope_-_guidance_document_-_evaluating_performance_of_LED_based_luminaires_-_January_2018.pdf (01/2018)

[127] Ganslandt, R.; Hofmann, H.: Handbuch der Lichtplanung: 1. Auflage 1992

[128] Möllers, C.: Lichtsteuerung und Gebäudeautomation – Quo vadis? Neue Möglichkeiten mit IT-basierten Lösungen, ITG-Fokus Internet der Dinge: electrosuisse Bulletin 8/2015

[129] Möllers, C.: Die nächste digitale Revolution und ihre Auswirkungen auf die Lichtbranche: https://www.LICHTnet.de, LICHT 08-2015

[130] Khanh, T. Q.; Winkler, H.; Vinh, T. Q.; Bodrogi, P.: LED Lighting Technology and Perception: WILEY-VCH, 2014

[131] van Driel, W. D.; Fan, X. J.: Solid State Lighting Reliability – Components to Systems: Springer Berlin – 2013

[132] Ziesenіß, C. H.; Lindemuth, F.; Schmits, P.: Beleuchtungstechnik für den Elektrofachmann – Lampen, Leuchten und ihre Anwendungen: Hüthig-Verlag, 9. Auflage (2017)

[133] Langer, R.: Innenbeleuchtungen – Praxistipps für Planung und Errichtung: Hüthig-Verlag/de-Kompakt (2016)

[134] https://www.zvei.org/presse-medien/publikationen/lichtmodulation-temporal-light-artefacts-und-wechselwirkung-mit-technischen-geraeten

[135] https://www.derlichtpeter.de/

## Hinweis

Letztes Abrufdatum aller externen Links: 25.07.2024

Verlag und Autor haben alle externen Links sorgfältig geprüft. Eine Haftung von Verlag und Autor für Inhalte auf diesen externen Webseiten wird ausgeschlossen.

# Stichwortverzeichnis